Die geheimen Spielregeln im Verkauf

Dr. Hans Eicher studierte Wirtschaftspsychologie und war viele Jahre im Verkauf und im Personalwesen tätig. Heute zählt er zu den erfolgreichsten Verkaufspsychologen im deutschsprachigen Raum. Bei Porsche Salzburg hat er neun Jahre lang die Verkaufsausbildung geleitet. Neben seiner Tätigkeit als Trainer und Coach ist Dr. Hans Eicher Lehrbeauftragter an der Universität Salzburg und an der Fachhochschule Innsbruck (MCI). Weitere Informationen finden Sie unter www.hans-eicher.com

Hans Eicher

Die geheimen Spielregeln im Verkauf

Wissen, wie der Kunde tickt

Campus Verlag
Frankfurt/New York

Bibliografische Information der Deutschen Bibliothek:
Die Deutsche Bibliothek verzeichnet diese Publikation in der
Deutschen Nationalbibliografie. Detaillierte bibliografische Daten
sind im Internet über http://dnb.ddb.de abrufbar.
ISBN 10: 3-593-37907-4
ISBN 13: 978-3-593-37907-4

Copyright © 2006 Campus Verlag GmbH, Frankfurt am Main
Umschlaggestaltung: Init GmbH, Bielefeld
Druck und Bindung: Druckhaus »Thomas Müntzer«, Bad Langensalza
Gedruckt auf säurefreiem und chlorfrei gebleichtem Papier.
Printed in Germany

Besuchen Sie uns im Internet: www.campus.de

»Wirtschaft ist in hohem Maße Psychologie.«

Prof. Dr. Renate Köcher,
Institut für Demoskopie Allensbach

Inhalt

Einleitung: Jeder verkauft

»Das kaufe ich Ihnen nicht ab!« Diese Redewendung meint, dass jemand offenbar nicht überzeugt werden konnte. »Verkaufen« ist also ein Synonym für »überzeugen können«. So gesehen sind wir alle in irgendeiner Weise Verkäufer. Denn jede verantwortungsvolle Tätigkeit setzt die Fähigkeit zu überzeugen voraus.

Überall dort, wo Menschen überzeugt werden sollen, spielt die Psychologie des Gesprächs- oder Verhandlungspartners eine ganz entscheidende Rolle. Das, was sich in seinem Inneren abspielt, die »Chemie« positiv oder negativ beeinflusst und Inhalt dieses Buches ist.

Wenn man weiß, wie ein Mensch tickt, gelingt es rasch, ein gutes Vertrauensverhältnis zu ihm herzustellen. Die richtigen Worte für ihn zu finden und die Argumente so zu formulieren, dass sie ihn überzeugen.

Die folgende Geschichte soll verdeutlichen, was sich erreichen lässt, wenn man versteht, wie der andere tickt. Sie stammt von dem Erfinder des Air-Marshal-Programms, Wolfgang Bachler, der die österreichische Antiterroreinheit Cobra zu einer der weltbesten Spezialeinheiten für die Bekämpfung von Gewaltverbrechen machte.[1] In dieser Geschichte, die mir Wolfgang Bachler persönlich erzählt hat, geht es um eine Flugzeugentführung in den USA, die rund fünf Jahre zurückliegt. Auf einem inneramerikanischen Flug gelingt es einem Passagier, sich Zutritt ins Cockpit der Linienmaschine zu verschaffen. Ohne Vorwarnung zieht er den Hals einer zerschlagenen Bierflasche aus der Tasche seines Sakkos und setzt den scharfen, nach oben hin auskragenden Glasrand an die Kehle des Piloten. Mit dieser zur gefährlichen Waffe umfunktionierten Bierflasche erzwingt er eine Kursänderung.

Fieberhaft überlegen Pilot und Copilot: Wie können wir die bedrohliche Lage entschärfen und eine gefährliche Zuspitzung der Situation verhindern? Im Zeitraffer spielen sie gedanklich alle möglichen Ansätze durch, mit denen sie im Trockentraining auf das richtige Verhalten bei Flugzeugentführungen vorbereitet wurden. Was könnte man tun, um den Entführer davon zu überzeugen, die Kontrolle über die Maschine aufzugeben, ohne dabei einen Absturz zu riskieren?

Einige Minuten vergehen. Plötzlich betritt eine Flugbegleiterin das Cockpit. Blitzartig erfasst sie, wie gefährlich die Lage ist, und ohne zu zögern stellt sie dem Flugzeugentführer die Frage: »Warum tun Sie das?« »Weil ich in meinem Leben einmal eine Sache richtig durchziehen will«, entgegnet er spontan.

Mit gefasster Stimme fragt die Flugbegleiterin nach: »Ist Ihnen noch nie etwas geglückt? Gibt es denn überhaupt nichts, woran Sie sich gerne erinnern?« »Nein!« »Wirklich gar nichts?« »Das einzig Gute, woran ich mich erinnern kann, ist ein Zug, den ich als Kind zum Geburtstag bekommen habe.« »Wissen Sie«, meint daraufhin die Flugbegleiterin, »als Kind hätte ich auch gerne mit einem Zug gespielt. Aber da ich ein Mädchen war, bekam ich keinen. Erzählen Sie mir doch bitte von Ihrem Zug.«

Eine Stunde später konnte das Flugzeug sicher landen und der Entführer den Sicherheitsbehörden übergeben werden. Der couragierten Flugbegleiterin war es gelungen, durch die Aufforderung, ihr von seinem Zug zu erzählen, einen guten Draht zum Entführer herzustellen. Sein Vertrauen zu gewinnen und sein antreibendes Motiv richtig zu erfassen. Das war die Voraussetzung, um ihn davon überzeugen zu können, dass es zu seinem eigenen Besten wäre, seinen Plan aufzugeben. Dafür mussten die richtigen Worte und der passende Ton – der Zug – gefunden werden.

Jede Verhandlung, die Sie führen, erzielt bessere Ergebnisse, wenn Ihnen bewusst ist, warum sich jemand so verhält, wie Sie es erleben. Was sein Verhalten und seine Reaktionen bedeuten. Welches Ziel damit verfolgt wird und welche Absichten dahinter stehen. Kurzum: Wenn Sie die Psychologie des anderen richtig entschlüsseln, haben Sie die besseren Karten in der Hand.

Sind Sie starkem Wettbewerbsdruck ausgesetzt, kann Sie dieses Wissen wirksam unterstützen, sich von Mitbewerbern zu unterscheiden. Vor allem von jenen, die nicht mit Psychologie, sondern nur über den Preis verkaufen. Und deshalb auch die weniger lukrativen Aufträge und Geschäfte abschließen.

Verkaufspsychologie wird in diesem Buch nicht als Theorie beschrieben, sondern als die Anwendung geheimer Spielregeln im Verkauf. Das bedeutet zu wissen, wie der Kunde tickt, und dadurch leichter und besser zu verkaufen. Ein höheres Standing gegenüber aggressiven Rabattforderungen zu haben und die Fäden stets in der Hand zu behalten. Sich dem Kunden nie zu unterwerfen und kein Verkaufspinocchio zu sein.

Der Kunde tickt als Mensch überall gleich. Es macht also keinen Unterschied, was Sie verkaufen, wo Sie verkaufen und in welcher Funktion. Denn die Anwendung der geheimen Spielregeln gilt für jeden Bereich und für jede Branche.

Teil 1
Die neue Ausgangslage:
Ernst, aber nicht hoffnungslos

Der Verkauf ist die Speerspitze jedes Unternehmens. Denn die verkäuferischen Qualitäten aller Mitarbeiter mit direktem Kundenkontakt sind in gesättigten Märkten ein zentraler Erfolgsfaktor. Produkte und Dienstleistungen sind darin jederzeit austauschbar. Menschen sind das nicht.

In wirtschaftlich schwierigeren Zeiten trennt sich im Verkauf die Spreu vom Weizen schneller als irgendwann sonst. Verkäuferische Schwächen führen in einer angespannten Wirtschaftslage rasch in ein Desaster: Die Umsätze gehen zurück, die Deckungsbeiträge sinken und das Einzige, was steigt, ist die Höhe der eingeräumten Rabatte – wenn die Speerspitze Verkauf stumpf geworden ist. Die Bereitschaft, sie immer wieder gut zu schärfen, ist daher eine wesentliche Voraussetzung für einen dauerhaften Markterfolg.

Welche Instrumente und Methoden die Spitze am besten schärfen können, hängt von der individuellen Situation des Unternehmens ab. Wie sich diese entwickelt, hat sehr viel damit zu tun, mit welchen Antworten den einschneidenden Veränderungen im Verkauf begegnet wird.

Die Ausgangslage im Verkauf hat sich gravierend verändert, damit auch der Handlungsrahmen für jeden, der verkauft. Die Ursachen sind bekannt: fortschreitende Globalisierung, steigender Wettbewerbsdruck, aggressive Preiskämpfe, massiver Verdrängungswettbewerb, um nur die wichtigsten zu nennen. Aber auch die Kunden haben sich insgesamt verändert und ticken anders als früher. Ihre Erwartungen sind deutlich höher, und sie selbst sind wesentlich anspruchsvoller geworden. So wie wir alle. Wie erfolgreich man unter diesen veränderten Bedingungen ist, hängt sehr davon ab, ob man den Wandel im Kundenverhalten richtig erkannt hat. Denn nur dann zieht man die richtigen Konsequenzen. Und das allgemeine Bild, welches man von Kunden hat, prägt und bestimmt, wie man sich ihnen gegenüber verhalten wird. Als Verkäufer und als Unternehmen.

Vielerorts ist dieses Bild noch vom »naiven« Kunden geprägt, der mit Gesprächs- und Abschlusstechniken überzeugt werden kann. An dem man wie an einer Verhaltensmaschine schrauben und drehen kann. So lange, bis er kauft. Manche erhoffen sich von diesen Techniken gar den Effekt eines Verkaufs-Viagras. Bis sie bemerken, dass sie nicht wirken. Weil der Kunde lieber dort kauft, wo keine künstlichen Hilfsmittel eingesetzt werden, um ihn zum Kauf zu stimulieren.

Ein zeitgemäßes Verständnis des Kunden setzt die Kenntnis der geheimen Spielregeln im Verkauf voraus. Das bedeutet zu wissen: Welche Motive treiben den Kunden an? Auf welche Weise beeinflussen Emotionen seine Kaufentscheidung? Wie gewinnt man sein Vertrauen und wie überzeugt man ihn am besten? In gesättigten Märkten stößt der Verkauf häufig an scheinbar unüberwindbare Grenzen. Der Schlüssel, um sie zu überwinden, liegt im besseren Verständnis der Psychologie des Kunden und ihrer subtilen Mechanismen.

Im folgenden Abschnitt werden die Veränderungen im Kundenverhalten analysiert. So können Chancen für den Verkauf besser identifiziert und dieser Schlüssel kann richtig eingesetzt werden. So lässt sich auch das Risiko vermeiden, immer häufiger die schlechteren Geschäfte abzuschließen, weil der falsche Weg im Umgang mit Kunden eingeschlagen wurde. Die neue Ausgangslage bliebe dann nicht nur ernst. Sie würde wohl hoffnungslos werden.

Kapitel 1

Was Kunden schwieriger macht

In meinen Verkaufsseminaren stelle ich zu Beginn den Teilnehmern folgende Frage: »Gibt es jemanden unter Ihnen, der keine schwierigen Kunden hat?«

Die Reaktion ist meist ziemlich ähnlich. Viele schmunzeln, und einige schütteln den Kopf. Wobei ihr Blick verrät, dass sie die Frage als absurd empfinden. So, als ob ich sie gefragt hätte, wer von ihnen keine Mitbewerber hat. Dann frage ich weiter, worin die konkreten Schwierigkeiten mit ihren Kunden bestehen.

Ich stelle solche Fragen, weil es mir wichtig ist, in Erfahrung zu bringen, mit welchen Schwierigkeiten die Teilnehmer im täglichen Umgang mit Kunden konfrontiert werden. Und ich möchte wissen, welches Bild vom typischen Kundenverhalten sich in ihren Köpfen entwickelt hat. Denn solche Bilder, die aus der täglichen Erfahrung heraus entstanden sind, beeinflussen das Verhalten gegenüber den Kunden. Sind sie als Stereotypen verfestigt, entwickeln sich Verhaltensweisen, die für den Verkauf nachteilig sind.

Wenn beispielsweise ein Verkäufer pauschal davon ausgeht, Kunden wären nur noch auf den Preis fixiert, wird er daraus den Schluss ziehen, dass ein ausführliches Beratungsgespräch wenig sinnvoll ist. Und er wird es als überflüssig empfinden herauszufiltern, worin die Bedürfnisse bestehen, die den Kunden zum Kauf veranlassen. Vielmehr wird er sich auf die Aufzählung der Produktvorteile konzentrieren, und seine Gedanken werden um die Preisdiskussion kreisen: Wie kann der Preis gerechtfertigt, verteidigt oder durchgesetzt werden? Statt daran zu denken, welchen Wert sein Angebot für den Kunden darstellt, und wie man ihn glaubwürdig vermitteln kann.

Drei Trends verändern die Kauflandschaft

Der Umgang mit Kunden ist insgesamt gesehen für die meisten Verkäufer schwieriger geworden. Es gibt kaum noch Abschlüsse, die einfach sind und keinen besonderen Aufwand erfordern. Das liegt vor allem daran, dass sich die Kunden in ihrem Verhalten und in ihren Ansprüchen verändert haben. Aber auf welche Weise? Und: Welche Konsequenzen können daraus gezogen werden?

Es lassen sich drei Bereiche identifizieren, in denen die Veränderungen besonders gravierend sind und in denen Chancen wie Risiken zugleich liegen. Diese Veränderungen prägen als Trends nachhaltig die Kauflandschaft:

1. Hohe Individualisierung der Menschen. Verbunden mit dem Anspruch jedes Einzelnen, als individuelle Persönlichkeit behandelt zu werden.
2. Steigende Sensibilität für das Preis-/Leistungsverhältnis von Produkten und Dienstleistungen. Insbesondere durch immer einfacher werdende Vergleichsmöglichkeiten, hauptsächlich über das Internet. Kunden sind immer besser über die Produkte oder Dienstleistungen informiert, denen ihr Interesse gilt. Naive, unaufgeklärte und uninformierte Kunden gibt es im Grunde kaum noch.
3. Sinkende Bereitschaft, sich als Kunde fürs Leben an ein bestimmtes Unternehmen, eine Marke oder an einen Verkäufer zu binden.[2] Durch die steigende Wechselbereitschaft werden Kunden in ihrem zukünftigen Kaufverhalten immer weniger berechenbar.

Die Erbtanten-Reaktion des Kunden

Der Einstellungs- und Wertewandel, der diesen drei Bereichen zugrunde liegt, führt zu veränderten Erwartungshaltungen. Im Kontakt zum Verkäufer zeigen sich diese in unterschiedlichen Formen. Dieser Wandel, der vor allem mit höheren Erwartungen einhergeht, lässt aus der Sicht vieler Verkäufer Kunden als schwieriger geworden erscheinen. Wird ihm auf geeignete Weise Rechnung getragen, sind Kunden meist auch weniger schwierig. Ignoriert man den Wandel, ergeben sich daraus oftmals die eigentlichen Probleme mit Kunden.

Ein Beispiel: Kunden werden schwierig, wenn sie spüren, dass es dem

Verkäufer nicht um ihre individuellen Wünsche geht, sondern lediglich um ihr Geld. Die Reaktion darauf ist vorgezeichnet. Sie ist ähnlich wie bei einer Erbtante, die erkannt hat, dass sich ihr Neffe nur wegen ihres Sparbuches um sie bemüht. Sie reagiert auf diese enttäuschende Einsicht mit Liebesentzug und verweigert den über die Oberfläche hinausgehenden Kontakt zu ihm. Das Verhältnis zueinander bleibt deshalb distanziert. Oder es wird aus Frustration sogar abgebrochen.

Im Verhältnis zum Kunden spielt dieser psychologische Mechanismus eine ähnliche Rolle wie bei der enttäuschten Erbtante. Durch das fehlende Gespür für Menschen geht die Möglichkeit verloren, das Gespräch mit dem Kunden auf einer persönlichen Ebene zu führen. Häufig geht damit auch das Geschäft verloren.

Chancen und Risiken der Trends

Sieht man von komplizierten oder extremen Persönlichkeiten ab, sind die Menschen an sich meist nicht schwierig. Nur in ganz bestimmten Situationen werden sie von anderen Menschen als schwierig erlebt. Im Verkauf ergibt sich das problematische Verhalten des Kunden häufig daraus, dass sich Verkäufer zu wenig auf seine Psychologie einstellen. Daher reagiert er anders als erwartet. Das ist die eine Seite der Medaille. Auf der anderen Seite sind die Kunden anspruchsvoller geworden und deshalb für den Verkäufer tatsächlich schwieriger als früher.

Welche Erwartungen haben Kunden, und wodurch kann diesen am besten entsprochen werden? Was frustriert sie und gefährdet damit den Kaufabschluss? Welche Chancen ergeben sich aus der veränderten Ausgangslage für den Verkauf? Welche Risiken birgt sie? Tabelle 1 zeigt die Chancen und Risiken. Die einzelnen Punkte sind als Anregung für eventuelle Richtungskorrekturen gedacht. Nicht als Patentantworten auf eine insgesamt schwieriger gewordene Verkaufssituation. Sie ist zwar ernst, aber nicht hoffnungslos, wenn man sich diesen Veränderungen stellt. Ohne dabei zum Spielball überzogener Erwartungen einzelner Kunden zu werden.

Bei den Chancen ergibt die Summe der dort angeführten Punkte einen höheren Verkaufserfolg. Denn sie verstärken sich gegenseitig. Trotzdem ist jeder für sich gesehen wichtig. Daher lässt sich ein Versäumnis in dem ei-

Tabelle 1: Chancen und Risiken des veränderten Kaufverhaltens

Veränderungen im Kaufverhalten	Wodurch entstehen Chancen im persönlichen Kundenkontakt? (+)	Wodurch entstehen Risiken im persönlichen Kundenkontakt? (–)
1. Fortschreitende Individualisierung	(+) Individuelle Beratung (+) Persönlichkeit des Verkäufers (+) Zusätzliche Kaufwünsche werden gezielt erkannt	(–) Unpersönliche Verhaltensweisen (–) Undifferenzierte Beratung (–) Standardlösungen und -angebote
2. Steigende Sensibilität für Preis-/Leistungsverhältnisse, die Kunden sind gut informiert	(+) Dem Beratungsfokus liegen die Auslöser der Kaufwünsche zugrunde (Kaufmotive) (+) Subjektiver Wert wird käufergerecht kommuniziert (+) Fachliches Spezial-Know-how erleichtert die Kaufentscheidung	(–) Falscher Gesprächsfokus durch die Annahme, Kunden kaufen generell nur über den Preis (–) Mangelhafte Fachkenntnisse, verbunden mit nichtssagenden Pauschalargumenten (–) Fehlendes Wissen über den Informationsstand beim Kunden
3. Sinkende Bereitschaft, sich an Firmen, Marken und Menschen dauerhaft zu binden	(+) Professionelle Beziehungsgestaltung, insbesondere auch nach dem Kauf. Herstellen von Kontakttiefe (+) Vertrauens- und Glaubwürdigkeit als USP des Verkäufers (+) Neukunden werden mit konkreten Vorteilen vom Sinn eines Wechsels überzeugt	(–) Schlechte After-Sales-Betreuung (–) Kein Beziehungsaufbau und fehlende Psychologie im Umgang mit Kunden (–) Kunden wird etwas »eingeredet«, getroffene Zusagen und Versprechen können nicht erfüllt werden

nen Bereich nicht durch eine gute Leistung in einem anderen kompensieren. So kann beispielsweise die individuelle Beratung des Kunden zwar sehr kompetent sein, aber seine Betreuung nach dem Kauf ist mangelhaft. In einem solchen Fall steigt die Gefahr, dass er vom Stammkunden zum Wechselkäufer mutiert. Noch deutlicher zeigt sich die Gefahr bei den Risiken: Hier kann ein übersehenes Risiko bereits ausreichen, um das Geschäft und den Kunden für immer zu verlieren.

Fortschreitende Individualisierung

Der Kunde erwartet, sehr individuell beraten zu werden. Das bietet dem Verkäufer die Chance, gezielt auf den konkreten Nutzen für dessen Situation einzugehen. Darauf, was er im Einzelnen mit dem Kauf verbindet. Bei undifferenzierten Pauschalberatungen muss der Kunde selbst herausfinden, worin seine besonderen Vorteile liegen könnten. Nur an diesen ist er egoistischerweise interessiert. Erklären sie sich nicht von selbst, entstehen Zweifel und Unsicherheiten, ob dieses Produkt oder diese Dienstleistung genau das Richtige für ihn ist.

»Ich bin noch unschlüssig und überlege es mir. Ich melde mich wieder bei Ihnen.« Solche Aussagen sind meist ein deutliches Zeichen dafür, dass Zweifel nicht ausgeräumt wurden. Oftmals sind sie auch ein Spiegel für den Verkäufer, dass ein Kundengespräch zu schematisch geführt wurde.

Die Individualität eines Menschen prägt seine Bedürfnisse und damit die Besonderheiten seiner Kaufwünsche. Unabhängig davon, um welches Produkt es sich handelt. Um sie richtig erfassen zu können, braucht es beim Verkäufer die Erkenntnis, dass jeder Kunde für sich zu sehen ist. Das setzt auf der psychologischen Ebene voraus, dass er sich selbst als eine individuelle Persönlichkeit versteht. Sich daher auch von niemandem in ein Schema pressen lässt, das vorschreibt, wie ein Kundengespräch im Einzelnen zu führen ist. Denn das Ergebnis solcher Vorgaben führt meist zu mechanisch abgespulten Bedarfserhebungen, die Kontaktkrücken sind. Beziehungsbrücken lassen sich damit nicht bauen. Denn sie vermitteln dem Kunden das unlustbetonte Gefühl, ein Routinefall zu sein. Und sie signalisieren ihm die fehlende Bereitschaft zum persönlichen Gespräch.

Menschen haben für ein solches Signal sehr feine Antennen. Es löst reflexartig einen inneren Blockademechanismus aus, wodurch die Bedarfsfragen als aufdringlich oder ausforschend gewertet werden. Vor allem dann, wenn sie den persönlichen Bereich betreffen. Was oftmals der Fall ist, weil ohne dessen Kenntnis keine gute Verkaufsarbeit zu leisten wäre. Weiterführende Antworten als unverzichtbare Grundlage für ein gutes Verkaufsgespräch sind so nur sehr schwer zu erhalten. Lediglich oberflächliche Stichworte, mit denen die Bedarfssituation grob umrissen wird, die gemeinsam mit den Kundendaten in ein Formular eingetragen werden. In manchen Unternehmen trägt es noch die urzeitliche Bezeichnung »Kaufantrag«. Hier sieht man die neue Ausgangslage wahrscheinlich hoffnungslos. Aber nicht ernst.

Der richtige Einsatz der eigenen Persönlichkeit ist die wichtigste Voraussetzung, um vom Kunden als Mensch wahrgenommen zu werden. Nicht als Verkäufer, hinter dessen Verhaltensschablonen sich der Mensch verbirgt. Erst dann wird sich der Kunde innerlich öffnen. Und nur auf dieser Grundlage lässt sich individuell beraten und verkaufen. Oft deutlich mehr, als ursprünglich angenommen wurde. Denn zusätzliche Kaufwünsche, die häufig latent vorhanden sind, können so wesentlich leichter erkannt werden.

Steigende Preissensibilität

Der Prozentanteil reiner Rabatttouristen, die nächtelang im Internet Preisvergleiche anstellen oder sich von Händler zu Händler zum günstigsten Angebot durcharbeiten, wird meist überschätzt. Verlässliche Zahlen darüber gibt es nicht. Bestenfalls nur grobe Schätzungen, die ihn bei durchschnittlich 15 Prozent ansiedeln. Wobei ein Drittel, also 5 Prozent insgesamt, preisaggressiv auftritt: »Ich brauche keine Beratung. Geben Sie mir mehr Prozente. Ansonsten auf Wiedersehen!« Je nach Branche existieren dabei große Schwankungsbreiten, die von mehreren Faktoren bestimmt werden. Beispielsweise ob und wie sehr mit dem Preis geschleudert wird, wie diszipliniert man sich also in der Branche verhält. Ob es sich um Massenprodukte handelt, die an jeder Ecke erhältlich sind. Oder um beratungsintensive Produkte, die man nur an ausgewählten Stellen bekommt. Auf letztere beziehe ich mich im Weiteren.

Mit der Wertigkeit von Produkten oder Dienstleistungen steigt auch der Anspruch des Kunden, dass sie genau auf seine Bedürfnisse zugeschnitten sind. Eine bestmögliche individuelle Nutzung muss für ihn gewährleistet sein. Meist ist damit eine fundierte fachliche Beratung verbunden. Preisaggressives Auftreten ist deutlich seltener zu beobachten als bei einfachen Gebrauchsgegenständen. Aber natürlich gibt es das auch hier.

Die Behauptung, Kunden würden ohnehin nur noch auf den Preis schauen – Beratung daher zwecklos –, ist in ihrer Generalisierung falsch. Denn wäre es so, dann würde sich nur noch das objektiv preisgünstigste Produkt einer bestimmten Waren- oder Dienstleistungsgruppe verkaufen lassen. Alle anderen würden zwangsläufig zum Ladenhüter degenerieren. Nachgefragt lediglich von naiven Kunden, die nicht wissen, dass man etwas Ähnliches für weniger Geld woanders erhält. Diese Vorstellung ist sicherlich absurd. Sie folgt aber der gleichen Logik wie die Annahme, Kunden würden ausschließlich über den Preis kaufen.

Richtig ist allerdings, dass aufgrund leichter gewordener Vergleichsmöglichkeiten Kunden besser informiert und aufgeklärt sind. Daher verhalten sie sich im Verkaufsgespräch auch selbstbewusster und fordernder. Vor allem, was die glaubwürdige Begründung des Preis-/Leistungsverhältnisses anbelangt.

Pauschalargumente, mit denen bewiesen werden soll, warum etwas so teuer sein muss, können nicht greifen. Denn sie setzen bei den Kosten an statt bei dem Wert, den der Kunde dem Produkt subjektiv zuschreibt. Und dieser erklärt sich nicht von selbst. Argumente, die beim Kunden Akzeptanz finden, müssen auf fachlichem Know-how gründen, das zusätzliche Sichtweisen für den Wert eines Produkts entstehen lässt. Den Blick für etwas öffnet, das so noch nicht vom Kunden gesehen wurde. Darauf ist der Fokus zu lenken, um ihm die Entscheidung zu erleichtern, die oft eine Qual der Wahl bedeutet.

Um den Fokus auf den Wert richtig einstellen zu können, ist es Voraussetzung, dass man den Informationsstand des Kunden kennt. Ihn also nicht nur vermutet. Sondern weiß, was er weiß, und daran anknüpft. Ansonsten wird man leere Argumentationskilometer zurücklegen. Oder man läuft Gefahr, belehrend zu wirken, weil erklärt wird, was der Kunde ohnehin schon weiß. Wird der vorhandene Wert nicht ausreichend und verständlich genug dargestellt, rückt die Frage nach dem Kaufpreis rasch in den Vordergrund. Jedes Schweigen an der falschen Stelle schmälert ihn indirekt. Und bereitet so überhöhten Nachlassforderungen den Nährboden.

Sinkende Bindungsbereitschaft

Die Chance bei diesem Punkt liegt darin: Kunden, die woanders schlechte Erfahrungen gemacht haben – mit dem Produkt, dem Unternehmen oder mit dem Verkäufer – entscheiden sich leichter für einen Wechsel. Es ist somit einfacher geworden, neue Kundenpotenziale für sich zu gewinnen, wenn man die Fehler, die zum Wechsel geführt haben, selbst konsequent vermeidet. Das von anderen nicht erkannte Risiko kann so zur eigenen Chance werden.

In der Beziehung zum Kunden liegt sowohl die größte Chance als auch das größte Risiko. Ihre Bedeutung wächst. Denn das Bedürfnis der Menschen steigt, von anderen als individuelle Persönlichkeit wahrgenommen und behandelt zu werden. Und nicht als irgendein Kunde. Sie ist auch das beste Bindemittel, da man Menschen, zu denen eine gute Beziehung aufgebaut wurde, nicht so leicht auswechselt wie ein Produkt.

Wenn man die bessere Beziehungsqualität anbietet, lassen sich auch Neukunden leichter akquirieren. Natürlich kaufen Menschen Produkte oder Dienstleistungen und nicht die Beziehung zum Verkäufer an sich. Sie ist allerdings das unverzichtbare Medium, um Kunden von den konkreten Vorteilen – und damit vom Sinn – eines Wechsels überzeugen zu können.

Jedes aufgeklärte Denken über Kundenbindung führt zur Erkenntnis, dass es wichtig ist, die Beziehung zum Kunden auch nach dem Kauf nicht aus den Augen zu verlieren. Sie zu vertiefen, um ihn weniger anfällig für Seitensprünge zum Mitbewerb zu machen. In übersättigten Märkten ist die Wahrscheinlichkeit größer als je zuvor, dass Kunden einen Wechsel überlegen. Bei einem guten Vertrauensverhältnis zum Kunden wird man in aller Regel von solchen Überlegungen erfahren und gegensteuern können. Eine hohe Vertrauensbasis entsteht allerdings nicht über Nacht. Vertrauen braucht Zeit, um wachsen zu können. Die Zeit, die dafür investiert wird, ist jedoch ein gutes Investment in zukünftige Geschäftsmöglichkeiten.

Verkäufer, die nur aufs schnelle Geschäft fixiert sind, halten die Vertiefung der Beziehung zum Kunden nach dem Kauf für zu zeitraubend. Sie bringen sich erst dann wieder in Erinnerung, wenn die Umsätze sinken und zu wenig Neukunden akquiriert wurden. Häufig ist es dann allerdings zu spät, und der beziehungsfrustrierte Kunde quittiert den Routineanruf meist so: »Machen Sie sich keine weitere Mühe. Ich bin in der Zwischenzeit woanders bestens aufgehoben!« Ist Verkäufern, die solchermaßen kalt erwischt werden, die Regel bewusst, dass mit bestehenden Kunden leichter ein Geschäft zu machen ist als mit Neukunden?

Fehlende Beziehungspsychologie hat im Verkauf teure Konsequenzen. Denn die abnehmende Bindungsbereitschaft vieler Kunden wird dadurch verstärkt. Niemand will das bewusst. Doch der wachsende Verkaufsdruck lässt die kurzfristige Perspektive des schnellen Geschäftes oft in den Vordergrund rücken. Dadurch erhöht sich die Gefahr (»Speed kills!«), an den tatsächlichen Kundenbedürfnissen vorbei zu verkaufen. Oder mehr zu versprechen, als tatsächlich eingehalten werden kann. Das funktioniert vielleicht einmal. Aber dann sind diese Kunden für immer verloren. Unabhängig davon, worin der konkrete Auslöser für die Abwanderung aufgrund frustrierender Erlebnisse besteht. Denn meist wird das gesamte Unternehmen – oder die Marke – in eine Art Sippenhaft für die Versäumnisse Einzelner genommen.

Aufwändige und teure Kundenbindungsprogramme mit einmaligem Whow-Effekt können daran wenig ändern. Denn die Bindung eines Menschen an ein Produkt, eine Dienstleistung oder an das Unternehmen kann nicht von einem Programm übernommen werden. Das können nur Menschen. Und zwar jene, die wissen, wie man eine tragfähige Beziehung zum Kunden gestaltet und sie auch nach dem Kauf aufrechterhält. Daher sind sie der eigentliche Schlüssel für die Kundenbindung.

Kapitel 2

Der ruinöse Götzendienst

Ein Teil des Wandels im Kaufverhalten, welches den Verkauf insgesamt schwieriger macht, liegt in der überhöhten Erwartungshaltung vieler Kunden. Wie geht man damit um? Hinnehmen und durchtauchen? Darüber ärgern und lamentieren, aber nichts ändern? Kopf senken und resignieren? Oder nach den Hauptursachen fragen? Möglicherweise ließe sich dann etwas verändern. Liegt eine der Ursachen vielleicht nur darin, dass wir Menschen insgesamt anspruchsvoller geworden sind? Diese Sichtweise wäre stark verkürzt. Denn sie übersieht, worin der hausgemachte Anteil besteht, den Handel und Industrie an überhöhten Kundenerwartungen tragen. Dieser erschwert den Verkauf auf breiter Front.

Der Kunde ist König – ein verhängnisvolles Credo

Gemeint ist das Credo vom Kunden, der stets König ist und der immer zu begeistern – besser: zu entzücken – ist. Ansonsten wird er nicht kaufen, denkt man. Die Leidtragenden dieser Philosophie, die vor allem durch große Hersteller und Handelsketten verbreitet wird, sind in erster Linie die Verkäufer. Denn sie werden mit immer höheren Kundenerwartungen konfrontiert. Manchmal auch mit Allmachtsfantasien. Die Enttäuschung ist vorgezeichnet, wenn sich den künstlich hochgetriebenen Ansprüchen nicht gerecht werden lässt. Nicht nur bei den Kunden, sondern auch beim Verkäufer. Ihm drängt sich nämlich die Frage auf: Was soll ich denn noch alles tun, um sie zufrieden zu stellen?

Werden Kunden immer wieder lauthals zu Königen erklärt, muss man sich freilich nicht wundern, wenn man die Geister, die damit gerufen werden, nicht mehr loswird. Denn Kunden werden sich dann nicht nur so fühlen, als seien sie Könige. Sondern alles tun, um die ihnen zugeschriebene Rolle gut zu erfüllen.

Jeder König braucht Untertanen. Das sind jene, die ihn dazu ausgerufen haben. Und ob er ein guter oder ein schlechter König sein wird, hängt davon ab, wie sie sich ihm gegenüber verhalten. Sie müssen Distanz zu ihm wahren, um damit ihren Respekt gebührlich zum Ausdruck zu bringen. Sie dürfen kein Näheverhältnis zu ihm aufbauen, welches seinen Status gefährden könnte.

Was ihn aufs Höchste erfreut sind die Schilder, auf denen steht, wer der König im Reich der Waren und Dienstleistungen ist: er, der Kunde, der allen Mitarbeitern des Unternehmens das Gehalt bezahlt. Natürlich nur unter der Voraussetzung, dass sie allzeit bereit sind, seine allerhöchste Zufriedenheit zu gewährleisten. Sonst fallen sie in Ungnade. Werden seine immer höher geschraubten Ansprüche nicht mehr erfüllt, wird er sich neue Untertanen suchen. Damit droht er auch präventiv. Aber nur bei solchen Untertanen, die sich davon einschüchtern lassen und diese Rollenverteilung akzeptieren. Denn bei diesen wirkt die Drohung am besten. Warum? Weil sie glauben, ohne König würden sie weniger verkaufen.

Glücklicherweise nur ein Märchen von Königen und ihren Untertanen in einer modernen Konsumwelt, die es nirgendwo gibt? Und wenn, dann als Ausnahmefall? Eines, das keinen Wahrheitskern besitzt, Beobachtungen maßlos übertreibt und die Realität auf den Kopf stellt? Wird denn nicht immer wieder von den Servicewüsten berichtet, in denen die Umsätze und Gewinne austrocknen – weil sich niemand um die Kunden bemüht? Gilt nicht der Kunde immer noch als Störfaktor? Dem steht gegenüber, dass die Kundenorientierung in Deutschland insgesamt steigt, wie aus dem Kundenmonitor für 2004 hervorgeht.[3] Worum geht es also eigentlich?

Die Fragestellung lässt sich von zwei Seiten betrachten. Aus Kundensicht sollte ein Unternehmen alles dafür tun, um die vorhandene Erwartungshaltung zu 100 Prozent zu erfüllen. Idealerweise sogar zu 110 Prozent. Doch die 110 Prozent kosten auch mehr Geld, das der Kunde oftmals nicht bereit ist, dafür zu bezahlen.

Aus der Sicht des Unternehmens hat die Kundenorientierung ihre natürlichen Grenzen dort, wo Aufwand und Ertrag nicht mehr im richtigen Verhältnis zueinander stehen. Nun geht es hier nicht darum, deren unbestrittene Bedeutung für den Unternehmenserfolg zu bezweifeln. Vielmehr ist die Frage zu stellen, welche Auswirkungen ihre Übertreibungsformen haben.

Was es bedeutet, einen Götzendienst am Kunden zu zelebrieren. Fest steht: Dadurch wird die Anspruchshaltung Stück für Stück nach oben gepeitscht und sich schwer rückgängig machen lassen. Fest steht auch, dass die Erfüllung höherer Ansprüche mehr Kosten verursacht. Bei immer geringer werdenden Spannen, die das Unternehmen zusätzlich belasten, sind diese nicht erfüllbar. Das Resultat: Die Kunden werden unzufriedener.

Wer sind die Verursacher des paradoxen Umstands, dass jede Übertreibungsform der Kundenorientierung zum Bumerang werden kann? Wie kommt es, dass die Begeisterungsphilosophie von heute die Unzufriedenheit von morgen sät?

Die Zeche zahlt der Mittelstand

Kunden wollen angeblich bei jedem Kauf ihren unersättlichen Erlebnishunger stillen. Das denken die geistigen Väter der Kundenbegeisterungsprogramme und Superlativ-Vorstellungen über den ultimativen Umgang mit dem Kunden. Diese sitzen jedoch nicht im Mittelstand, dem Träger der Wirtschaft, bei dem sich die Ertragssituation von Jahr zu Jahr verschlechtert. Der, wie das *Manager Magazin* im März 2005 schrieb, »auf den Krücken geht«. Sie sitzen dort, wo die großen Gewinne geschrieben werden: in den Konzernen und Großunternehmen. Da man in den mittelständischen Betrieben meist nahe genug am Kunden ist, brütet man dort keine Programme aus, wie man ihn bei jedem Kauf entzücken oder verblüffen könnte. Vielleicht liegt es aber auch an der praktischen Klugheit, die mittelständische Unternehmen davon abhält, übertriebene Versprechen als Programm in die Welt zu setzen. Dort weiß man, dass sie sich nicht einlösen lassen, weil das zu teuer wäre. Und man weiß dort am besten, dass es kein Rezept dafür gibt, den ekstatischen Kaufrausch oder Kaufepidemien auszulösen. Vielen ist außerdem bewusst, dass gute Produkte keinen Götzendienst erfordern, um sich zu verkaufen. Den brauchen nur die schlechten.

Customer Amazement – eine Mogelpackung?

Daher rührt auch die verständliche Skepsis beim Mittelstand gegenüber Customer-Amazement-Programmen, die Hersteller ihren Händlern vorschreiben. Denn oft steht »mehr Kunden« darauf, aber sie verursachen zunächst nur mehr Kosten. Eine Mogelpackung also? »Es wäre nicht das erste Mal«, denken viele, »dass wir die Zeche für etwas zahlen, das andere sich ausgedacht haben.« Daher ist Kundenbegeisterung in etlichen Unternehmen ein Reizwort.

Die Erfinder von Customer-Amazement-Programmen, die ihre Vorstellungen davon, wie sich Kunden begeistern lassen, zum kategorischen Imperativ erheben, bedenken zu wenig, dass die angekündigten Versprechen als Anspruchstreiber die Kundenerwartungen hochschrauben. Diesen müssen aber nicht die Erfinder gerecht werden, sondern die, die im dirkten Kundenkontakt stehen. Sie sind mit einer anderen Realität konfrontiert, als es von jenen gedacht war, die diese Programme in die Welt gesetzt haben. Kunden begeistern sich zwar gerne für die versprochenen Mehrleistungen, aber sie sind nicht bereit, dafür auch mehr Geld auszugeben. Sie wollen mehr Leistung für weniger Geld.

Kundenbegeisterungsprogramme erhöhen die Reizschwelle für das, wodurch man zufrieden gestellt werden kann. Konsequenz: Es muss immer mehr dafür getan werden. Und verständlicherweise werden jene in die Pflicht genommen, die die höheren Ansprüche erfüllen sollen. Aber das sind nicht die Erfinder von Customer-Amazement & Co., sondern die mittelständischen Unternehmen.

Erwartungen nicht bedingungslos erfüllen

Wer Götzendienst am Kunden betreibt, muss sich die Frage gefallen lassen, ob diese Philosophie nicht von Grund auf verfehlt ist. Ob sie nicht zu falschen Verhaltensweisen führt, mit denen die Macht des selbst geschaffenen Götzen auf eine bedrohliche Weise erhöht wird. Eine Macht, die zwei Gesichter hat. Das eine drückt verheißungsvoll aus: »Ich habe mich entschieden, bei dir zu kaufen«. Das andere nennt die Bedingung dafür: »Wenn ich bessere Konditionen bekomme als woanders!«.

Der selbst verursachte Anteil an der misslichen Lage, oft mit überhöhten Nachlassforderungen konfrontiert zu sein, speist sich aus dieser Götzendienerschaft. Mehr als das vielen bewusst sein mag. Denn sie führt zu einer falschen Attitüde gegenüber dem Kunden. Überspitzt ausgedrückt lautet

Tabelle 2: Kundenerwartungen und Zufriedenheitsgrad

Erfüllungsgrad der Kundenerwartungen	Auswirkung beim Kunden und für das Unternehmen	Gefahrenpunkte für das Unternehmen
Nicht oder kaum erfüllt	Unzufriedenheit. Kein weiterer Kauf.	Kunde geht verloren und betreibt Negativwerbung.
Teilweise erfüllt	Keine Unzufriedenheit. Geringe Kundenbindung.	Kunde sucht nach Alternativen, und seine Bereitschaft, woanders zu kaufen, steigt.
Größtenteils oder ganz erfüllt	Zufriedenheit. Gute Kundenbindung.	Gewöhnungseffekt: Da der Kunde zufrieden ist und man sich daran »gewöhnt« hat, bemüht man sich weniger um ihn. Seine Zufriedenheit sinkt.
Die Erwartungen wurden leicht übertroffen	Hohe Zufriedenheit. Optimale Kundenbindung.	Ähnlich dem Gewöhnungseffekt bei »Zufriedenheit«.
Die Erwartungen wurden deutlich übertroffen	Begeisterung. Hoher Aufwand, um die Kundenbindung zu erhalten.	Das Anspruchsniveau des Kunden steigt, und es wird immer schwieriger, seine Erwartungen zu erfüllen. Bumerangeffekt: mehr unzufriedene Kunden durch Götzendienst.

sie: »Ich tue, was Sie wollen, wenn Sie nur bei mir kaufen!« Eine solche Einstellung, die in Form unterschiedlicher Signale für den Kunden erkennbar wird, zieht Rabattforderungen geradezu magnetisch an. Denn er spürt instinktiv, wer damit erpressbar ist.

Wer im Kunden keinen Götzen sieht, sendet im Gespräch andere Signale. Solche, die nicht nur psychologisch, sondern vor allem auch kaufmännisch gesehen die richtigen sind. Sie beruhen auf der Einstellung: »Ich verkaufe Ihnen das, was für Sie gut und richtig ist. Allerdings nicht um jeden Preis!«

Die unterschiedlichen Signale verhindern zwar nicht, dass Kunden einen Nachlass fordern. Das hieße, die Lage zu verkennen. Aber sie tragen auf erhebliche Weise dazu bei, jede Form von Rabatt-Harakiri einzudämmen. Denn überzogene Nachlasswünsche sind nicht unabwendbar und kein Naturgesetz, an dem sich nichts ändern lässt. In Kapitel 10 wird beschrieben, was sich auf der psychologischen Ebene tun lässt, damit sich die Rabattspirale nicht bis an ihr oberstes Ende dreht. Denn nur allzu schnell wird aus einer Rabattforderung ein Preisdiktat.

Kundenerwartungen und Zufriedenheitsgrad

Wollen Kunden wirklich immer begeistert werden? Kaufen sie anderenfalls nicht mehr dort, wo sie »nur« zufrieden gestellt werden? Tabelle 2 zeigt die Zusammenhänge zwischen dem Erfüllungsgrad der Kundenerwartungen und den Auswirkungen für das Unternehmen. Das Thema Kundenzufriedenheit lässt sich dadurch differenzierter betrachten und entmystifizieren. Bei den Auswirkungen wird »keine Unzufriedenheit« von »Zufriedenheit« unterschieden. Denn die Tatsache, dass jemand nicht unzufrieden ist, bedeutet nicht automatisch, dass er zufrieden ist.

Keinen Zahlenfetischismus betreiben

Aus dem Götzendienst an den Kunden resultiert, dass man erhobene Zufriedenheitswerte peinlich genau bis auf zwei Stellen hinter dem Komma berechnet. Oft in zahlenabergläubischer Weise. Auf dieser Basis werden Risikoanalysen erstellt. Ihnen lässt sich entnehmen, wie viele Kunden man verlieren könnte, wenn man nichts ändert.

Die Gefahr ist groß, dass solche Analysen zu Heilsbringern für bessere Umsätze hochstilisiert werden und die Beschäftigung damit zur Ersatzhandlung wird. Wohl um sich selbst zu beruhigen: Wir haben alles im Griff! Es ist freilich immer leichter, sich mit der Zufriedenheit seiner Kunden auf abstrakte Weise auseinander zu setzen als auf praktische. Doch das richtige Augenmaß geht dabei leicht verloren. Liegen die neusten Umfragewerte der Kundenzufriedenheit vor, werden die Ergebnisse bei einer Verkaufsbesprechung »aufgearbeitet«. Im Mittelpunkt stehen unzählige Kennziffern sowie Tabellen mit Warnhinweisen und allgemeinen Empfehlungen, die dem Papierkonvolut »Kundenzufriedenheitsanalyse« entnommen wurden.

Bereits bei leicht gesunkenen Werten werden die verantwortlichen Sündenböcke gesucht. Sie müssen Abbitte leisten und Besserung geloben. Vielleicht auch Buße, indem ein Bonus oder Prämien zurückgestellt werden. »Vergessen wir nicht«, pflegen Chefs, die einem Zahlenfetischismus huldigen, solche Sitzungen ritualhaft zu beenden: »unser Gehalt bezahlt immer noch der Kunde!«

Pragmatisch handeln

Ist es etwa nicht sinnvoll, die Kundenzufriedenheit regelmäßig zu erheben? Die durchgeführten Messungen miteinander zu vergleichen, um Risiken rechtzeitig erkennen und ihnen entgegenwirken zu können? Doch, aber unter zwei Voraussetzungen: Erstens sollte man darin ein Instrument sehen, um zusätzliche Informationen über den Zufriedenheitsgrad der Kunden zu gewinnen. Zweitens sollten diese Zahlen als Trendaussagen verstanden werden, in welche Richtung etwas verstärkt oder korrigiert werden muss. Auf keinen Fall sollten sie aber als Fetisch behandelt werden, dem man hinterherjagt, weil aus den Zahlen wie aus einer Wahrsagekugel Sein oder Nichtsein ablesbar sei. Das kann man nur dann, wenn das Nichtsein bereits unabwendbar wurde. Und zwar als endgültige Bestätigung für den Ruin.

Mittelständische Betriebe besitzen selten eigene Stabsabteilungen für Kundenbeziehungen. Im Unterschied zu Konzernen können sie die Aufgabe, sich mit den Details von Kundenzufriedenheitsmessungen zu beschäftigen, nicht delegieren. Das Gute daran ist, dass keine Vorschläge produziert werden, die von der Praxis weit entfernt und daher nicht umsetzbar sind. Auf der anderen Seite müssen diese Betriebe sich selbst damit beschäftigen, und das kostet Zeit, die meist nicht vorhanden ist.

Letztlich kommt es auf die beiden Hauptfragen an: Wird der Kunde wieder bei uns kaufen? Wird er uns weiterempfehlen? Das lässt sich ohne großen Zeitaufwand erfahren, indem diese Fragen nach dem Kaufabschluss direkt gestellt werden und man sich erkundigt, wie die gesamte Abwicklung empfunden wurde. Das klingt selbstverständlich. Doch wie oft wird man danach gefragt?

Werden diese Fragen gestellt, sollte der Kunde spüren, dass man tatsächlich an seiner Antwort interessiert ist. Denn dafür hat er eine feine Antenne. Anderenfalls wird sie ähnlich informativ ausfallen wie gegenüber dem Kellner im Restaurant, der sich routinemäßig erkundigt, ob es geschmeckt hat.

Kundenzufriedenheit muss nicht teuer sein

Der direkte Kontakt mit dem Kunden wird zu Recht als Moment der Wahrheit bezeichnet. Denn dort entscheidet sich, ob die kommunizierten Produkt- oder Dienstleistungsversprechen überzeugend vermittelt werden können. Und ob der Kunde kauft.

Um eine hohe Kundenzufriedenheit sicherzustellen, ist es völlig ausreichend, die Erwartungen des Kunden ein klein wenig zu übertreffen. Ihn damit angenehm zu überraschen. Dabei zählt vor allem die Kontinuität. Nur einmal »ein bisschen mehr« zu tun wäre zu wenig. Dazu ein Beispiel eines Unternehmens aus dem Handels- und Dienstleistungsbereich, in dem die angenehme Überraschung des Kunden zum Prinzip erhoben wurde.

Das konstante »Ein-bisschen-mehr« zählt

In diesem Beispiel geht es um einen der kaufmännisch erfolgreichsten und auch größten Autohandelsbetriebe in Österreich. Der Besitzer wendet das Prinzip der angenehmen Überraschung seit über 20 Jahren sehr konsequent an. Er sieht darin einen Teil seines wirtschaftlichen Wachstums begründet. Konstante Erfolge sind in dieser Branche schwierig geworden. Viele Händler kämpfen – europaweit – ums wirtschaftliche Überleben.

Sein Betrieb beschäftigt rund 140 Mitarbeiter und ist von vielen Branchenkollegen im In- und Ausland als Benchmark anerkannt. Dort wird sorgfältig analysiert, was für Kunden ausschlaggebend ist, wenn sie ein Fahrzeug kaufen oder es zum Service bringen. Den berühmten Kleinigkeiten, die beim Kauf oft den Ausschlag geben, wird eine große Bedeutung zugeschrieben. Dafür werden weder kostspielige Events veranstaltet noch bombardiert man Kunden unentwegt mit den üblichen Mailing-Aktionen. »Wir verzichten auf solche Dinge ganz bewusst«, so der Inhaber, »da sie ohnehin nahezu jeder macht. Wir unterscheiden uns auf eine andere Weise – durch die Beachtung der Kleinigkeiten.«

Einer dieser Unterscheidungspunkte liegt im verbindlichen Kostenvoranschlag für eine Reparatur. In dieser Branche zählt er nicht zu den selbstverständlichen Standards. Kostenschätzungen sind die Regel, weil man vorher nie so genau wissen kann, was alles zu reparieren ist, lautet die Argumentation vieler. Das Problem ist, dass der Kunde erst hinterher erfährt, was die Reparatur genau kostet. Und falls ihn die Rechnung überrascht, so ist seine Überraschung meist keine angenehme.

In dem Unternehmen dieses Händlers geht man anders vor: Der Kunde erhält vor jeder Reparatur einen verbindlichen Kostenvoranschlag, der auf den Cent genau eingehalten wird. Ein Schild in der Reparaturannahme weist darauf ausdrücklich hin: »Wir sagen Ihnen vorher, was es hinterher kosten wird.« Nach dem Prinzip der angenehmen Überraschung liegt der Rechnungsbetrag meist sogar einige Euro darunter. Sie wurden aber nicht einfach einkalkuliert – wie man vielleicht denken könnte –, sondern bleiben häufig übrig. Denn vorher wird sorgfältig gerechnet und hinterher nicht großzügig aufgerundet.

»Und sollten wir uns irren, was manchmal vorkommt«, erzählt der Inhaber, »und die Reparaturkosten fallen höher aus, als es im Kostenvoranschlag steht, dann übernehmen wir die Differenz. Das ist sinnvoller, als dem Kunden erklären zu müssen, dass wir uns geirrt haben und er leider etwas mehr bezahlen muss, als er angenommen hatte. Die Zeit, die so etwas kosten würde, verwenden wir lieber für etwas anderes, das dem Kunden zugute kommt: Mehr von diesen einfachen Dingen zu finden, auf die es ankommt, damit er sich wieder für uns entscheidet. Ganz abgesehen vom Vertrauen, welches dadurch verloren ginge.«

Herausfinden, was für Kunden wichtig ist

Dieses Beispiel sollte sichtbar machen, dass es keinen Tanz um das Goldene Kalb Kunde und keine Whow-Effekte braucht, um eine hohe Kundenbindung zu erzielen. Auch die Möglichkeit, durch Cross Selling zusätzliche Geschäfte zu machen, steigt, wenn man im Kerngeschäft – so wie in diesem Unternehmen – viele zufriedene Kunden hat.

Psychologisch betrachtet liegt jedem Cross Selling eine Erwartungsprojektion zugrunde: Die guten Erfahrungen des Kunden auf einem Gebiet werden als Erwartung auf die anderen Angebote des Unternehmens projiziert. Vom Auto auf den Service, den Zubehörverkauf, auf Leasing- und Versicherungsangebote, um einige Beispiele aus diesem Unternehmen zu nennen. Dieser Projektionsmechanismus gilt allerdings auch im umgekehrten Sinn: Wurden auf einem Gebiet schlechte Erfahrungen gemacht, so werden diese auf alle übrigen Angebote des Unternehmens übertragen. Umsatzverluste und entgangene Geschäftsmöglichkeiten auf mehreren Gebieten sind die Folge.

Wie findet man heraus, worin die Kleinigkeiten bestehen, die beim Kauf den Ausschlag geben und die Zufriedenheit der Kunden sicherstellen? Braucht es dazu Kundenkonferenzen, umfangreiche Marktstudien und Analysen? Oder erfährt man sie nicht am besten im direkten Gespräch mit dem Kunden? Solche Gespräche werfen oft ein helles Licht auf Dinge, die vielleicht zu wenig beachtet wurden und die sich ohne größeren Aufwand ändern lassen. Nimmt man diese Aufgabe ernst, so können nicht nur wertvolle Informationen gewonnen werden. Es signalisiert dem Kunden auch ein glaubwürdiges Interesse an seiner Person und eine überzeugende Orientierung an seinen tatsächlichen Bedürfnissen.

Will man dieses Thema systematisch angehen, gibt es folgenden Weg: In Miniworkshops mit allen Mitarbeitern, die im direkten Kundenkontakt stehen, werden die Kleinigkeiten, die für den Kunden wesentlich sind, identifiziert. Dabei ist es wichtig, den Fokus auf jene Punkte zu richten, welche die größte Hebelwirkung haben. Also darauf, was vom Aufwand her eher gering, aber in der Wirkung groß sein kann. Wie im Beispiel des Autohändlers der verbindliche Kostenvoranschlag.

Solche Miniworkshops erfordern keinen hohen Zeitaufwand. Meist ist es ausreichend, einige Kernfragen zu stellen, um verwertbare Ideen zu finden. Die nachfolgenden Fragen haben sich in der Praxis gut bewährt. Sie können so oder ähnlich formuliert dafür verwendet werden.

- Worauf legen Kunden in unserer Branche beim Kauf besonderen Wert? Was ist das konkret? Worauf sollten wir uns dabei besonders konzentrieren?

- Was erleichtert und begünstigt ihre Entscheidung, bei uns zu kaufen, wenn man den Preis außer Acht lässt?
- Welche Kleinigkeiten gibt es, die dabei eine gute Hebelwirkung zeigen? Woraus besteht der Hebel, worin die Wirkung?
- Womit könnten wir unsere Kunden angenehm überraschen, ohne dass dafür zusätzliche Geldausgaben erforderlich sind? Zum Beispiel durch eine bestimmte Dienstleistung? Welche?
- Wie lässt sich sicherstellen, dass wir konstant »ein bisschen mehr« erbringen? Wie lässt sich verhindern, dass es zur Einmalaktion wird?

Teil 2
Psychologie im Verkauf:
Wie Menschen ticken

Die in der Einleitung geschilderte Flugzeugentführung ging glimpflich aus, weil es gelang, das Vertrauen des Entführers zu gewinnen. Indem die Flugbegleiterin den »Zug« des Entführers fand, konnte sie die Situation wieder unter Kontrolle bringen.

Der Kern dieser Begebenheit wird von der Antiterroreinheit Cobra bei jedem Einsatz, wenn das Gegenüber ein zu allem entschlossener Gewalttäter ist, wie ein Code verwendet. Er soll an diesen Zwischenfall erinnern und immer wieder bewusst machen: Auch die schwierigste Situation lässt sich unter Kontrolle bringen, wenn man sich auf die Psychologie des anderen richtig einstellt. Dadurch lassen sich Verhandlungsmöglichkeiten besser ausschöpfen, und der Einsatz kann in den meisten Fällen ohne Blutvergießen beendet werden. Dieser Code besteht aus drei Worten: »Finde seinen Zug!«

Ist die zunehmend schwieriger werdende Situation im Verkauf mit dem harten Geschäft einer Antiterroreinheit vergleichbar? Natürlich nicht direkt. Allerdings entsteht immer häufiger der Eindruck, dass sich Verkäufer mit aggressiven Rabattforderungen sowie mit dem drohenden Hinweis auf die Konkurrenz von Kunden erpressen lassen. In Zeiten, in denen Geiz geil ist, wird man leicht zur Geisel des Kunden, wenn man der Erpressung nachgibt. In solchen Fällen scheint es so zu sein, dass der Kunde besser versteht, wie der Verkäufer tickt, als umgekehrt.

Die Frage ist also: Wie entschlüssele ich die Psychologie meines Gegenübers und finde so seinen Zug? Nicht nur, um kein Opfer von Rabatterpressungen zu werden. Sondern auch, um leichter zu verkaufen und bessere Verhandlungsergebnisse zu erzielen, als man ursprünglich vielleicht angenommen hatte.

Der »Zug des Kunden« wird in den folgenden Kapiteln als Metapher verwendet. Er ist der rote Faden für Sie als Leser und der Schlüssel für die richtige Anwendung der geheimen Spielregeln im Verkauf.

Kapitel 3

Menschen richtig entschlüsseln

In diesem Kapitel steht die Frage im Mittelpunkt, wie man den Zug des Kunden richtig erkennt. Es geht also um die Menschenkenntnis, die im Verkauf unverzichtbar ist. Durch eine gute Menschenkenntnis erfasst man das Kaufpotenzial richtig, weil sich leichter erkennen lässt, was jemandem wichtig ist – worin seine Kaufantreiber bestehen. Wie viel Geld er dafür auszugeben bereit ist. Sie verhindert kostspielige Einschätzungsfehler des Kunden im Verkaufsgespräch und in schwierigen Verhandlungssituationen, seiner Absichten und Reaktionen im gesamten Kommunikationsverlauf. Man versteht durch eine gute Menschenkenntnis besser, wie er in seiner Persönlichkeit tickt. Dadurch gelingt es wesentlich leichter, die richtigen Argumente zu finden. Solche, die ihn überzeugen.

6,5 Milliarden »Typen«

In der individuellen Ausprägung der Persönlichkeit gleicht kein Mensch dem anderen. Selbst eineiige Zwillinge haben nicht zu 100 Prozent dieselben Interessen oder den gleichen Beruf. Auch die Partnerwahl zeigt, dass unterschiedliche Vorlieben und Neigungen vorhanden sind. Kurzum: Es gibt keine zwei völlig identischen Persönlichkeiten auf dieser Erde.

Die Persönlichkeit eines Menschen formt sich durch das Wechselspiel von genetischem Erbe und äußeren Einflüssen wie der Erziehung und der gesamten Situation, in der er heranwächst. Der Bau ihrer Grundfesten ist im Alter zwischen fünf und sechs Jahren abgeschlossen. Das bedeutet: Der individuelle Persönlichkeitskern, in dem die Einzigartigkeit und die Unvergleichbarkeit eines jeden Menschen liegen, ist zu diesem Zeitpunkt bereits festgelegt.

Trotz dieser Erkenntnis versucht man immer wieder, die Persönlichkeit eines Menschen bestimmten Kategorien zuzuordnen, sie damit zu typologisieren. In erster Linie deshalb, um Verhalten besser einschätzen und vorhersagen zu können.

Sei es durch vorwissenschaftliche Ansätze wie beispielsweise der Astrologie, der Lehre von den Körperbautypen oder von den vier Temperamenten (sanguinisch, cholerisch, phlegmatisch, melancholisch). Oder durch wissenschaftliche Theorien, auf deren Grundlage Persönlichkeitstests konstruiert werden.

Die menschliche Persönlichkeit ist jedoch zu komplex, um durch Testverfahren adäquat erfasst werden zu können. Das gilt insbesondere für die zahlreichen Verfahren, die von den verschiedensten Anbietern entwickelt werden. Im Unterschied zu den Erklärungsversuchen der Wissenschaft entsprechen sie selten den dort geforderten Gütekriterien.

Hanebüchene Verhaltensprofile

Seien Sie daher skeptisch, wenn man Ihnen plausibel machen möchte, dass es mit einem speziellen Verfahren möglich wäre, Kunden richtig einzuschätzen. Meist handelt es sich nur um unterhaltsame psychologische Spielereien, die man auch in Boulevardblättern finden kann – »Dr. Sommer antwortet«.

Die hanebüchenen Verhaltensprofile, die daraus abgeleitet werden, sind schlechte Krücken für die Menschenkenntnis. Häufig entstehen gerade durch die Anwendung solcher Verfahren die größten Fehler in der Einschätzung anderer Menschen, denn diese werden in Schubladen eingeordnet. Als Folge davon wird ihr Verhalten nur mehr im Licht der jeweiligen Erklärungskategorien gesehen. Ihrer Individualität wird man auf diese Weise niemals gerecht, und die gezogenen Schlussfolgerungen sind häufig falsch. Wie Menschen wirklich ticken, wird man auf diese Weise jedenfalls nicht erfahren.

Der Mensch ist immer mehr als die Summe jener Eigenschaften, die ihm solche Verfahren bescheinigen. Das Bild, welches damit von ihm produziert wird, ist bestenfalls eine flüchtige Momentaufnahme. Ein eindimensionaler Abglanz und ein Polaroidfoto in Schwarz-Weiß-Qualität. Die Persönlichkeit ist aber viel mehr: ein 3D-Farbfilm in High-Definition-Qualität.

Die Einzigartigkeit erfassen

Wenn es um die menschliche Psyche geht, ergibt 1 + 1 nicht immer 2, sondern vielleicht auch 3 oder 4. Eventuell sogar 100. Beispielsweise dann, wenn eine beleidigende Bemerkung von jemandem »überhört« wird, eine zweite aber dazu führt, dass er »explodiert«. Die Logik der Psyche ist nie die gleiche wie die der Mathematik. Deshalb lässt sich menschliches Verhalten auch nicht exakt berechnen und vorhersehen. Wohl aber kann man sehr gut einschätzen, wie sich jemand verhalten wird, wenn man weiß, was für ihn besonders wichtig ist und was ihn antreibt.

Verkäufer fragen häufig, ob sich Menschen bestimmten Typologien zuordnen lassen. Der Hintergrund dieser Frage ist offensichtlich. Sie wollen wissen, ob solche Zuordnungsmodelle das Verhandeln und Verkaufen erleichtern könnten. Dabei ist eher das Gegenteil der Fall. Warum?

Derzeit gibt es rund 6,5 Milliarden »Typen«. Einer davon sind Sie. Ihr Kunde ist ebenfalls einer von diesen. Aber eben anders als Sie. Jeder Mensch ist ein Original und niemals das Duplikat eines anderen. Erkennen Sie in dieser Einsicht einen wichtigen Grundsatz, um Ihre Menschenkenntnis zu vertiefen. Klassifizieren Sie daher andere nicht als »Typen«, die irgendeinem Erklärungsschema zugeordnet werden könnten.

Versuchen Sie in Ihrem eigenen Interesse, jeden Kunden in seiner Einzigartigkeit zu erfassen. Denn wollen Sie seinen Zug finden, dann setzt dies voraus, dass Sie ihn als unverwechselbares Individuum betrachten.

Drei Faktoren, die das Verhalten steuern

Menschliches Verhalten ist ein faszinierendes, weit gespanntes und sehr vielfältiges Gebiet. Um Menschen besser einschätzen und ihr Verhalten leichter verstehen zu können, ist es wichtig zu wissen, wovon dieses bestimmt und oftmals auch gesteuert wird. Und zwar mehr, als das jemandem bewusst sein mag.

Abbildung 1 zeigt die drei Faktoren, die darüber entscheiden, wie jemand agiert. Welche Verhaltensweisen ihm dafür als adäquat erscheinen und wie er auf eine Situation reagiert, also mit dieser insgesamt umgeht. Sie drücken sich in vielen Details im Verhalten und in der Kommunikation aus.

Abbildung 1: Drei Faktoren, die das Verhalten steuern

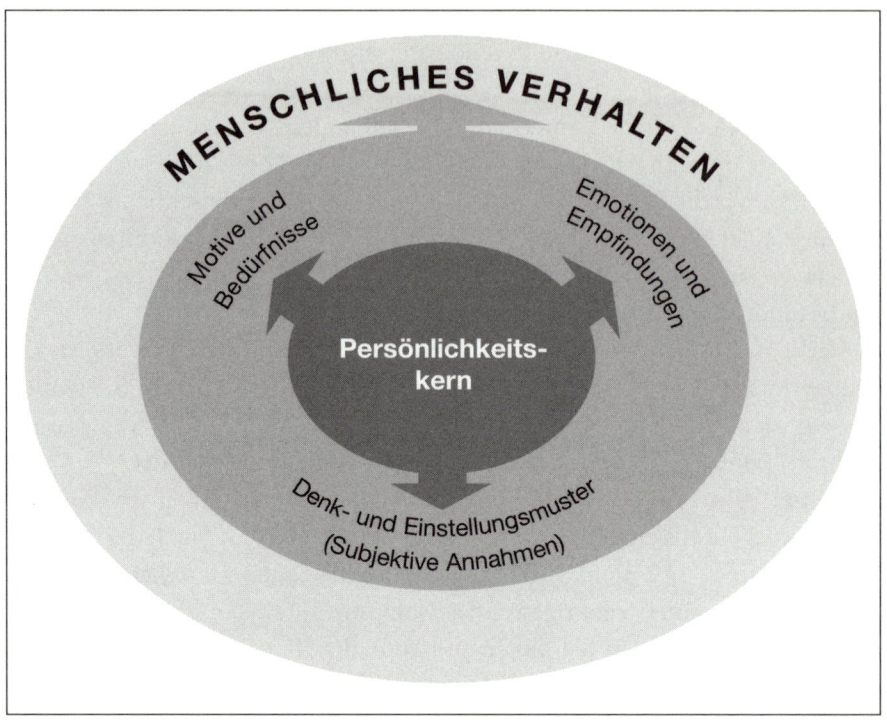

Für einen guten Beobachter sind diese Faktoren deutlich erkennbar. Weniger deutlich sind sie nur dann, wenn jemand seine Absichten verschleiern will und sein Verhalten tarnt, indem er es an die Erwartungen anderer anpasst. Die inneren Antriebsgründe bleiben dann verborgen. Diese Verschleierung kann aus zwei Gründen geschehen: a) weil dadurch Vorteile erwartet werden oder b) weil unangenehme Konsequenzen vermieden werden sollen. Solche, die entstünden, würde man sich so verhalten, wie es dem inneren Antrieb entspricht.

In der Psychologie wird ein Verhalten, das sich an fremde Erwartungen anpasst, als ein »Verhalten im Sinne der sozialen Erwünschtheit« bezeichnet. Daraus lässt sich folgender Rückschluss ziehen: Menschen, die ihre Meinung und ihr Verhalten an die Erwartungen anderer anpassen, im Innersten aber anders denken als sie vorgeben, haben ein geringes Selbstwertgefühl. Daher besitzen sie auch wenig Durchsetzungskraft.

Verhaltensweisen, die sozialen Erwartungen nicht vollständig angepasst werden – ihnen vielleicht sogar widersprechen –, zeigen hingegen deutlich, wie jemand tatsächlich denkt. Welche Einstellungsmuster er hat und was die wahren Beweggründe für sein Handeln sind. Im Verkauf können diese leichter als irgendwo sonst erkannt werden, weil Kunden im Regelfall ihr Verhalten nicht an die Erwartungen des Verkäufers anpassen. Vielmehr sagen sie, was sie wollen. Und wenn der Verkäufer ihr Vertrauen gewonnen hat und die richtigen Fragen an sie stellt, sagen sie auch, warum sie es wollen.

Die drei Faktoren der Verhaltenssteuerung sind im Gehirn eines Menschen nicht in drei getrennte Bereiche aufgeteilt. Sie wirken also nicht parallel und nebeneinander, sondern stehen in einer wechselseitigen Abhängigkeit. Sie dirigieren in ihrer Gesamtheit das Verhalten. Ausgangspunkt dafür ist immer der Persönlichkeitskern, welcher das innere Wesen eines Menschen ausmacht. Er besteht aus seinen Eigenschaften und ist sozusagen die innere Verfassung, die Ausgangsbasis seiner bewussten und unbewussten Denkweise. Das Grundgesetz, welches festlegt, wie jemand denkt und welche Einstellungsmuster und Werte er hat, welche Motive ihn antreiben und welche Ziele er verfolgt. Welche Emotionen in ihm stärker oder schwächer auftreten, hervorgerufen und ausgelöst werden können. Die Summe aus all dem ergibt die Persönlichkeit eines Menschen und bestimmt, wie jemand tickt.

Exkurs: Profiling – Das Verhalten kann niemals lügen

Will man besser verstehen, wie jemand tickt, sollte man aufmerksam beobachten, wie er sich verhält. Das Verhalten eines Menschen bietet zahlreiche Anhaltspunkte für erkenntnisreiche Rückschlüsse auf sein psychisches Innenleben.

Jeder Mensch hat bekanntlich das Recht zu lügen oder etwas beschönigend darzustellen. Aber sein Verhalten lügt niemals, weil es nicht lügen kann. Menschliches Verhalten dient immer einem ganz bestimmten Zweck und beruht auf getroffenen Entscheidungen, die größtenteils unbewusst erfolgen. Darin spiegeln sich die Einstellungsmuster, Bedürfnisse und Gefühle eines Menschen sowie seine Eigenschaften. Verhalten ist der Ort, an dem die Stunde der Wahrheit schlägt. Denn die Persönlichkeit zeigt sich in vielen Verhaltensdetails, die charakteristisch für einen Menschen sind. Jede Handlung trägt seine ganz persönliche Handschrift: die individuellen Fingerabdrücke seiner Person.

Aufgrund dieser psychologischen Erkenntnis können sogar konkrete Aussagen über völlig unbekannte Menschen getroffen werden. Und es ist möglich, von ihrem Verhalten auf die Persönlichkeit Rückschlüsse zu ziehen. Dabei kommt es darauf an, die charakteristischen Handlungsmuster zu erkennen. Wie muss man sich das vorstellen? Werfen wir dazu einen Blick auf die Ermittlungstätigkeit von Sonderkommissionen bei der Aufklärung von Serienverbrechen. Dort wird die Erkenntnis, dass das Verhalten nicht lügen kann, durch Profiler sehr konsequent angewendet. Im Verkauf lässt sich bei der Einschätzung anderer Menschen von deren Methode profitieren.

Wie Profiler bei Sonderkommissionen vorgehen

Die psychologische Erkenntnis, dass sich die Persönlichkeit eines Menschen in seinem Verhalten überaus gut ausdrückt, verhilft Sonderkommissionen zu erstaunlichen Aufklärungsergebnissen. Akribisch untersuchen Profiler den Tatort, beispielsweise bei einem Serienmord, und suchen dabei Antworten auf die Frage: Was sagen die Details der begangenen Straftat über die Persönlichkeit des Täters aus? Anders als ihre Kollegen von der Spurensicherung fahnden sie nicht nach genetischen, sondern nach psychischen Fingerabdrücken, und die lassen sich nicht verwischen. Durch niemanden.

Die Methode des Profilings konnte beispielsweise dazu beitragen, dass sich der österreichische Briefbombenattentäter Franz Fuchs selbst enttarnte. Franz Fuchs, dessen Intelligenzquotient dem eines Nobelpreisträgers für Physik glich, tarnte sich in seinen Bekennerschreiben als »Bajuwarische Befreiungsarmee«. Er verübte zwischen 1993 und 1997 rassistisch motivierte Anschläge. Über mehrere Jahre hinweg hielt er damit die österreichische Republik in Schach. Insgesamt waren vier Todesopfer zu beklagen, und 15 Menschen wurden zum Teil schwer verletzt.

Der ermittelnde Profiler zog aus der akribischen Untersuchung der Tatorte und aus der sorgfältigen Analyse der Bekennerschreiben den Schluss, dass es sich um einen Einzeltäter handeln musste. Und nicht, wie allgemein angenommen wurde, um eine Gruppe rechtsradikaler Terroristen. In einem Täterprofil wurden die Eigenschaftsmerkmale des unbekannten Attentäters zusammengefasst. Hier die wichtigsten, auszugsweise und sinngemäß wiedergegeben: zur Zwanghaftigkeit gesteigerter Perfektionismus, beruhend auf einem hohen Ich-Ideal. Damit ist die Einstellung gemeint: Ich muss alles perfekt machen und darf niemals einen Fehler begehen. Im Verhalten führt sie zu einer ausgeprägten Pedanterie und zu akribischer Detailversessenheit. Alles, was erledigt wird, ist, auch wenn es in diesem Fall makaber klingt, von einer übergroßen Gewissenhaftigkeit geprägt. Weitere Eigenschaften, auf die man rückschließen konnte: ein übersteigertes und zum Größenwahn neigendes Geltungsbedürfnis, das auf persönlichen Minderwertigkeitsgefühlen und tiefen Kränkungen seiner Person beruht – die kompensiert werden sollten. Persönlich schnell verletzbar, überempfindlich und leicht reizbar.[4]

Diese Rückschlüsse auf seine Persönlichkeit ergaben sich unter anderem aus einer ganz besonderen Bauweise seiner Rohr- und Briefbomben. Selbst die hinzugezogenen Sprengstoffexperten aus Irland zeigten sich davon überrascht: Die hochexplosiven Rohrbomben waren so konstruiert, dass nach einer Explosion, die ein Haus in Schutt und Asche verwandeln konnte, der Zündmechanismus vollständig erhalten blieb. Als makaberes Markenzeichen des Urhebers. Damit gab der Attentäter unübersehbare Merkmale seiner Persönlichkeit preis: sein enormes Geltungsbedürfnis und sein außergewöhnliches Perfektionsstreben.

Aber auch viele scheinbar unwichtige Details im Tatverhalten ließen ein bestimmtes Muster erkennen und gaben Hinweise auf seine Persönlichkeit, sogar auf sein ungefähres Alter. So wurden beispielsweise die Umschläge der Bekennerschreiben und die der entschärften Briefbomben genau analysiert. Man ging davon aus, dass es mehr als fünfzig Möglichkeiten gibt, wie ein Brief beschriftet und frankiert werden kann. Der Täter hatte sich für eine ganz bestimmte entschieden. Die Art und Weise, wie das geschehen war, erfolgte also nicht zufällig, sondern beruhte auf seinen getroffenen Entscheidungen. Und diese sind immer Ausdruck der Persönlichkeit eines Menschen.

Fuchs wählte bei der Anschrift die damals nicht mehr übliche Bezirksbezeichnung für die Stadt Wien, welche früher in römischen Zahlen geschrieben wurde, bevor man sie durch die neue Schreibweise mit arabischen Ziffern ersetzte. Also zum Beispiel »Wien IV« statt »1040 Wien«. Darin sah man ein Kriterium, um das Alter des Täters einzugrenzen. Man vermutete, dass er schon im letzten Drittel seines Lebens angelangt sein musste, da ihm die neue Schreibweise offenbar nicht sonderlich geläufig war. Weiterhin, dass er vermutlich außerhalb von Wien wohnen würde. Fuchs war damals 44 Jahre alt und wohnte in der Steiermark.

Kundenprofiling: Was sich von Profilern lernen lässt

Was lässt sich aus der Methode des Profilings für eine bessere Menschenkenntnis im Verkauf ableiten? Gibt es auch hier so etwas wie einen Tatort, der sich analysieren lässt, um eine Art Kundenprofil zu erstellen? Im Verkauf lässt sich die grundsätzliche Arbeitsweise der Profiler – präzise analysieren und nicht vorschnell bewerten oder interpretieren – wesentlich einfacher anwenden. Denn schließlich geht es hier nicht darum, eine unbekannte Person zu identifizieren.

Wenn Sie wie ein Profiler vorgehen, werden Sie einen Kunden niemals voreilig beurteilen. Sie werden aufmerksam beobachten, wie er sich Ihnen gegenüber verhält und wie sich die Persönlichkeit durch seine Umgebung ausdrückt – im Büro oder in der privaten Wohnumgebung.

Anders ist nicht falsch, sondern anders

Wenn Sie bei Ihren Verhaltensbeobachtungen den Grundsatz der Profiler »Anders ist nicht falsch, sondern anders« konsequent anwenden, können Sie Menschen wesentlich besser einschätzen. Damit ist gemeint, dass man ihre Persönlichkeit und ihr Verhalten nicht nach den eigenen Wertmaßstäben beurteilt. Denn jeder Mensch ist anders gestrickt als man selbst. Daher tickt und verhält sich auch jeder anders.

Gleiches gilt für die Einstellungsmuster und Annahmen, für die Bedürfnisse und Motive sowie für die Empfindungen und Emotionen. Diese kommen in jedem Gespräch deutlich zum Ausdruck und spiegeln die Persönlichkeit wider. In unzähligen Details trieft die Persönlichkeit eines Menschen täglich aus seinen Poren, wie der Psychoanalytiker Sigmund Freud feststellte. Richtig erfasst man sie nur dann, wenn man konzentriert zuhört, sehr aufmerksam beobachtet und nicht voreilig bewertet, was man hört und sieht. Anderenfalls führt das zu erheblichen Wahrnehmungsverzerrungen der beobachteten Details und lässt Sie die Persönlichkeit des anderen nicht erkennen. Durch vorschnelle Bewertungen erfahren Sie nur das, was Ihnen ohnehin bereits bekannt ist: Ihre eigenen Maßstäbe für das, was Sie für richtig und gut halten.

Ein Kundenprofiler blendet sie daher weg und geht folgendermaßen vor: Er registriert zunächst die vielen Details, durch die sich die Persönlichkeit eines Menschen im Verhalten zeigt. Ohne sie zu bewerten und ohne dabei Annahmen zu treffen. Nach und nach formt er seine Beobachtungen zu einem vorläufigen Bild vom anderen.

Nur so werden Sie Menschen ohne allzu große Verzerrungen in ihrer Persönlichkeit wahrnehmen. Durch wertungsfreie Beobachtungen schärfen Sie auch Ihre Intuition bei der Einschätzung anderer Menschen. Fehlurteile, die durch eine dumpfe Ahnung ausgelöst werden, bleiben so die Ausnahme.

Wichtig dabei ist zweierlei: erstens, dass man bereit ist, seine eigene Persönlichkeit zu zeigen und offen für den Gesprächspartner zu sein. Nur dann wird sich dieser ebenfalls öffnen, und es fließen mehr Persönlichkeitsmerkmale in sein Verhalten ein. Es besteht für ihn kein Anlass, eine äußere Fassade zu errichten. Dadurch kann man die Persönlichkeit im Verhalten besser erfassen und die nonverbalen Botschaften in ihrer Bedeutung und im Kontext des Gesagten besser verstehen. Zweitens darf man dabei nicht erkennbar in die Beobachterrolle schlüpfen. Denn wenn sich der andere beobachtet fühlt, wird sich sein Verhalten instinktiv ändern. Er wird vorsichtiger in seinen Äußerungen und in dem, wie er sich gibt.

Neutral beobachten

Ihre neutralen Beobachtungen werden Sie auf weiterführende Fragen bringen. Im Unterschied zu einem Profiler einer Sonderkommission können Sie diese Ihrem Gesprächspartner stellen. Aus seinen Antworten wird sich ein immer klareres Bild ergeben, wie er denkt, wie seine innere Werteskala aussieht, was seine Einstellung zu bestimmten Themen ist, was ihn antreibt und worauf er abfährt. Es wird für Sie wie ein Ahaerlebnis sein, wenn sie erkennen, wie sich die Persönlichkeit in seinen Aussagen widerspiegelt und im Verhalten klar ausdrückt.

»Wie lösen wir das Problem am besten? Können Sie in dieser Sache ohne Rücksprache entscheiden?« Eine solche Aussage spricht für einen Menschen, der kooperativ eingestellt und psychisch ausgeglichen ist. »Wie heißt Ihr Chef? Ich will das im Anschluss direkt mit ihm besprechen, da Sie das sicher nicht entscheiden können!« Diese provozierende Äußerung lässt hingegen auf einen Menschen schließen, der seine innere Unsicherheit mit autoritärem Auftreten überspielen möchte. Wenn Sie ihn nicht vorschnell mit bewertenden Etiketten wie »Wichtigtuer« oder »autoritärer Hammel« belegen, können Sie leichter entschlüsseln, wie er in seiner Persönlichkeit beschaffen ist. Dann kommt es erst gar nicht zu solchen Statements, weil Sie anders mit ihm umgehen, sich besser auf seine Psychologie einstellen. Falls doch, bleiben Sie nicht nur gelassener, womit nicht jene stoische Ruhe gemeint ist, die ihrerseits provozierend wirkt, sondern Sie gewinnen die Oberhand. Denn Sie werden leichter erkennen, wo Sie ansetzen können, um jemanden zu entschärfen. Nicht mit der Brechstange, sondern mit Psychologie, der viel feineren Waffe in solchen Fällen. Statt auf die obige Provokation defensiv mit einem »Wenn Sie meinen.« zu reagieren, würde man beispielsweise mit folgender Antwort die Initiative zurückgewinnen: »Welche Entscheidung wollen Sie, dass getroffen wird? Wenn ich das weiß, kann ich Ihnen auch beantworten, ob ich mit Herrn Meixner, meinem Vorgesetzten, Rücksprache halten sollte.«

Wenn Sie Ihre eigenen Bewertungsmaßstäbe in der Beobachtung des Kundenverhaltens wegblenden und neutralisieren, so werden Sie zum Beispiel viel bewusster registrieren: Wie sind Büro, Wohnung oder Haus eingerichtet? Welche Bilder hängen an der Wand, und wo sind sie platziert? Befindet sich beispielsweise das Foto der Familie an der Wand hinter seinem Schreibtisch? Dort, wo er selten hinsieht? Warum steht es nicht am Schreibtisch, und warum steht dort ein anderes? Eines, welches ihn bei der Jagd oder beim Golfspiel zeigt, umringt von Freunden. Könnte das bedeuten, würde sich ein Profiler fragen – ohne sich dabei vorschnell auf eine Antwort festzulegen –, dass ihm die Familie den Rücken stärkt? Oder hat er dieser bereits seinen Rücken zugekehrt? Das Foto hängt ja nicht zufällig dort, wo es hängt.

Weitere Beobachtungen könnten sein: Wirkt der Raum nüchtern, kahl und steril? Oder ist er mit Einrichtungsgegenständen überladen? Ist er mit modernen Möbeln durchgestylt? Stehen antike oder rustikale Möbelstücke im Raum? Ist der Schreibtisch aufgeräumt oder mit Papierstapeln und den unterschiedlichsten Gegenständen überladen? Steht auf ihm ein überquellender Aschenbecher, oder liegen dort die Bleistifte gespitzt und peinlich geordnet in eine Richtung zeigend? Ist der Papierkorb völlig leer, obwohl es bereits 16.00 Uhr ist, oder ist er so voll gestopft, dass darin nichts mehr Platz findet? Wird Ihnen zur Begrüßung Kaffee angeboten, oder kommt Ihr Gesprächspartner gleich zur Sache? Verbunden mit dem Hinweis, dass es nur Mineralwasser gibt, da Kaffee ungesund ist?

Nutzen Sie die Methode des Profilings im Verkauf. Schärfen Sie damit

Ihre Wahrnehmung und Intuition. Das setzt die Fähigkeit voraus, neutral und wertfrei zu beobachten, die sich mit einiger Übung sehr rasch entwickelt. In der Psychologie wird diese Fähigkeit als »freischwebende Aufmerksamkeit« bezeichnet. Sie steht im Gegensatz zu einer »eingefrorenen Aufmerksamkeit«, die nur auf ein bestimmtes Merkmal fixiert ist. Zum Beispiel auf die vermutete Kaufkraft eines Menschen aufgrund seiner sozialen Stellung.

Wer auf Druck verkaufen will, ist nur auf einen raschen Abschluss fixiert. Eine eingefrorene Aufmerksamkeit geht damit Hand in Hand. Die Gefahr, an den Bedürfnissen des Kunden vorbeizuverkaufen, ist dabei groß. Auch vorhandene Chancen für Zusatzverkäufe werden so leicht übersehen. Kaufpotenziale – und Kunden – gehen damit verloren.

Kundenprofiler verkaufen mehr

Das folgende Beispiel stammt von einem führenden Hersteller hochwertiger Fenster mit Sitz in Mitteldeutschland. Es geht dabei um einen Außendienstmitarbeiter, der nach einem Training von der Anwendung des Profiling-Grundsatzes »beobachten statt vorschnell interpretieren« überaus profitieren konnte. Er erhielt den Anruf einer Frau, die ein undicht gewordenes Kunststofffenster durch ein neues ersetzen wollte. »Kein besonderer Auftrag«, denkt er auf der Hinfahrt. »Vielleicht 500 oder 600 Euro Umsatz – mal sehen.« Die Kundin wohnt, wie er bei der Ankunft sieht, in einem Altbau, dessen Fassade gerade saniert wird. »Das wäre ein toller Auftrag, wenn wir hier alle Fenster austauschen könnten«, überlegt er, während er mit dem Lift in den zweiten Stock fährt. Dort wartet eine ältere, gepflegt wirkende Dame bereits vor der Wohnungstür auf ihn. »Guten Tag, Sie sind wahrscheinlich Herr Steiner, den ich wegen des Fensters angerufen habe«, begrüßt sie ihn freundlich und bittet ihn zu sich in die Wohnung. »Eigentlich habe ich wenig Zeit«, geht es ihm durch den Kopf, als ihm Kaffee angeboten wird, »und es sind nur einige hundert Euro Umsatz.« Trotzdem nimmt er das Angebot dankend an. Vor allem, weil er erfahren möchte, wer der Hauseigentümer ist.

Während die Dame den Kaffee zubereitet, denkt er an den Profiling-Grundsatz. Sein Blick wandert über die alten Perserteppiche im Wohnzimmer, die dekorativen Bilder mit den Landschaftsmotiven sowie über die antiken Möbelstücke, die überaus gepflegt und wertvoll wirken. Er registriert diese Dinge, ohne voreilig daraus Schlussfolgerungen zu ziehen. Insgesamt strahlt das Wohnzimmer eine gemütliche und warme Atmosphäre aus. Während er weiter beobachtet, sind seine Überlegungen: Die gesamte Einrichtung wie auch die geschmackvoll und für ihr Alter sehr modern gekleidete Dame stehen in Kontrast zu ihrer Zweizimmerwohnung in diesem Altbau. Dieser befindet sich in keiner gehobenen Wohngegend und wirkt von außen unscheinbar. Woher mag die Einrichtung stammen – aus besseren Zeiten vielleicht? Sind es Erbstücke? Bezieht sie nur eine kleine Rente, und wohnt sie deshalb hier? Solche Fragen gehen ihm zwar durch den Kopf, aber er hat gelernt, dass es besser ist, wenn man sie sich nicht selbst beantwortet.

Dann fällt ihm eine Urkunde auf, die an der Wand hängt. Er steht auf, um sie näher zu betrachten. Es ist die Kopie eines Harvard-Diploms für Medizin, auf dem der Name eines Mannes steht, der nicht mit dem der Dame identisch ist. »Seltsam«, denkt er, »weshalb hängt sie das an die Wand, und wer könnte das sein? Am besten, ich frage sie.«

»Wissen Sie«, antwortet ihm die Dame, »Sie sind der erste Verkäufer, dem so etwas auffällt. Alle wollen sie einem nur rasch etwas verkaufen und haben keine Zeit für eine alte Dame wie mich. Dieses Diplom stammt von meinem einzigen Sohn, den ich adoptiert habe, da wir keine Kinder bekommen konnten. Ich bin sehr stolz auf ihn. Er leitet als Chefarzt eine große Klinik in Köln und ist gerade dabei, ein Haus zu bauen.«

»Waren Sie früher auch im medizinischen Bereich tätig?«, erkundigt sich der Außendienstmitarbeiter. »Oder hatten Sie vielleicht mit Antiquitäten zu tun? Mir sind Ihre schönen Möbel, die Teppiche und die Bilder aufgefallen.« »Ich war früher Stationsleiterin in einem Krankenhaus, und mein Mann war dort Oberarzt. Wir hatten eine größere Wohnung, und antike Möbel haben ihm sehr gut gefallen. Ich habe einige hierher mit übersiedelt, nachdem er verstorben war und ich eine kleinere Wohnung gesucht habe. Eine, in der ich mich wohl fühlen kann. Nun wohne ich schon fast zwanzig Jahre in diesem Haus und bleibe bis zu meinem Lebensende hier. Auch wenn der Hauseigentümer an allen Ecken und Enden spart und nur das Allernotwenigste renovieren lässt. Deshalb bezahle ich den Austausch des Fensters auch selbst.«

»Wann wird Ihr Sohn das Haus denn beziehen?« Die Dame lacht und antwortet: »In circa einem halben Jahr. Wahrscheinlich wollen Sie wissen, ob er die Fenster schon bestellt hat.« »Jetzt haben Sie mich aber ertappt«, antwortet der Außendienstmitarbeiter und lacht zurück. »Das war der eigentliche Grund meiner Frage.« »Wissen Sie«, entgegnet sie, »ich suche ohnehin ein ganz besonderes Geschenk für meinen Sohn, der in diesem Jahr 50 wird. Man kann sein Geld ja nicht mitnehmen. Im Herbst hat er Geburtstag, und da wird auch sein Haus fertig sein. Er hat eine Vorliebe für schöne Holzfenster, und ich könnte ihm solche schenken. Als Geburtstags- und Einstandsgeschenk für sein neues Haus. Vielleicht finden wir gemeinsam mit meinem Sohn etwas Passendes in Ihrem Angebot. Oder bieten Sie nur solche aus Kunststoff an, wie ich sie habe?«

Wenige Wochen nach diesem Gespräch erhielt der Außendienstmitarbeiter von ihr einen Auftrag im Wert von knapp 26 000 Euro. Wie er mir in einem persönlichen Gespräch sagte, war durch die Weiterempfehlung des Sohnes an seinen Nachbarn ein weiterer entstanden. Seit diesem Zeitpunkt fühle er sich, wie er zwar augenzwinkernd, aber doch mit einem gewissen Stolz erzählte, als »Kundenprofiler in der Fensterbranche«.

Fünf Einschätzungsfallen

Bei der Einschätzung anderer Menschen gibt es fünf Fallen, in die man umso leichter hineintappen kann, je weniger man sich über ihre Wirkungsweise im Klaren ist. Der Fallensteller ist dabei das eigene Gehirn, genauer gesagt, der urzeitliche Anteil desselben – das Reptiliengehirn. Das ist jener Bereich unterhalb der Großhirnrinde, wo die Emotionen ihren Hauptsitz haben.

In fernen Urzeiten mussten die Menschen blitzschnell einschätzen, ob jemand, der ihnen begegnete, ein Freund oder ein Feind war. Ein Fremder musste in wenigen Sekunden gescannt werden, um entscheiden zu können: Ist es besser zu fliehen oder anzugreifen? Oder kann ich mit ihm gefahrlos auf die Jagd gehen und mich dann mit ihm ans Lagerfeuer setzen?

Dieser damals lebenswichtige Instinkt hat sich im Laufe der menschlichen Entwicklungsgeschichte zurückgebildet. Der Scanningvorgang und die ihm zugrunde liegenden Mechanismen sind jedoch bis heute rudimentär als Bauchgefühl erhalten geblieben. Sie sind uns größtenteils unbewusst.

Dieses urzeitliche Überbleibsel erweist sich oftmals als Quelle zahlreicher Irrtümer bei der Einschätzung von Menschen, die insbesondere durch den ersten Eindruck entstehen. Ein Faktum, das jeder bestätigen kann, der dabei schon einmal irrte und durch das spätere Verhalten des Fehleingeschätzten eines Besseren belehrt wurde.

Um die Menschenkenntnis zu vertiefen, darf man nicht nur nach dem Bauchgefühl urteilen. Folgen Sie dem Beispiel der Profiler, und lassen Sie dabei auch den logischen Verstand zu Wort kommen. Anderenfalls besteht die Gefahr, dass sich reine Baucheinschätzungen als Blinddarmurteile erweisen, die auf dumpfen Instinkten beruhen. Nicht auf einer aufgeklärten Menschenkenntnis. Dadurch würde man zu leicht Opfer eigener Beurteilungsirrtümer.

Es entspricht einer menschlichen Neigung, dass wir uns nur allzu gern solche Bilder von anderen zurechtzimmern, die uns gut tun, weil sie uns bestätigen. Auch wenn sie auf irrtümlichen Annahmen beruhen. Diese Irrtümer wollen wir meist nicht akzeptieren, denn ein solches Eingeständnis könnte das psychische Gleichgewicht destabilisieren.

Im Verkauf erschwert jede Fehleinschätzung den Umgang mit Kunden, indem sie die zwischenmenschliche Chemie negativ beeinflusst. Denn man verhält sich anderen gegenüber so, wie es die Einschätzung ihrer Person als zweckmäßig nahe legt. Die folgenden fünf Fallen für die Menschenkenntnis sind allgegenwärtig. Das überaus Tückische an ihnen: Sie stehen in innerer Verbindung zueinander. Tappt man in die eine, so wartet darin schon die nächste, um zuschnappen zu können.

Die Falle des ersten Eindrucks

Durch den so genannten Primacy-Effect werden die ersten Eindrücke von einem Menschen überbewertet und generalisiert. Beispielsweise nutzen Heiratsschwindler das urzeitliche Scanningmuster des menschlichen Gehirns sehr geschickt, indem sie versuchen, einen vorteilhaften ersten Eindruck bei Damen zu machen, um Sie damit zu blenden. Daher bezeichne ich das Ergebnis solcher Fehleinschätzungen als »Heiratsschwindlereffekt«. Wie entsteht dieser?

Bei jedem Erstkontakt mit einem Menschen rastert das Gehirn sein äußeres Erscheinungsbild und Auftreten mit dem Ziel, möglichst viele Informationen über ihn zu gewinnen. Aus Kleidung, Aussehen, Stimme und körpersprachlichen Verhaltensdetails entsteht ein erster Eindruck, »was der andere für einer ist«. Das eigene Wertesystem bildet dabei den Maßstab für die Beurteilung. Für das, was als gut oder schlecht, sympathisch oder unsympathisch, angenehm oder unangenehm empfunden wird.

Wie durch wissenschaftliche Versuche oftmals nachgewiesen wurde, strahlt dieses erste Bild auf die weitere Personenwahrnehmung aus. Sie beeinflusst sie im Sinne einer positiven oder negativen Erwartungshaltung. Abhängig davon, welche Annahmen über die Eigenschaften des anderen Menschen – unbewusst – getroffen werden. Das Unbewusste arbeitet hier nach dem Prinzip »Eine Eigenschaft kommt selten allein«. Daher schließt es aus einer Haupteigenschaft, die als charakteristisch angesehen wird, auf alle weiteren Eigenschaften.

Beispiele: Wird jemand als überkorrekt wahrgenommen, so könnte das Unbewusste daraus den Schluss ziehen, dass er auch im persönlichen Kontakt sehr pingelig ist. Dadurch baut man eine Abwehrhaltung auf, obwohl der andere im weiteren Kontakt gar nicht so sein muss, wie unbewusst geschlossen wurde. Oder: Jemand wird als unordentlich wahrgenommen und daher auch als unzuverlässig eingestuft. Und jemand, der einen unsicheren Eindruck macht, wird eventuell als sensibel und ohne Entschlusskraft bewertet. Während umgekehrt ein anderer, der selbstsicher und offen wirkt, als erfolgreich, kaufkräftig und willensstark eingeschätzt wird.

Wird aus solchen Zuschreibungen eine Schlussfolgerung auf die Höhe des Kaufpotenzials gezogen, so kann man damit völlig daneben liegen. Beispielsweise dann, wenn aus einer sehr legeren Kleidung geschlossen wird, dass jemand nicht genügend Geld hat, um im oberen Preissegment einkaufen zu können. Oder im umgekehrten Fall, wenn aus gepflegter Kleidung und dominantem Auftreten der Schluss gezogen wird, dass jemand Führungskraft ist und über ein hohes Einkommen verfügt.

Auch wenn die unbewusste Einschätzung eines Menschen in den ersten Minuten einer Begegnung stattfindet, so ist die Behauptung falsch, dass der erste Eindruck der alles entscheidende ist. Sie entspricht einer naiven Auffassung von Menschenkenntnis und unterschätzt die Bedeutung der Sprache. Denn selbstverständlich hinterlassen auch die Inhalte der Kommunikation sowie die Art und Weise der Vermittlung wichtige Eindrücke. Beispielsweise von der inneren Einstellung und Wertskala eines Menschen.

Die Ähnlichkeitsfalle

Unser Gehirn speichert lückenlos alle Erfahrungen ab, die wir in unserem bisherigen Leben mit anderen Menschen gemacht haben; gute gleichermaßen wie schlechte. Sie sind gemeinsam mit den Gefühlen, die damit verbunden waren, im Neuronennetz kodiert. Reiht man alle Nervenzellen aneinander, würde deren geschätzte Länge von 400 000 Kilometern knapp zehnmal die Erde umspannen. Wir können uns in vielen Fällen nicht mehr bewusst an diese Erfahrungen und an die mit ihnen unweigerlich verknüpften Empfindungen erinnern. Im Unbewussten sind sie jedoch präsent.

Begegnen wir jemanden zum ersten Mal, fahndet das Unbewusste nach Ähnlichkeiten mit Menschen, von denen bereits Erfahrungswerte abgespeichert sind. Solche werden nicht nur aufgrund äußerer Merkmale identifiziert. Beispielsweise durch Köpergröße und Gewicht, Haarschnitt, Bart, Gesichtszüge, Kleidung und bestimmte Düfte wie etwa ein Parfüm. Auch die Stimme, Mimik und Gestik sowie Details im Verhalten werden bei diesem Abgleich auf eventuelle Ähnlichkeiten hin sondiert.

Wird das Unbewusste fündig, werden die Erinnerungen an Menschen, die als ähnlich einzustufen sind, aktiviert. Die damit verknüpften Empfindungen werden wachgerufen und auf den anderen unbewusst übertragen. Als Resultat wird jemand aufgrund eines guten oder schlechten Gefühls als sympathisch oder unsympathisch eingestuft. Als jemand, mit dem man leicht »kann« oder als jemand, mit dem man es schwer haben könnte. Je nachdem, an welchen Menschen er uns erinnert.

Wird ein Kunde aufgrund jenes Mechanismus, durch den unsere urzeitlichen Ahnen besser überleben konnten, beispielsweise als unsympathisch empfunden, verhält man sich instinktiv abweisend. Es wird daher schwer fallen, eine persönliche Wellenlänge zu ihm herzustellen und sein Vertrauen zu gewinnen.

Die Typologisierungsfalle

Oberflächliche Informationen, die man über einen Menschen hat, verführen nur allzu leicht dazu, sich vorschnell eine Meinung über ihn zu bilden. Auch hier stellt das Gehirn durch einen Mechanismus aus den Tagen der menschlichen Urzeit eine Einschätzungsfalle. Aufgrund der Zugehörigkeit zu einer bestimmten Horde und der sozialen Rangstellung ihrer einzelnen Mitglieder war es damals möglich, ein Stammesmitglied in seiner Bedeutung für einen selbst zutreffend einzuschätzen. Da es im Erlebnishorizont des Einzelnen nur wenige Horden und Stämme gab und die sozialen Schichtungen und Rollenverteilungen klar und eindeutig waren, konnte man sich mit einfachen typologischen Zuordnungen gut orientieren. Daher wusste man auch, wie man sich richtig zu verhalten hatte.

Heute, mehrere hunderttausend Jahre später, versagt dieser Mechanismus. Menschen lassen sich nicht in Schubladen einordnen, wie bereits ausführlich und an mehreren Stellen dieses Buches begründet wurde. Die Individualität ist stets größer als der gemeinsame Nenner. Daher können aus den Attributen alt oder jung, Mann oder Frau, Beruf und soziale Stellung sowie aus den damit verbundenen Rollen keine typischen Kaufmerkmale abgeleitet werden. Aus diesem Grund lassen sich auch keine sicheren Vorhersagen über die zu erwartenden Verhaltensweisen treffen. Deren Eintrittswahrscheinlichkeit ist bei Typologisierungen jeder Art jener der Prognosen von Demoskopen vor Bundestagswahlen ähnlich.

Es ist daher besser, wenn man keine Schlussfolgerungen daraus zieht. So lässt sich beispielsweise aus der Tatsache, dass jemand im Ruhestand ist, nicht zwingend ableiten, wie viel Geld er wofür ausgeben will und kann. Gleiches gilt für Jugendliche. Oder für Frauen, denen nicht selten bestimmte Fähigkeiten abgesprochen werden, etwa ein technisches Verständnis. Derlei kann zu peinlichen Situationen im Verkauf führen, wenn ihnen etwas erklärt wird, das sie selbst vielleicht besser wissen.

Die Kontrastfalle

Unsere Wahrnehmung wird von Eindrücken, die zueinander in Kontrast stehen, auf vielfältige Weise beeinflusst, zum Teil auch verzerrt. Am einfachsten lässt sich der Kontrasteffekt bei der Temperaturempfindung beobachten: Taucht man die Hände in kaltes Wasser und anschließend in sehr warmes, so wird dieses subjektiv wesentlich wärmer empfunden, als es tatsächlich ist. Die Wärme kontrastiert zur vorangegangenen Kälte.

Das gleiche Prinzip, nach dem vorangegangene Eindrücke die nachfolgenden beeinflussen, gilt nahezu für jeden Erlebnisbereich. Wenn Sie beispielsweise mittags in der Kantine essen und abends mit einem Kunden im

Sternerestaurant, so wird Ihnen das dortige Essen ganz besonders gut schmecken. Und das Kantinenessen am darauf folgenden Tag wird als Kontrast zur Sterneküche vom Vortag als öde empfunden.

Wenn wir andere Menschen einschätzen, können Kontrastempfindungen zu Irrtümern führen, insbesondere bei zeitnahen Eindrücken. Beispielsweise dann, wenn ein Kunde im Gespräch als sympathisch und unkompliziert empfunden wurde und der nächste Kunde als schwierig – nur, weil er zurückhaltender ist als der vorherige.

In Verhandlungssituationen nutzen clevere Einkäufer diesen Kontrasteffekt, indem sie die nach einer Verhörtaktik der Polizei benannte Methode »Good Cop – Bad Cop« einsetzen. Wie funktioniert dieses abgekartete Spiel? Einer der Einkäufer spielt dabei den »Bösen«, sprich den Abweisenden und aggressiv Wirkenden. Er zeigt sich am Angebot des Verkäufers uninteressiert. Ein zweiter mimt den »Guten«; jemanden, der ihm wohl gesinnt ist und deutliches Kaufinteresse signalisiert. Der Böse verlässt unter einem Vorwand die Verhandlung, und der Gute versucht, möglichst hohe Preiszugeständnisse auszuhandeln.

Da dieser Einkäufer im Kontrast zum anderen als sehr entgegenkommend empfunden wird, besteht die Gefahr, dass die Warnlampen beim Verkäufer nicht aufblinken, wenn der Gute anbietet: »Vielleicht können wir beide uns einigen, bevor mein Kollege wiederkommt.« In solchen Fällen wird der Verkäufer unbewusst folgende Schlussfolgerung treffen: Ich sollte auf sein Angebot so schnell wie möglich eingehen. Denn sein Kollege wird weitere Zugeständnisse aus mir herauspressen wollen.

Die Projektionsfalle

In der Psychologie wird diese Falle auch als »Pygmalion-Effekt« bezeichnet. Pygmalion war in der griechischen Mythologie ein einsamer Bildhauer, der eine Frau aus Elfenbein schnitzte. Sie war so schön, dass er sich in sie verliebte. Er nannte sie Galatea und flehte die Liebesgöttin Aphrodite an, ihr Leben einzuhauchen. Sie erhörte ihn, und er konnte seine Galatea schließlich ehelichen.

Mit dem Pygmalion-Effekt wird die psychologische Erkenntnis beschrieben, dass wir unsere meist unbewussten Vorstellungen, Erwartungen und Überzeugungen in andere Menschen hineinprojizieren. Durch unseren

Glauben, dass sie Realität seien, können sie auch Realität werden. Nicht selten verhalten sich andere tatsächlich so, wie wir es insgeheim annehmen, in positiver wie negativer Hinsicht. Dabei übersehen wir leicht den Einfluss, den unser eigenes Verhalten auf das der anderen hat. Sie müssen als Person nicht unbedingt so sein, wie es von uns erlebt wird. Viel häufiger ist es so, dass die Annahmen, die wir über andere treffen und die unser Verhalten ihnen gegenüber bestimmen, die eigentliche Ursache für ihre Reaktionen sind. In Form einer sich selbst erfüllenden Prophezeiung bestätigen sich dann unsere Annahmen über sie. Die subtilen Zusammenhänge zwischen den eigenen Annahmen und dem Verhalten des Kunden sind in Kapitel 7 näher beschrieben.

Werden Menschen auf unreflektierte Weise und nur aufgrund des eigenen Bewertungsrasters eingeschätzt, sind Irrtümer an der Tagesordnung. Die Gefahr ist in solchen Fällen groß, durch den Projektionsmechanismus mehr über sich selbst zu erfahren, als den anderen richtig einzuschätzen. Denn die Wahrnehmung verfälscht sich im Sinne der eigenen Projektion und verengt den Betrachtungswinkel. Als Resultat nimmt man selektiv nur das wahr, was zu den getroffenen Annahmen passt und sie bestätigt. Daher sieht man auch nur, was man sehen will. Nicht aber, was tatsächlich ist.

Eine spezielle Variante dieser Wahrnehmungsverzerrung aufgrund einer Projektion ist folgende: Einzelne Verhaltensweisen, die dem eigenen Bewertungsmaßstab, wie »man sich zu verhalten habe«, nicht entsprechen, werden beim anderen durch das Vergrößerungsglas gesehen. Sie werden sogar als Kontrast zu den eigenen erlebt. Ist man beispielsweise sehr korrekt, neigt man dazu, andere als nachlässig einzuschätzen, wenn sie sich nicht korrekt im Sinne des eigenen Bewertungsmaßstabs verhalten. Oder jemand, der einen offenen Umgang mit Menschen pflegt, empfindet andere, die dabei weniger locker sind, leicht als steif. Ob der andere das tatsächlich ist, wissen wir nicht. Wir projizieren diese Eigenschaft vielleicht nur in ihn hinein.

Im Verkauf führen solche Projektionen, bei denen man von sich auf andere schließt, leicht zu Fehleinschätzungen des Kunden. Und sie führen zu Äußerungen, die verunsichernd wirken und im Verkauf hemmend sind. Beispielsweise: »Ich an Ihrer Stelle würde mir das gut überlegen.« »Wenn ich Sie wäre, würde ich lieber das andere Modell kaufen und nicht nur auf den Preis schauen.« Solche Bemerkungen könnten vom Kunden als unerwünschte Beeinflussung seiner freien Kaufentscheidung gesehen und negativ gewertet werden.

Die Projektionsfalle zeigt im Verkauf viele Gesichter. Das folgende Beispiel illustriert, wie eine Erwartungsprojektion nicht zur Self-fulfilling Prophecy, sondern zu ihrem logischen Gegenteil führt: der Self-destroying Prophecy.

Zu Beginn eines Verkaufsgesprächs schätzt der Verkäufer einen Kunden vorschnell als gutmütigen Menschen ein, der leicht zu überzeugen sein wird. Seine einzigen Anhaltspunkte für diese Einschätzung sind, dass der Kunde freundlich einige Fragen stellt und in seinem Verhalten insgesamt sehr ruhig und zurückhaltend ist. Die darauf beruhende Erwartungshaltung, welche auf ihn projiziert wird, ist: Dieser Kunde wird es mir einfach machen. Da er von einem leicht abzuschließenden Geschäft ausgeht, bleibt die Argumentation des Verkäufers sehr oberflächlich, und er wird unvorsichtig. Anstatt das Verhalten des Kunden und seine Reaktionen aufmerksam zu beobachten – so wie dies Kundenprofiler tun –, formt sich dieser ein Bild von ihm. Denn er will Anhaltspunkte und Schwächen finden, bei denen er einhaken kann, um ein besseres Verhandlungsergebnis zu erzielen.

In der heißen Phase des Gesprächs, in der es um die Konditionen geht, glaubt der Verkäufer, den Abschluss sicher in der Tasche zu haben. Doch plötzlich ändert der Kunde sein bisheriges Verhalten, geht in Angriffsposition und bezeichnet die genannten Argumente als wenig überzeugend.

Jetzt schnappt die Projektionsfalle zu, und die Fehleinschätzung »gutmütiger Kunde« wird zum unliebsamen Bumerang für den Verkäufer. Die unvorhergesehene Wendung im Gespräch hat ihn kalt erwischt. Aufgrund des Überraschungseffektes kann er sich nicht adäquat auf die neue Situation einstellen. Im weiteren Gespräch, in dem sich der Kunde als überaus zäher und unnachgiebiger Verhandlungspartner erweist, hat er daher die schlechteren Karten. Die Prophezeiung vom leichten Geschäft hat sich somit selbst zerstört. Die Trümpfe liegen beim Kunden, der sich als der bessere Beobachter und Menschenkenner erwies.

Auch Sie werden eingeschätzt

Auch Sie selbst können natürlich ein Betroffener solcher Fehleinschätzungen sein und ihnen zum Opfer fallen, wenn Sie diese nicht erkennen. Wie lässt sich dem entgegenwirken?

1. Vermeiden Sie bei der Kleidung und den Accessoires alle besonders hervorstechenden Auffälligkeiten, die von Ihrer Persönlichkeit ablenken. Solche Auffälligkeiten können leicht zu einem falschen Ersteindruck von Ihrer Person verleiten. Nicht jeder Mensch weiß, welche Fehler man dabei begehen kann, und beurteilt Sie möglicherweise aufgrund seiner spontanen Empfindungen.
2. Fragen Sie Menschen, deren Urteil Sie vertrauen, wie Sie von ihnen spontan eingeschätzt werden und wie Ihr Verhalten auf sie wirkt. Erkundigen Sie sich nach Besonderheiten in Ihrem Verhalten, die bei Menschen, die Ihnen das erste Mal begegnen, eventuell zu Fehleinschätzungen führen könnten. Erhöhen Sie so Ihr Bewusstsein dafür, wie Sie auf andere wirken. Meist gibt es hier einige blinde Flecken, weil man selbst nie genau wissen kann, wie man als Person auf andere Menschen wirkt. Das wissen nur diese.
3. Achten Sie bei einem Erstkontakt auf die Reaktionen des Kunden, sowohl auf Sie als Person als auch auf das, was Sie sagen. Dadurch erkennen Sie leichter, wie Sie eingeschätzt werden. Beispielsweise, ob Sie jemand typologisiert. Eine Äußerung wie »Das behaupten doch alle Verkäufer!« ließe darauf schließen. Lernen Sie daraus, noch persönlicher und individueller vorzugehen.
4. Überprüfen Sie immer wieder Ihre Annahmen, wie es in Kapitel 7 beschrieben wird, um auf andere einen stimmigen und damit glaubwürdigen Gesamteindruck zu machen.
5. Achten Sie darauf, einen Kundenkontakt immer positiv zu beenden. Denn der letzte Eindruck, den Sie hinterlassen, haftet im Gedächtnis besonders gut. Dieses Phänomen wird in der Psychologie als »Recency-Effekt« bezeichnet.

Rechthaberische, arrogante und unberechenbare Kunden

Wenn die Chemie zwischen dem Verkäufer und dem Kunden nicht stimmt, wird es schwer fallen, ihm etwas zu verkaufen. Während man im Privatleben in einem solchen Fall den Kontakt abbricht, kann man sich im Verkauf einen solchen Abbruch kaum leisten. Daher ist es für einen Verkäufer unverzichtbar zu wissen, wie er seine Beziehung zu Kunden verbessern kann, wo die Chemie bislang nicht stimmt.

Wenn Menschen als schwierig bezeichnet werden, dann bezieht sich das häufig auf die besonderen Umstände der Situation, in der ihr Verhalten von anderen so erlebt wird. Die Medaille mit der Aufschrift »schwieriger Mensch«, welche anderen mitunter recht großzügig verliehen wird, hat häufig zwei Seiten. Auf der Vorderseite steht, dass jemand von uns als schwierig erlebt wird. Und auf der Rückseite, die wir nicht immer sehen wollen, was unser Anteil daran ist.

Zunächst ist es wichtig zu unterscheiden, aus welchem Grund jemand schwierig ist. Denn nur durch eine korrekte Diagnose lässt sich das entsprechende Mittel für einen adäquaten Umgang mit solchen Menschen finden. Dadurch wird die Situation entschärft, und es kann auch dann, wenn sie für einen schwierig ist, ein guter Abschluss zustande gebracht werden.

Kunden können aus vier Gründen schwierig sein, wobei mitunter zwei oder drei Gründe vorliegen können, die sich gegenseitig verstärken und zu einer problematischen Situation führen. Umso wichtiger ist es zu erkennen, was den Kunden eigentlich schwierig macht.

Das schwierige Verhalten verfolgt einen Zweck

Jedes Verhalten und jede Kommunikation hat nicht nur auslösende Gründe, die so genannten Wirkursachen, sondern es werden auch ganz bestimmte Absichten damit verfolgt: die Zweckursachen. Solch ein Verhalten kann beispielsweise ein aggressives, forderndes Auftreten ohne ersichtlichen Anlass sein.

Finden Sie in solchen Fällen heraus, was die Zweckursache des Verhaltens sein könnte, welche Absicht zu vermuten ist. Fragen Sie sich: Zu welcher Handlung oder welchem Vorschlag fühle ich mich durch das Verhalten des Kunden veranlasst? Auf diese Weise können Sie erkennen, wo der Kunde Sie hinlenken will. So lässt sich besser mit der Situation umgehen und verhindern, dass Sie auf seinen schwierigen Verhaltensanteil emotional reagieren.

Wenn beispielsweise ein Kunde forsch auftritt, könnte die Zweckursache für sein Verhalten darin liegen, einen möglichst hohen Preisnachlass auszuhandeln. Deswegen muss er nicht zwangsläufig ein unnahbarer und harter Mensch sein. Die Wirkursache, welche in diesem Fall nicht interessieren muss, da man darauf keinen Einfluss hat, könnte sein Sparwille sein. Oder sein Bedürfnis, die eigene Verhandlungsfähigkeit unter Beweis zu stellen – »Ohne Rabatt verkauft mir keiner etwas!« Ähnliches gilt vom Prinzip her für Drohungen mit der Konkurrenz oder für den Fall, dass ein Kunde uninteressiert wirkt und Ihre Argumente ohne besondere Regungen zur Kenntnis nimmt. Das aufgesetzte Pokerface verfolgt die Absicht, sich nicht in die Karten blicken zu lassen.

Rätseln Sie in einer solchen Situation nicht, welche Trümpfe Ihr Gesprächspartner eventuell ausspielen könnte. Versuchen Sie das Blatt in Richtung von mehr Offenheit zu wenden, indem Sie eine emotionale Reaktion provozieren, zum Beispiel so: »Ich habe den Eindruck, dass meine Argumente nicht sonderlich überzeugend für Sie sind. Geben Sie mir bitte einen Hinweis, womit ich bei Ihnen ins Schwarze treffen kann. Nur, damit ich Ihre Zeit nicht vergeude.«

Um festzustellen, ob Ihre Vermutung über die Zweckursache des Verhaltens zutreffend ist, sollten Sie Outing-Fragen stellen. Veranlassen sie damit Ihr Gegenüber, Farbe zu bekennen. Zögern Sie beispielsweise nicht, konkret nach der Kaufabsicht zu fragen, wenn Sie vermuten, dass jemand, der Ihnen Löcher in den Bauch fragt, Beratungsdiebstahl betreiben will.

Leider kommt es immer häufiger vor, dass Konsumenten sich bei mittelständischen Händlern ausführlich beraten lassen, um anschließend anderswo zu kaufen. Etwa über das Internet oder bei größeren Kettenbetrieben, die mit aggressiver Werbung locken, aber nicht immer so intensiv beraten. Wenn eine solche Vermutung für Sie nahe liegt, können Sie freundlich folgende Frage stellen: »Da Sie noch nicht zu meinen Kunden zählen, möchte ich Sie fragen: Wollen Sie zunächst nur beraten werden, oder kann ich Sie auch als Kunden gewinnen?« Erhalten Sie als Antwort: »Das hängt vom Angebot ab«, so könnten Sie darauf entgegnen: »Was wäre denn ein gutes Angebot für Sie?« Wird ausweichend geantwortet, so wissen Sie, dass Sie mit Ihrer Vermutung wahrscheinlich richtig liegen.

Die Angst, mit solchen Outing-Fragen potenzielle Kunden zu verlieren, ist völlig unbegründet. Wer ernsthaft daran denkt, bei Ihnen zu kaufen, wird Ihre Frage auch richtig verstehen. Und wer nicht, der bekennt mit seiner Reaktion Farbe. Seine schwierige Reaktion ist dann eindeutig für Sie. Dieser Kunde hätte Ihnen nur Zeit gestohlen, die Sie besser für jene Kunden verwenden, die tatsächlich bei Ihnen kaufen wollen.

Die Persönlichkeit des Kunden

Natürlich gibt es auch Menschen, die unabhängig von einer Situation aufgrund ihrer Persönlichkeit als ziemlich schwierig im Umgang zu bezeichnen sind. Im Verkauf können sie in zwei Gruppen unterteilt werden. Die jeweiligen Verhaltensweisen können sich in der Praxis teilweise überschneiden.

Zu Gruppe eins gehören Menschen, deren egomanische Verhaltensweisen auf tief in ihrer Person liegende Minderwertigkeitsgefühle schließen lassen, welche damit kompensiert werden sollen. Deren Ichsucht wird im Kontaktverhalten meist als aggressiv empfunden. Allen voran finden sich hier rechthaberische und uneinsichtige Nörgler, die stets auf der Suche nach Schuldigen sind, die Schuld aber nie bei sich selbst sehen. Bei diesen unberechenbaren und irrational handelnden Egozentrikern mit unvorhersehbaren Stimmungsschwankungen weiß niemand so recht, woran er ist. Außerdem gehören zu dieser Gruppe unfreundlich-arrogant und unnahbar-distanziert Auftretende sowie selbstverliebte Vielredner und wortreiche Selbstdarsteller, die einen nicht zu Wort kommen lassen.

Gruppe zwei umfasst Menschen, die durch ihr Verhalten einen Verkäufer in erster Linie sehr viel Zeit kosten. Vor allem, wenn er nicht weiß, wie er richtig mit ihnen umgehen soll. Zu dieser Gruppe zählen die ewig Unentschlossenen und zögerlich Schweigsamen, deren Gedankenklebrigkeit die Geduld des Gesprächspartners auf eine harte Probe stellt. Als Meister des Konjunktivs kommt ein Kauf für sie nur eventuell, möglicherweise, vielleicht und unter Umständen in Frage. Dazu die Perfektionisten und Pedanten, die auch die letzte Kleinigkeit erklärt haben wollen und erweiterte Garantien einfordern, bevor sie sich zu einem Kauf entschließen. Die immer Skeptischen und chronisch Misstrauischen, die ihre persönliche Firewall stets mit sich führen, um damit jede Form von Vertrauensbildung abzuwehren. Denn von dieser argwöhnen sie, dass darin Trojanische Pferde enthalten seien, mittels derer man sie ausspionieren möchte.

Einige psychologische Empfehlungen für den Umgang mit Menschen beider Gruppen: Beziehen Sie das, was Sie als problematischen Verhaltensanteil ansehen, niemals auf sich. Seien Sie sich bewusst, dass er Ausdruck einer schwierigen Persönlichkeit ist. Das wird Sie mental dabei unterstützen, gefühlsmäßig neutral zu bleiben und sich nicht irritieren zu lassen.

Bewahren Sie also einen kühlen Kopf im Umgang mit solchen Personen. Nur dann wird es Ihnen gelingen, sachlich und nicht emotional zu reagieren. Das ist vor allem zu Ihrem eigenen Vorteil. Denn Menschen mit einer schwierigen Persönlichkeit neigen zu emotionalen Überreaktionen, wenn man sie erkennen lässt, dass sie als schwierig, mühsam und nervig empfunden werden. Wie zu vermuten ist, wird ihnen das tagtäglich von ihrer Umgebung signalisiert.

Wenn Sie es schaffen, keine Abwehrsignale zu senden, erreichen Sie allein dadurch schon sehr viel. Sie bauen damit eine Brücke zu diesen Menschen, die solche Defensivsignale erwarten, um dann erst richtig schwierig zu werden. Gehen Sie daher in solchen Fällen auf den schwierigen Verhaltensanteil nicht ein. Er ist eine Art Leimrute, von der Sie nur schwer wieder loskommen, wenn Sie sich auf das Spielchen, das möglicherweise mit Ihnen gespielt werden soll, einlassen. Typische Fragen in einem solchen Fall sind zum Beispiel: »Wer von uns beiden hat Recht?« Oder: »Beweise mir, dass ich dir vertrauen kann.« Das Wichtigste für den Umgang mit diesen Menschen ist zu verstehen, was die psychologischen Hintergründe für ihr Verhalten sind. Dann lässt sich damit auch besser umgehen. Worin bestehen diese?

Jeder Mensch trägt, symbolisch gesprochen, ein Schild auf seiner Brust, auf dem zu lesen steht: Ich bin als Person und als Mensch wichtig! Es wurde jedem bei seiner Geburt mitgegeben und unterstreicht die biologische Tatsache der Einzigartigkeit, die in der Persönlichkeit eines jeden Menschen begründet liegt. Wenn man es wahrnimmt und die Aufschrift beachtet, dann sind Menschen im Allgemeinen auch nicht schwierig.

Bei egomanischen Zeitgenossen der Gruppe eins ist dieses Schild aus Gründen, die mit ihrer persönlichen Entwicklung zu tun haben, wesentlich größer als bei allen anderen. Gerade deshalb wird es häufig bewusst übersehen. Es wächst im Laufe der Zeit zu einer stattlichen Größe heran, damit es endlich registriert werden möge. Doch jetzt will es erst recht keiner sehen. Andere tun das nämlich nur dann, wenn auch deren Schild respektiert und nicht durch ein fremdes überdeckt wird. Was bleibt diesen Menschen also anderes übrig, als nach außen hin so zu tun, als ob es ihnen gleichgültig wäre, dass niemand ihr Schild so richtig sehen will. Auch wenn das arrogant und überheblich wirkt.

Doch tief im Inneren ist das natürlich gerade den Egomanen nicht gleichgültig. Daher auch ihr demonstrativer Versuch, beispielsweise durch Rechthaberei und wortreiche Selbstdarstellung die erwünschte Aufmerksamkeit zu erringen. Oder durch Unberechenbarkeit andere im Unklaren zu lassen, damit sie sich mehr mit ihnen beschäftigen.

Da Sie als Verkäufer nicht von therapeutischen Sitzungen leben, möchte ich Ihnen empfehlen, das Verhalten dieser Menschen nicht näher zu analysieren. Und nicht weiter darüber zu rätseln, was es im Einzelnen damit auf sich haben könnte. Reagieren Sie freundlich, aber bestimmt, sodass der andere erkennen kann: Sie sind nicht bereit, sich auf irgendwelche Spielchen einzulassen.

Ignorieren Sie die Arroganz der Überheblichen und stellen Sie den Vielrednern gezielte Fragen zu ihren Kaufabsichten. Warten Sie nicht höflich darauf, dass man Sie endlich in einer Atempause zu Wort kommen lässt.

Versuchen Sie Rechthaber nie mit logischen Beweisen zu überzeugen. Das wird Ihnen nicht gelingen. Solche Menschen sind konditioniert, mit Ja-Aber-Widerhaken darauf zu reagieren. Stellen Sie zunächst Fragen, um deren Denkweise und Logik zu verstehen, ohne sie dabei in die Enge zu treiben. Beispielsweise: »Was könnte Sie überzeugen?« Oder: »Was würden Sie in meiner Situation tun?« So finden Sie leichter die richtigen Ansatzpunkte für Ihre Argumentation.

Fragen Sie die Unberechenbaren ohne jede Ironie, wovon sie ihre Entscheidungen abhängig machen. Dann werden diese berechenbarer für Sie und weniger irrational.

Erkundigen Sie sich bei Menschen der Gruppe eins ausdrücklich nach deren ganz persönlicher Meinung zu wichtigen Punkten, die Gegenstand des Gesprächs oder der Verhandlung sind. Zeigen Sie an den Antworten ehrliches Interesse. Entwaffnen Sie damit schwierige Menschen, und entschärfen Sie so Spitzen im Gespräch. Geben Sie ihnen auch sprachlich das Signal, dass Sie ihr Wichtig-Schild sehen. Etwa, indem Sie öfter als sonst die Wendungen »Wie Sie sagen«, »Wie Sie vorhin erwähnt haben«, »Wie Ihnen zu Recht aufgefallen ist« und Ähnliches mit »Wie Sie …« verwenden.

Wenn Sie bereit sind, deren Wichtig-Schild auf eine angebrachte Weise zu sehen, dann schaffen Sie eine gute Voraussetzung dafür, dass diese Menschen weniger schwierig für Sie sind. Ohne sich dabei in irgendeiner Weise prostituieren zu müssen.

Wie verhält es sich nun mit den Menschen der Gruppe zwei? Den Unentschlossenen, Misstrauischen und Pedantischen? Zunächst sollten Sie überlegen, ob hinter der Unentschlossenheit nicht eine Taktik verborgen sein könnte. Diese also nur vorgespielt ist, um Sie zu Preiszugeständnissen zu bewegen. Fallen Sie darauf nicht herein, und vermeiden Sie Aussagen wie: »Könnten Sie sich leichter entschließen, wenn ich Ihnen beim Preis entgegenkomme?« In solchen Fällen würde die Rabattfalle gnadenlos zuschnappen, wie in Kapitel 10 näher beschrieben wird.

Das Gemeinsame bei diesen Menschen ist ihre innere Unsicherheit, ihr mangelndes Vertrauen in die eigene Urteilskraft. Um besser mit ihnen umgehen zu können, muss man die Wurzel ihrer Entscheidungsunsicherheit kennen: Sie sind getrieben von der latenten Angst, Fehler zu begehen.

Perfektionisten stellen an sich selbst einen äußerst hohen Anspruch. Manchmal auch einen zu hohen, der sie überfordert. Geben Sie diesen Menschen daher das Gefühl, dass Sie deren Überlegungen und Bedenken vor einer Kaufentscheidung durchaus verstehen können. Nicht in der Form einer allgemeinen Bemerkung wie: »Ihre Bedenken verstehe ich schon.« Das wäre zu wenig überzeugend. Zielführender ist es, wenn Sie immer wieder mit einer Frage zusammenfassen, was und wie Sie die Überlegungen Ihres Gesprächspartners verstanden haben. Etwa so: »Verstehe ich Sie richtig, dass Sie noch etwas unsicher sind, weil wir über Einzelheiten, die für Sie wichtig sind, noch nicht gesprochen haben? Das kann ich gut verstehen. Womit wollen wir beginnen?«

Damit bauen Sie eine begehbare Brücke, auf der diese Menschen Ihnen entgegenkommen werden. Denn in vielen Fällen signalisiert das soziale Umfeld ihnen immer wieder: Die Bedenken sind unbegründet, rascher entscheiden, worauf warten Sie denn noch! Jeder Entscheidungsdruck hebt aber bei diesen Menschen – mehr als bei allen anderen – den Angstpegel deutlich an und ruft Stressreaktionen hervor. Denn die Entscheidung, die zu treffen ist, könnte ja falsch sein. Daher wird sie lieber aufgeschoben. Ganz nach dem Motto: Lieber morgen entscheiden als heute irren.

Hinterfragen Sie deshalb, welche konkreten Befürchtungen bestehen. Widerstehen Sie der Versuchung, diese herunterzuspielen oder sie ihnen beschwichtigend auszureden. Das wird nicht funktionieren, und Ihr Gesprächspartner würde sich nicht ernst genommen fühlen. Erkundigen Sie sich, was für sie die Kriterien einer sicheren Entscheidung sind, da dies der zentrale Punkt für solche Menschen ist. Begründen Sie anschließend mit klaren Worten, wodurch diese Kriterien bei einem Kauf definitiv erfüllt werden. Garantieren Sie die Einhaltung der entsprechenden Zusagen persönlich. Vermeiden Sie nach Möglichkeit den Konjunktiv in Ihrer Argumentation. Er würde die chronische Unsicherheit nur verstärken und der Selbstrechtfertigung dienen, warum es besser sei, die Entscheidung aufzuschieben.

Insgesamt gilt: Je weniger Sie bei diesen Menschen auf eine Entscheidung drängen und je besser Sie deren erhöhtes Sicherheitsbedürfnis zufrieden stellen, umso leichter werden sich solche Kunden entscheiden können. Reduzieren Sie auf diese Weise deren Angst, Fehlentscheidungen zu treffen, die sie als ständiger Wegbegleiter ziemlich schwierig für andere macht. Gewinnen Sie so die treuesten Stammkunden. Denn das, was schwierig an diesen Menschen erscheint, hat auch eine vorteilhafte Seite: Wer länger braucht als andere, um eine Entscheidung zu treffen, stößt sie, wenn sie erst einmal getroffen wurde, so schnell nicht wieder um. Haben sich diese Kunden für Sie entschieden, so werden sie das auch in Zukunft wieder tun.

Private Schwierigkeiten des Kunden

Bedenken Sie bei jedem schwierigen Verhalten eines Kunden auch, dass er sich in einer Situation befinden könnte, die für ihn nicht leicht ist. Sein irritierendes Verhalten muss mit der Verkaufssituation an sich oder mit seiner Persönlichkeit nichts zu tun haben.

Einer der besten Autoverkäufer Österreichs erlebte die folgende Situation: Ein Kunde, der sich für den Kauf eines Neuwagens der gehobenen Mittelklasse interessierte, verhielt sich überaus unfreundlich zu ihm. Obwohl er sich sehr um ihn bemühte, hatten dessen Antworten bereits seit Beginn des Gesprächs einen aggressiven Unterton im Stil von: »Warum wollen Sie denn das eigentlich alles wissen?« Kurz bevor das brodelnde Beziehungsfass zum Überlaufen kam, fragte der Berliner Verkäufer diesen Kunden in einem freundlichen, aber bestimmt wirkenden Ton: »Darf ich Sie fragen, was ich Ihnen getan habe, dass Sie so unfreundlich zu mir sind?« Aufgrund dieser entwaffnenden Offenheit entschuldigte sich der Kunde: »Es tut mir leid. Offenbar liegt mir meine Scheidung noch sehr im Magen.« Anschließend kaufte er ein Fahrzeug bei ihm.

Der Verkäufer als Auslöser

Kunden werden schwierig, wenn beispielsweise Zusagen nicht eingehalten wurden oder ein Produkt den geleisteten Versprechen nicht entspricht. In solchen Fällen ist die Ursache für das schwierige Verhalten eindeutig. Wenn ein Kunde für Sie schwierig ist und Sie die ersten drei Ursachen ausschließen können, so könnte es sein, dass er mit anderen Verkäufern schlechte Erfahrungen gemacht hat. Bei einem Erstkontakt werden diese eventuell auf Sie projiziert. Bleiben Sie in solchen Fällen gelassen, denn im weiteren Gesprächsverlauf wird der Kunde rasch erkennen, dass Sie anders sind und sich nicht wie ein durchschnittlicher Verkäufer verhalten. Das, was Sie anfänglich als schwierig erlebt haben, wird sich rasch in Luft auflösen.

Eine gute Menschenkenntnis setzt die Fähigkeit zur Selbsterkenntnis voraus. Fragen Sie sich daher, wenn alle bisher genannten Ursachen ausscheiden, worin Ihr Anteil bestehen könnte, wenn ein Kunde für Sie schwierig ist. Möglicherweise projizieren Sie etwas von sich auf ihn. Wenn Sie glauben, dass Sie der Anlass für das schwierige Verhalten des Kunden sein könnten, so sprechen Sie dies an: »Ich glaube, heute ist nicht mein bester Tag. Möglicherweise habe ich Sie ein wenig verstimmt. Täte mir leid, wenn es so wäre.« Meist wird er überrascht reagieren und entweder abwinken oder selbst eine Erklärung für sein Verhalten geben. Die Situation ist dadurch entschärft, und das Gespräch kann ohne weitere Irritationen fortgesetzt werden.

Das Fenster der Menschenkenntnis

Abbildung 2: Das Fenster der Menschenkenntnis

Feld 1	Feld 2
Das Verhalten beobachten	Den Persönlichkeitskern erkennen
Feld 3	**Feld 4**
Die antreibenden Motive herausfinden	Die Absicht hinterfragen

Um Menschen und ihr Verhalten richtig entschlüsseln zu können, habe ich das Fenster der Menschenkenntnis entwickelt, welches vier Felder enthält. Es fasst die Erkenntnisse dieses Kapitels zusammen und wird Sie dabei unterstützen, Ihre Menschenkenntnis zu erhöhen. Sie ist im Verkauf und bei Verhandlungen besonders wichtig. Denn durch eine Fehleinschätzung des Gesprächspartners verhält man sich ihm gegenüber falsch. Geschäfte können verloren gehen und Verhandlungen schwieriger werden.

Die Anwendung

➡ *Feld 1* – Das Verhalten beobachten: Folgen Sie dem Grundsatz der Profiler: beobachten statt vorschnell bewerten und interpretieren. Registrieren Sie das Verhalten sowie die Umgebung eines Menschen mit freischwebender Aufmerksamkeit. Ziehen Sie nicht die eigenen Bewertungsmaßstäbe für gut oder schlecht, richtig oder falsch heran. Wenden Sie einen weiteren Profiling-Grundsatz an: Anders ist nicht falsch, sondern anders. Halten Sie Ihre eigenen Annahmen neutral. Belassen Sie Einschätzungsurteile in der Schwebe, und legen Sie sich nicht zu früh fest. Das gilt insbesondere für schwierige und längere Verhandlungen.

➡ *Feld 2* – Den Persönlichkeitskern erkennen: Dieser drückt sich in den Eigenschaften und Fähigkeiten eines Menschen, aber auch in seinen inneren Werten und Überzeugungen aus. Wenden Sie den Grundsatz »Rede, damit ich dich sehe« an, um Einstellungsmuster zu erkennen. Hören Sie mit freischwebender Aufmerksamkeit zu. Rastern Sie die Worte des anderen nicht mit dem eigenen Beurteilungsmaßstab als richtig oder falsch. Achten Sie darauf, wo immer dies möglich ist, wie sich jemand in der Vergangenheit verhalten hat. Insbesondere in schwierigen Situationen, in denen sich der Persönlichkeitskern im Verhalten wie unter dem Brennglas zeigt. Denn je schwieriger eine Situation für jemanden ist, umso deutlicher kommt dieser dabei zum Ausdruck, deutlicher als in jeder Alltagssituation. Der Persönlichkeitskern eines Menschen bleibt stabil. Daher kann aus dem Verhalten der Vergangenheit geschlossen werden, wie er sich mit großer Wahrscheinlichkeit auch in Zukunft verhält – in ähnlichen Situationen oder in solchen mit einem ähnlichen Schwierigkeitsgrad. Hinterfragen Sie kritisch, welche konkreten Anhaltspunkte es geben könnte, wenn Sie bei einem Menschen ein gutes oder ein schlechtes Gefühl haben. Dadurch schärfen Sie Ihre Beobachtungsfähigkeit und Ihre Intuition. Und Sie entgehen den fünf geschilderten Einschätzungsfallen.

➡️ *Feld 3* – Die antreibenden Motive herausfinden: Die Bedürfnisse eines Menschen treiben ihn an, das zu tun, was er tut, und so zu handeln, wie er handelt. Finden Sie diese im Gespräch mit dem Kunden heraus, und konzentrieren Sie sich auf sein Hauptmotiv, in das seine zentralen Bedürfnisse einfließen. Die Leitfragen dazu: Was ist für ihn am wichtigsten? Weshalb? Worin bestehen seine stärksten Antreiber? In Kapitel 4 wird dies näher beschrieben.

➡️ *Feld 4* – Die Absicht hinterfragen: Jedes Verhalten verfolgt immer einen Zweck. Überlegen Sie daher, welche Absichten hinter dem Verhalten und der Kommunikation verborgen sein könnten. Das erleichtert die Einschätzung von anderen und den richtigen Umgang mit ihnen. Leitfragen dazu: Was soll damit bei Ihnen ausgelöst werden? Wozu sollen Sie veranlasst werden? Wozu fühlen Sie sich veranlasst? Welche Gefühle werden durch das Verhalten des anderen bei Ihnen aktiviert? Klären Sie, ob Ihre Vermutung zutreffend ist, und stellen Sie Ihrem Gesprächspartner Outing-Fragen. Veranlassen Sie ihn damit, Farbe zu bekennen. Stellen Sie diese Fragen klar und bestimmt, um Ausreden zu verhindern. Aber so, dass er sein Gesicht wahren kann.

Kapitel 4

Motive als geheime Kaufdirigenten

Dieses Kapitel beschäftigt sich mit der Frage, was den Zug des Kunden antreibt und woher dieser seine Energie bezieht. Im Mittelpunkt stehen dabei die Fragen: Was ist die Antriebsquelle für einen Kauf? Wie erkennt man sie richtig?

Der Antrieb zum Kauf speist sich aus den Bedürfnissen und Motiven eines Menschen. Sie äußern sich entweder offen und in Form klarer Wünsche, oder sie sind latent und unbewusst. Je präziser die Bedürfnisse des Kunden erfasst werden, umso leichter kann man ihm ein überzeugendes Angebot machen. Daher ist es wichtig zu wissen: Was sind Bedürfnisse und Motive, und wie entstehen sie? In welcher Form steuern sie menschliches Verhalten?

Vorweg in Kürze gesagt: Hinter jedem Verhalten, das niemals absichtslos oder zufällig ist, stehen als Verursacher die Bedürfnisse eines Menschen. Sie treiben es an. Abhängig von ihrer Stärke diktieren sie es sogar. Das Bindeglied zwischen den Bedürfnissen und dem Verhalten sind bewusste und unbewusste Entscheidungen. Nachdem sie getroffen wurden, wird das Verhalten ausgelöst. Damit sollen körperliche, geistige und psychische Bedürfnisse erfüllt werden. Je wichtiger diese für einen Menschen sind, umso stärker bestimmen sie sein Verhalten. Das gilt natürlich auch für das Kaufverhalten.

Bedürfnisse: Die Antriebsquelle für den Kauf

Motive sind als Teil der Persönlichkeit der gebündelte Ausdruck individueller Bedürfnisse. Ein Mensch, der gänzlich frei von Motiven ist, lässt sich nur in der Theorie vorstellen. Ohne sie würde Verhaltensstillstand eintreten. Denn ohne Motive gäbe es keinen Anlass mehr, sich in irgendeiner Weise zu verhalten, da die innere Antriebsquelle dafür fehlte. Vermutlich würde man in einer Situation, in der sich sämtliche Bedürfnisse quasi in Luft aufgelöst haben, die Zeit im Nirwana des Nichtwollens ableben. Doch dafür nichts mehr erleben, sieht man von den inneren Erlebnissen eines bedürfnislosen Ruhezustands ab.

Bedürfnisse sind die inneren Antreiber des Menschen – der Motor seines Lebens. Wer die vorherrschenden Bedürfnisse eines Menschen entschlüsselt, kennt damit auch die Beweggründe für sein Handeln. Das bedeutet zu wissen, was jemandem wichtig ist und was nicht, was besonders und was weniger. Daraus lässt sich schließen, in welche Richtung sein Entscheidungspendel ausschlagen wird. Durch unzählige, meist unbewusste Teilentscheidungen, die wie Stellschrauben wirken, wird das Verhalten laufend angepasst und fein justiert. Und zwar in jene Richtung, die den größten Erfolg verspricht, um das zugrunde liegende Motiv zufrieden stellen zu können. Im Verkauf liegt der Knackpunkt darin, herauszufinden, worin dieses Motiv besteht, und sich nicht von allgemeinen Annahmen leiten zu lassen.

Wer sich beispielsweise für ein Produkt entscheidet, welches einen besonders hohen Qualitätsanspruch erfüllt, wird von völlig anderen Bedürfnissen angetrieben als jemand, der nach dem billigsten Angebot Ausschau hält. Worin könnten diese bestehen? Eventuell Prestigedenken in dem einen und Sparsamkeit im anderen Fall? Vielleicht. Doch möglicherweise beruhen die unterschiedlichen Kriterien für eine Kaufentscheidung – Qualität versus Preis – auf ganz anderen Bedürfnissen.

Was würde man denken, wenn man in Erfahrung brächte, dass der Kunde, der sich für die hohe Qualität entscheidet, monatlich 1500 Euro verdient? Und was, würde man erfahren, dass der Billigkäufer ein Haus mit Swimmingpool besitzt? Zu welchen Annahmen würden diese Informationen führen? Wahrscheinlich zu den falschen, wenn man die eigentlichen Bedürfnisse nicht kennt.

Wären wir nicht überrascht, wenn wir in diesem Beispiel vom Qualitätskäufer erfahren, dass er sich für sehr sparsam hält? Das Produkt, für das er sich entscheidet, kann länger verwendet werden als das billigere – so sein Gedanke. Und würde es uns nicht vielleicht verwundern, wenn wir vom Billigkäufer hören, dass er den Preis für das deutlich günstigere Produkt immer noch als zu hoch empfindet? »Das verwende ich nur kurze Zeit.« – so dessen Gedanke. Da die Bedürfnisse bei diesen beiden Käufern sehr unterschiedlich sind, führen sie auch zu völlig anderen Kaufentscheidungen.

Dieses Beispiel soll verdeutlichen: Was für einen Menschen beim Kauf subjektiv wichtig ist, lässt sich nicht von Annahmen ableiten, die auf verallgemeinernden Kategorisierungen beruhen. Der rasch voranschreitende Trend der Individualisierung in der Gesellschaft – als eine der wichtigsten Driving Forces – würde diese nur ad absurdum führen.

Kein Bedürfnis gleicht dem anderen

Entgegen der landläufigen Meinung können Bedürfnisse und Motive nicht kategorisiert werden. Etwa um Kaufinteressen besser einzuschätzen. Solche Klassifizierungen sind für den persönlichen Umgang mit Kunden irrelevant. Denn sie sind meist wenig aussagekräftig und führen leicht in die Irre. So wurde beispielsweise bereits 1924 in den USA versucht, menschliche Grundantriebe (Bedürfnisse) zu katalogisieren. Die damalige Zählung ergab die bemerkenswerte Zahl von 5 624 unterschiedlichen Grundtrieben.[5] Kein Verkäufer dieser Welt würde daraus einen praktischen Nutzen ziehen können.

Auch wenn Bedürfnisse sich oft in ähnlichen Verhaltensweisen und Interessen äußern, so sollte man nicht den Schluss daraus ziehen, dass sie identisch sind. Wie unterschiedlich menschliche Bedürfnisse sind, lässt sich im Übrigen an einer ganz trivialen Alltagsbeobachtung erkennen. Nämlich an der Tatsache, dass Sie beispielsweise bei einem Vortrag mit 100 Teilnehmern keine zwei Personen finden werden, die von Kopf bis Fuß völlig gleich gekleidet sind, die gleiche Krawatte und Uhr, gleiche Unterwäsche und identische Accessoires tragen. Solche eineiigen Zwillinge im Erscheinungsbild findet man auch nicht unter 20 000 Zuschauern in einem Fußballstadion. Warum ist das so? Weil jeder Mensch eben ganz unterschiedliche Bedürfnisse hat. Wie sich selbst an solchen Äußerlichkeiten zeigt.

Das, was jemand anzieht, welche Brille oder Uhr er trägt und in welcher Kombination er alles zusammen auswählt, entspricht seiner ganz persönlichen Vorstellung: So und nicht anders will ich angezogen sein.

Selbst die Bedürfnisse, die allen Menschen gemeinsam sind, wie beispielsweise das Bedürfnis nach Sicherheit, sozialer Zugehörigkeit und Anerkennung, führen vielfach zu völlig unterschiedlichen Verhaltensweisen. So kann beispielsweise das Sicherheitsbedürfnis zum Kauf einer Schusswaffe führen oder zur Suche nach einem unkündbaren Job. Kurzum: Bei den Bedürfnissen von Menschen sind die Unterschiede immer größer als die Gemeinsamkeiten.

Diese Einsicht ist ernüchternd. Menschliche Verhaltensweisen lassen sich nicht in handliche Motivschubladen einordnen. Trotzdem werden immer wieder neue Kategorisierungsmodelle (man denke nur an »kaufkräftige Yuppies« und »spontane Smartshopper«) in die Welt gesetzt. Obwohl als Kaufmotive tituliert, handelt es sich um nicht viel mehr als um flüchtige Beschreibungen angeblicher Trends. Man spricht von der Erbengeneration, bei der ein Faible für besonders teure Produkte geortet wird. Oder von der neuen Sparsamkeit mit der Geiz-ist-geil-Mentalität, um nur einige Beispiele anzuführen. Solche Kategorisierungen versuchen plausibel zu machen, was Konsumenten zum Kauf antreibt. Für den Einsatz in der Verkaufspraxis sind sie jedoch nicht tauglich, weil sie zu verallgemeinernd und pauschal sind.

Einem individuell geführten Kundengespräch stehen solche Beschreibungen mehr im Weg, anstatt brauchbare Anhaltspunkte zu bieten. Sie begünstigen vielmehr die oft trügerische Annahme, sehr schnell zu wissen, was der Kunde will. Welcher Köder daher auszuwerfen ist, damit der Yuppie, der Smartshopper oder der Preisgeile rasch an der Kaufleine anbeißen. Statt die eigentlichen Bedürfnisse und das Hauptmotiv für einen Kauf herauszufinden. Das folgende Beispiel illustriert, wozu solche Kategorisierungen führen können. Gleichzeitig demonstriert es, wie leicht man in die Falle des ersten Eindrucks tappen kann. Und wie wichtig es ist, sich Klarheit zu verschaffen, welche Kaufmotive einen Kunden antreiben.

Porsche 911 Cabrio oder Skoda?

Auf der Wunschliste eines Architekten steht der neue Porsche 911 Cabrio. Um sich über die Lieferfrist zu informieren, fährt er zum nächstgelegenen Mehrmarken-Autohaus mit angeschlossenem Gebrauchtwagenplatz. Dort ist im sportlich-elegant dekorierten Schauraum das von vielen ersehnte Auto als attraktiver Blickfang ausgestellt.

Der zuständige Verkäufer sieht von drinnen, wie ein schon etwas älterer Kombi mit Kindersitzen auf der Rückbank vorfährt und ein leger gekleideter junger Mann aussteigt. »Kaufmotiv klar«, klingelt es bei ihm, »Familienvater sucht preiswerten Ersatz für sein Auto«.

Der Architekt hat kaum Gelegenheit, sich das auf Hochglanz polierte Cabrio 911 näher anzuschauen, da begrüßt der Verkäufer ihn auch schon:

»Hallo, guten Tag! Sie interessieren sich für einen Gebrauchtwagen? Wir haben im Hof preisgünstige Modelle der gängigsten Marken stehen.« »Nein«, antwortet der Architekt schmunzelnd, »ich möchte schon ein Neufahrzeug haben. Aber zunächst will ich die Lieferfrist wissen.« »Dann darf ich Ihnen vielleicht die Modelle von Skoda zeigen lassen? Da sind Sie bereits ab 11 000 Euro dabei«, entgegnet der Verkäufer mit provozierender Deutlichkeit und fügt hinzu: »Das macht allerdings einer meiner Kollegen, der für diese Marke zuständig ist. Warten Sie bitte einen Augenblick, ich hole gleich den richtigen Verkäufer. Sie interessieren sich doch für einen Skoda? Oder doch eher für einen VW – einen Golf vielleicht? Der kostet allerdings etwas mehr.«

Das Fahrzeug wurde woanders gekauft. Der Architekt hatte das Autohaus so rasch als möglich verlassen, nachdem er durch die Fehleinschätzung seiner Kaufbedürfnisse gründlich frustriert wurde. Und was dachte der Verkäufer? Er fühlte sich in seiner Annahme bestätigt: Menschen, die Kindersitze auf der Rückbank spazieren fahren, suchen vernünftige Autos im moderaten Preissegment. Schon 11 000 Euro können da zu viel für sie sein!

Wie Motive entstehen und wirken

Motive sind die geheimen Dirigenten unseres Verhaltens, welches immer einen spezifischen Zweck verfolgt und niemals absichtsfrei ist. Als Dramaturgen steuern sie jede menschliche Handlungsweise. Alle Entscheidungen, die wir bewusst oder unbewusst treffen, beruhen auf inneren Antriebsgründen. Eben auf Motiven (von lat. motivum = Beweggrund, Antrieb).

Zum besseren Verständnis dessen, was Motive sind, sei gesagt: Auch für das, was wir nicht tun, aber grundsätzlich tun könnten, gibt es individuelle Beweggründe. Wenn wir eine Handlungsalternative nicht wählen, so gibt es auch dafür eine ganz spezielle Ursache.

Vielfach sind es mehrere Gründe, die ein bestimmtes Verhalten auslösen oder es blockieren. Wenn diese miteinander im Widerspruch stehen – miteinander konkurrieren – setzt sich jenes Motiv durch, welches die stärkste Antriebskraft ausübt.

Beispielsweise wie im Fall eines Familienvaters, dessen Jugendtraum ein schnittiger Sportflitzer ist, den er sich aufgrund seines Einkommens jetzt endlich erfüllen könnte. Gleichzeitig möchte er in seinem Auto ausreichend Platz für seine fünfköpfige Familie haben. Zwei neue Autos sind jedoch zu viel für sein Budget. Ausschlaggebend für das Kaufverhalten ist, was einem Menschen in der jeweiligen Situation am wichtigsten ist. Also sein größtes Bedürfnis bezogen auf ein angestrebtes Ziel oder einen erwünschten Zustand. Im Beispiel des Familienvaters entweder die Erfüllung seines Jugendtraums oder der Komfort seiner Familie im neuen Auto.

Die meisten Motive entstehen im Unbewussten. Dort entfalten sie auch ihre antreibende Kraft. Sie spiegeln sich nur ansatzweise und bruchstückhaft in den bewussten Denkprozessen wider. Kein Mensch fragt sich ständig, warum er etwas tut oder weshalb er etwas unterlässt. Oder warum er es auf diese Weise macht statt auf jene. In vielen Fällen wäre es wohl so, dass man auf die Frage »Welche Bedürfnisse treiben Sie denn im Moment gerade an?« keine klare Antwort geben könnte. Denn es ist einem eben nicht immer bewusst, warum man so handelt, wie man handelt. Oder die Antwort wäre banal und wenig aussagekräftig, was die antreibenden Bedürfnisse anbelangt. Zum Beispiel wenn man die Frage stellt, warum jemand eine Hi-Fi-Anlage kaufen will, und die Auskunft erhält: »Weil ich damit Musik hören möchte.«

Um das Hauptmotiv für den Kauf zu erfahren, muss näher auf die Bedürfnisse eingegangen werden, welche erfüllt werden sollen. Und auf die spezifische Situation, in der das Produkt genutzt oder eingesetzt werden soll. In dem obigen Beispiel etwa mit Fragen wie diesen: Welche Art von Musik wird gehört? Zu welchem bevorzugten Zeitpunkt? In welcher Umgebung? Vorwiegend alleine oder zu zweit? Vielleicht in Gruppen? Auf diese Weise lässt sich herausfiltern, welche Bedürfnisse die Kaufabsicht auslösten. Durch die Antworten erfährt man, welche Erwartungen und Vorstellungen bestehen und welche Empfindungen mit dem Kauf verbunden werden. All das hat auf die Entscheidungsfindung maßgeblichen Einfluss.

Motive dirigieren hinter den Kulissen das Verhalten. Das, wofür oder wogegen sich jemand entscheidet; was jemand tun wird und was nicht. Die Entschlüsselung des antreibenden Hauptmotivs und der individuellen Bedürfnisse – jenseits unpersönlicher Bedarfserhebungen – ist im Verkauf ein zentraler Erfolgsfaktor. Der Königsweg zu mehr Aufträgen und besseren Geschäften.

Der innere Soll-Ist-Abgleich

Jedes Motiv entwickelt sich auf der Basis vorherrschender Bedürfnisse, die durch einen inneren Soll-Ist-Abgleich entstehen. Das Ergebnis dieses Abgleichs wird als Mangelzustand empfunden, der das psychische Gleichgewicht aus der Balance bringt. Das Wort »Mangel« ist in diesem Zusammenhang so aufzufassen: Das, was aufgrund von Bedürfnissen vorhanden sein sollte, ist noch nicht da.

Dieser innere Vergleich wird freilich nicht in Form einer logisch-rationalen Analyse durchgeführt, bei der quasi Bilanz gezogen wird, was zum Lebensglück alles noch fehlt. Vielmehr geschieht dieser Vorgang größtenteils unbewusst. Das Resultat äußert sich entweder als diffuse Vorstellung eines Solls – als vage empfundener Wunsch – oder als gedanklich klar formuliertes Ziel und als Kaufmotiv.

Ohne die Vorstellung, dass etwas anders sein sollte als es ist, gäbe es keine Motive und somit keinerlei Motivation, in irgendeiner Form zu handeln. Dieses »anders als derzeit« kann für den Kunden beispielsweise heißen: interessanter, sicherer, schöner, bequemer, attraktiver, kurzum besser als gegenwärtig. Abgesehen von den körperlichen Grundbedürfnissen – den Primärtrieben – verbliebe ohne diese Sollvorstellung wohl nur die quälende Langeweile als antreibendes Verhaltensmotiv.

Die psychische Balance gerät aus dem Gleichgewicht

Durch die wahrgenommene Differenz zwischen Ist und Soll – dem Gegenwärtigen und dem Zukünftigen – gerät das innere Gleichgewicht aus dem Lot. Als Folge dieses Ungleichgewichts entwickelt sich eine Antriebsspannung, und es werden Handlungsenergien mobilisiert, um die Balance wieder herzustellen. In Abbildung 3 ist dieser Vorgang durch die Bedürfniswaage bildhaft dargestellt.

Für den Verkauf bedeutet das: Durch jeden Kauf wird ein Mangel aufgehoben und ein gewünschter Sollzustand hergestellt.

Dabei gilt: Je größer der Unterschied zwischen dem Ist und dem Soll subjektiv erlebt wird, umso stärker ist der innere Spannungszustand. Und umso intensiver fällt der Wunsch aus, ihn aufzuheben und das psychische Gleichgewicht wieder herzustellen. Abhängig vom jeweiligen Bedürfnis werden

Emotionen mobilisiert, die als verstärkende Antriebskräfte wirken, um leichter ans Ziel zu gelangen. Zum Beispiel zum beruhigenden Gefühl der finanziellen Beweglichkeit, das sich aus dem Abschluss eines Kapitalsparplans ergibt.

Abbildung 3: Die Bedürfniswaage

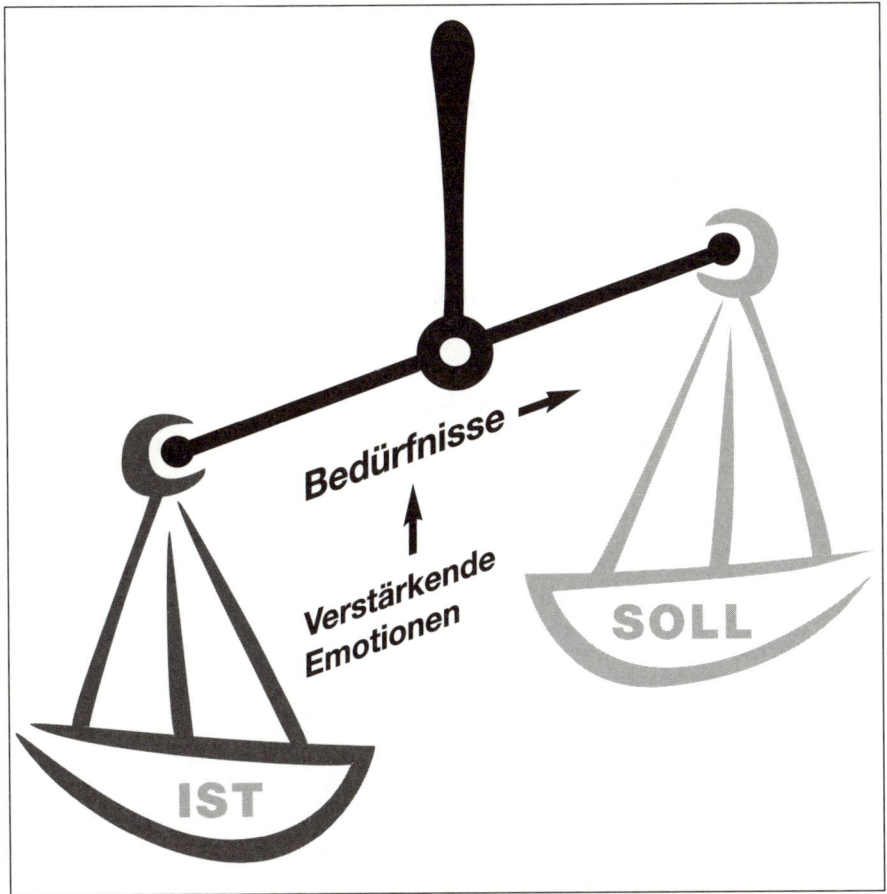

Vielleicht klingt das ein wenig abstrakt für Sie. Aber wie sich noch zeigen wird, ist das Verständnis für diese psychologischen Grundvorgänge bei den Motiven sehr wichtig. Denn nur mit diesem Wissen lässt sich a) die Antriebsquelle für den Zug des Kunden richtig erkennen und b) wesentlich leichter an den Kunden verkaufen.

Die Bedürfnisse des Kunden ansteuern

Nun verhält es sich freilich nicht so, dass Menschen im ekstatischen Kaufrausch die Geschäfte stürmen oder wie besessen Aufträge erteilen, weil ihre Bedürfnisse sie dazu antreiben. Nein, ganz im Gegenteil! Nach außen hin bleiben wir Menschen in solchen Fällen eher kühl und geben uns rational und sachlich. Denn schließlich will man keine voreiligen Signale aussenden, die verraten könnten: Ich will in jedem Fall kaufen! Dadurch könnte sich ja der Verhandlungsspielraum bei den Konditionen einengen. Gehen Sie bei jedem Gespräch mit dem Kunden davon aus, dass er Kaufbedürfnisse hat. Anderenfalls wäre er nicht bei Ihnen.

Steuern Sie daher im Gespräch die Bedürfnisse des Kunden so rasch als möglich an. Suchen Sie hinter jedem »Ich möchte mich zunächst nur mal informieren« nach den Antriebsgründen für die Informationssuche. Fragen Sie beispielsweise: »Welche Information ist für Sie besonders wichtig?«, »Wie ausführlich soll die Information sein?« oder »Was interessiert Sie besonders?« So werden Sie in Erfahrung bringen, ob ein konkretes oder nur ein diffuses und latentes Kaufbedürfnis vorliegt. An den emotionalen Begleitreaktionen der Antworten – die sich nicht vollständig unterdrücken lassen – können Sie ablesen, wie stark der Kaufwunsch ist.

Menschen sprechen gerne über ihre Wünsche und Bedürfnisse, wenn man sie interessiert danach fragt. Je wichtiger diese für sie sind, umso stärker sind sie mit ihren Gefühlen am Gespräch beteiligt. Umso klarer zeigt sich Ihnen der Grad des vorhandenen Kaufinteresses.

Der Sollzustand ist erreicht

Ein Motiv hat die Eigenschaft, dass es seine Antriebskraft verliert, wenn der gewünschte Sollzustand herbeigeführt wurde, der empfundene Mangel aufgehoben und das Ziel erreicht ist. Die psychische Energie, mit der es angestrebt wurde, hat ihre Zugkraft verloren, und die Balance ist wieder hergestellt. Der innere Spannungszustand ist aufgehoben. Die Begleitemotionen verblassen nun nach und nach.

Der ganze Vorgang wiederholt sich, wenn erneut Bedürfnisse auftreten und somit neue Handlungsmotive und Ziele entstehen. Er geht jedem Kauf voran und tritt in der Abfolge immer so auf, wie es geschildert wurde: Vorfreude, Kauffreude, Gewöhnung – unabhängig davon, was gerade gekauft wird.

Hinter jeder Handlung sind also stets individuelle Motive verborgen, durch deren Kenntnis man zuverlässigen Aufschluss über die jeweilige Bedürfnislage eines Menschen gewinnt. Über das, was er anstrebt, weil es für ihn einen Wert besitzt. Indirekt erfährt man damit auch, was für jemanden subjektiv einen Mangel darstellt: nämlich seine Istsituation, von der aus die Sollsituation angestrebt wird. Stellt man die Frage, was jemand durch den Kauf anstrebt, so enthält die Antwort meistens auch das, was sich ändern soll. Eben seine Istsituation.

Motive erkennen heißt besser verkaufen

Welche Bedürfnisse einen Menschen antreiben und welche Motive daher in ihm wirksam werden, ist in erster Linie von seinem Persönlichkeitskern abhängig. Also von seinen Wesenseigenschaften sowie von den damit verbundenen Interessen und Neigungen.

Ein ganz wesentlicher Punkt in diesem Antriebsprozess ist die subjektive Einschätzung der Erfolgsaussichten verschiedener Alternativen, mit denen die Bedürfnisse zufrieden gestellt werden können – und der Zielzustand hergestellt wird. Was bedeutet das?

Die Erfolgswahrscheinlichkeit jeder bewussten Handlungsweise wird antizipiert, bevor eine Entscheidung herbeigeführt und konkretes Verhalten ausgelöst wird. Entweder als rationale Planung oder als intuitive und gefühlsmäßige Einschätzung. Davon hängt es ab, welche Entscheidung getroffen wird und welches Verhalten ausgelöst wird. Abbildung 4 zeigt, schematisch dargestellt, wie Bedürfnisse Verhalten auslösen. Das anschließende Beispiel erklärt die praktische Bedeutung für den Verkauf.

Insbesondere beim Verkauf von erklärungsbedürftigen Produkten und komplexen Dienstleistungen ist es nützlich, diesen Ablauf zu kennen. Um sich vor Augen zu halten, wie sehr die Kaufentscheidung davon abhängt, welche Erfolgsaussichten der Kunde seinen Handlungsalternativen zuschreibt. Denn wenn man weiß, wie sein Bewertungsraster aussieht, lässt sich präzise erkennen, welche Angebote ihm entsprechen – und welche durch das Raster fallen.

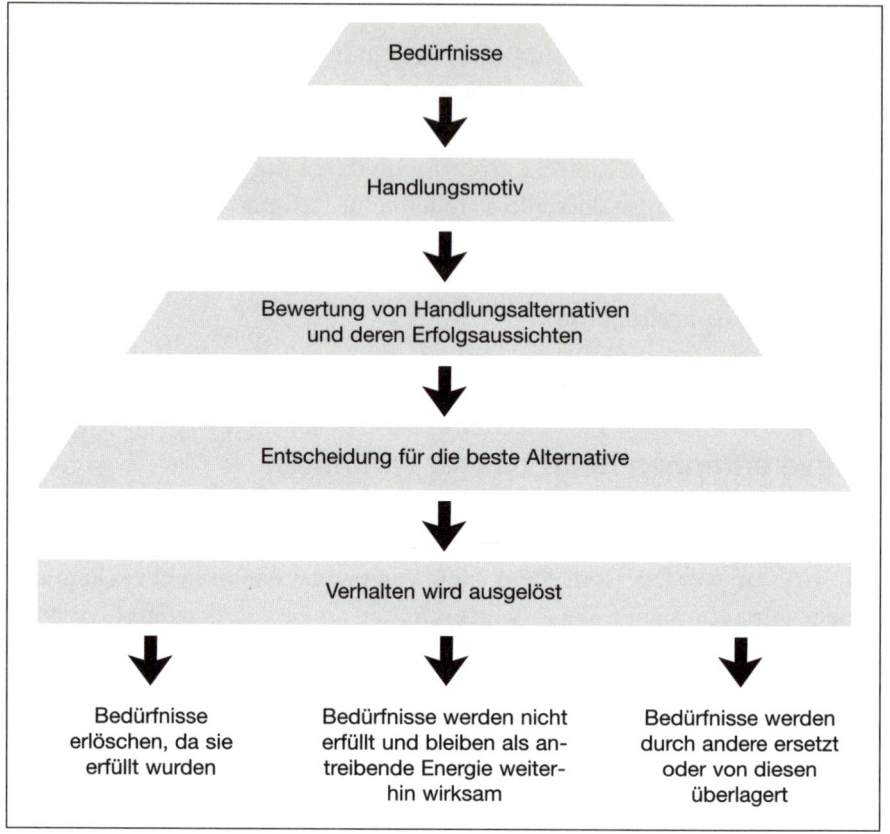

Ein Anwendungsbeispiel

Ein 46-jähriger Abteilungsleiter mit einem jährlichen Bruttoeinkommen von 90 000 Euro möchte nach Pensionsantritt seinen bisherigen Lebensstandard nicht wesentlich einschränken. Er lässt sich von seiner Hausbank über die verschiedenen Möglichkeiten einer Kapitalvorsorge beraten. Sein Berater nutzt die beschriebenen psychischen Vorgänge bei den Bedürfnissen und Motiven völlig richtig. Nämlich so:

Schritt 1: Die kaufauslösenden Bedürfnisse des Kunden werden von ihm sehr genau hinterfragt. Er vermeidet es, wie oft üblich, vorschnell mit Standardangeboten »mit der Tür ins Haus« zu fallen. Er geht auf den Zielzustand des Kunden näher ein und lässt sich schildern, welche Sollsituation durch den Kaufabschluss angestrebt wird. Da Menschen gerne über ihre Ziele und Wünsche sprechen, sind sie in dieser Hinsicht sehr auskunftsbereit. Er vermittelt dem Kunden ein glaubwürdiges Interesse, und in seinen Augen leuchten keine Eurozeichen der Abschlussprovision auf. Deshalb erfährt er auch alles, was für ihn in dieser Phase wichtig ist.

Schritt 2: Als nächstes geht es ihm darum, das Hauptmotiv für den Kauf eines Kapitalprodukts zu erkennen. Also herauszufinden, worin der stärkste Antreiber des Kunden besteht, der sich aus seinen verschiedenen Bedürfnissen ableitet. Zu erkennen, was für ihn am wichtigsten ist. Er stellt daher die K-Frage, die er so nennt, da die Antworten das Hauptmotiv für den Kauf beschreiben. Weil die Kenntnis darüber für den weiteren Gesprächsverlauf enorm wichtig ist, ist die K-Frage also eine ganz entscheidende. Ähnlich wie bei Bundestagswahlen. Darum bezeichnet er sie in Analogie dazu als solche.

Konkret lautet sie in diesem Beispiel: »Zu meiner Orientierung und damit ich Ihnen die passenden Produkte vorschlagen kann: Was ist für Sie bei einer Pensionsvorsorge am wichtigsten?« Darauf antwortet der Kunde: »Die Kosten.« Ohne darauf direkt einzugehen, um sich nicht im Preisthema festzuhaken, bevor das Hauptmotiv bekannt ist, entgegnet er: »Abgesehen von den Konditionen meine ich, die natürlich immer wichtig sind. Ich stelle gerne alles für Sie zusammen, sobald ich weiß, was für Sie bei der Vorsorge am wichtigsten ist.«

Schritt 3: Erst nachdem er weiß, worin das Hauptmotiv des Kunden besteht, bespricht er mit diesem die Kapitalprodukte, mit denen seine Ziele am besten erreicht werden können. Er begründet, wie das konkret geschehen wird. So führt er vor Augen, wie damit die kaufauslösenden Bedürfnisse erfüllt werden. Seine Begründung kombiniert er mit klärenden Fragen. Damit vergewissert er sich, ob das vorgeschlagene Produkt diese vollständig abdeckt. Und um zu wissen, nach welchen Kriterien der Kunde entscheidet, stellt er weitere Fragen. Ihm ist bewusst: Kenne ich sein Bewertungsraster bei der Kaufentscheidung, weiß ich, wohin sie tendiert. Ich kann sie ihm dadurch erleichtern. Deshalb rätselt er nicht lange darüber, sondern fragt direkt: »Damit ich besser einschätzen kann, worauf es Ihnen besonders ankommt, eine Frage: Nach welchen Kriterien treffen Sie Ihre Kaufentscheidung?« In diesem Beispiel erfährt er durch die Antwort auch, ob der Kunde gewisse Risiken befürchtet, die bei Kapitalprodukten nicht auszuschließen sind. Wie etwa stärkere Wechselkurs- oder Zinsschwankungen. Bei diesem Kunden ist das allerdings nicht der Fall. Gute Erträge und eine hohe Performance des Kapitalprodukts stehen für ihn im Vordergrund.

Nach der Antwort des Kunden fährt der Berater fort: »Bei dieser Pensionsvorsorge erhalten Sie ab dem 65. Lebensjahr monatlich rund 1 500 Euro ausbezahlt. Aus heutiger Sicht. Es könnte sogar etwas mehr sein. Ist damit ihr angestrebter Lebensstandard gewährleistet? Wir müssen natürlich noch Ihre Firmenpension und die staatliche Rente dazurechnen. Sie wird voraussichtlich 40 Prozent Ihres letzten Nettoeinkommens betragen.« »Ich glaube, das wird meine Bedürfnisse gut abdecken«, antwortet der Kunde. Dann fragt der Berater weiter: »Bei dieser Pensionsvorsorge ist eine Ablebensversicherung mit eingeschlossen. Was denken Sie: Wäre Ihre Familie mit 450 000 Euro ausreichend abgesichert?«

»Ja«, antwortet der Kunde, »das deckt mein Sicherheitsbedürfnis völlig ab.« Der Berater kann nun davon ausgehen, dass eine Vorentscheidung zugunsten des Produkts getroffen wurde. Hätte die Antwort »Nein« oder »Da bin ich nicht ganz sicher« gelautet, würde daraus klar hervorgehen, dass es nicht vollständig seinen Bedürfnissen entspricht. Mit der Frage »Was macht Sie unsicher?« erhält man in solchen Fällen wichtige Hinweise, nach welchen Kriterien er das vorgeschlagene Produkt bewertet. Darauf abgestimmt können weitere Vorschläge gemacht werden.

Entscheiden wird sich der Kunde für jenes Produkt, bei dem für ihn die größte Wahrscheinlichkeit besteht, den gewünschten Sollzustand erreichen zu können. Dabei lässt sich immer davon ausgehen, dass diesem völlig subjektive Bedürfnisse zugrunde liegen. Darüber genau Bescheid zu wissen hilft, den Abschluss leichter und schneller unter Dach und Fach zu bringen. In diesem Beispiel war das auch der Fall.

Oberflächliche Bedarfserhebungen sind verlustbringend

Einschlägige Imageanalysen über den Verkauf und Studien zur Kundenzufriedenheit bestätigen immer wieder, dass vielerorts nur eine oberflächliche Bedarfserhebung durchgeführt wird. Dem Kunden werden einige Routinefragen gestellt, und die Beratung erschöpft sich in der Wiederholung von

Vorteilen, die in der Werbung behauptet werden. Ganz im Stil von: Ich weiß schon, was Sie wollen!

Die antreibenden Bedürfnisse interessieren Verkäufer, die so vorgehen, offenbar nicht sonderlich. Dadurch wird am Kunden vorbeiverkauft und seine Kauflust im Keim erstickt, also weniger verkauft, als möglich wäre.

Wird statt einer psychologisch fundierten Bedarfsanalyse nur eine oberflächliche Bedarfserhebung durchgeführt, gehen nicht nur Geschäfte verloren. Auch kostspielige Preiszugeständnisse können die Folge sein. Weshalb?

Kunden, denen in seelenloser Routine nur die üblichen Standardfragen gestellt werden, erkennen darin das mangelhafte Interesse an ihren tatsächlichen Bedürfnissen. Sie kommen sehr rasch und direkt auf den Preis zu sprechen. Worüber sollte man sonst mit einem Verkäufer reden, wenn von ihm die Antriebsgründe für den Kauf gnadenlos ignoriert werden? Der Verkäufer wird allerdings etwas anderes annehmen: Das einzige Kaufkriterium für diesen Kunden ist der Preis!

Klassische Bedarfserhebungen gehen an der Psychologie des Kunden vorbei. Die folgenden Punkte kommen dabei häufig viel zu kurz, einzelne Bereiche werden entweder ignoriert oder nicht präzise genug hinterfragt. Sie analytisch richtig zu erfassen ist jedoch die Voraussetzung für einen erfolgreichen Verkaufsabschluss.

Das Wissen über die Motive richtig nutzen

In jedem Verkaufsgespräch sind für die Analyse der Kundenwünsche drei Punkte von zentraler Bedeutung:

- die antreibenden Bedürfnisse des Kunden – sein Hauptmotiv,
- sein Bewertungsraster für das Produkt,
- die maßgeblichen Entscheidungskriterien für den Kauf.

Sprechen Sie daher bei jedem Verkaufsgespräch die folgenden Bereiche gezielt an:

1. Die individuellen Vorstellungen und Erwartungen von den Verwendungsmöglichkeiten und dem Einsatz eines Produkts. Welche Vorteile, die daraus entstehen sollten, werden unbedingt erwartet?

2. Den persönlichen Nutzen, der mit dem Kauf in Verbindung gebracht und antizipiert wird. Was verspricht sich der Kunde von der Nutzung einer Dienstleistung?
3. Das Ziel, das durch den Kauf erreicht werden soll. Welche Wünsche oder welcher Zweck sollen erfüllt werden? Worin besteht das antreibende Hauptmotiv?
4. Den Sollzustand, der durch den Kauf angestrebt wird. Was soll durch den Kauf anders werden als es derzeit ist? Was sollte sich ändern oder verbessern? Was bedeutet für den Kunden »verbessern«?
5. Die Kriterien für die Kaufentscheidung. Nach welchen subjektiven Kriterien wird eine Entscheidung getroffen? Nach welchen objektiven? Welches persönliche Entscheidungsraster hat der Kunde? Was bedeutet für ihn »objektiv«?

Während diese Bereiche besprochen werden, spürt der Kunde sehr genau, was dabei im Vordergrund steht: der Umsatz oder er als Mensch. Wenn er spürt, dass seine Bedürfnisse im Mittelpunkt stehen, lassen sich die Kaufauslöser und das antreibende Hauptmotiv leicht in Erfahrung bringen. Nur dann ist er offen genug, die Entscheidungskriterien für einen Abschluss auf den Tisch zu legen. Und damit nicht zu taktieren.

Bedürfnisse kaufauslösend verstärken

Können Bedürfnisse geweckt werden? Wie lassen sich Kaufbedürfnisse verstärken? Diese Fragen stellen sich immer dann, wenn ein Verkäufer ehrgeizige Ziele verfolgt und dem Kunden mehr verkaufen will, als dieser zunächst zu kaufen beabsichtigte. Sie ergeben sich auch in jeder Situation, in der ein Kunde noch zögert und unschlüssig ist. Ein Abschluss also noch unsicher ist.

Grundsätzlich gilt: Bedürfnisse, die beim Kunden nicht vorhanden sind, können durch den Verkäufer auch nicht erzeugt werden. Die Vorteile eines Produkts oder einer Dienstleistung mögen noch so attraktiv sein. Ihre Attraktivität hat keine Bedeutung, wenn das Bedürfnis danach fehlt. So, wie das beste Essen nicht verlockend ist, wenn man keinen Hunger hat. Latent vorhandene Bedürfnisse lassen sich allerdings gezielt wecken, sozusagen dem »Kaufschlaf« entreißen und aktivieren. So wie beim Essen der Appetit steigt und die Lust nach mehr wächst, wenn man die richtigen Dinge angeboten bekommt.

Daher ist es wichtig, den Kunden auf Möglichkeiten hinzuweisen, die ihm vielleicht nicht bekannt sind, aber wichtig für ihn sein könnten. So erhöht sich die Chance für Zusatzverkäufe. Sprechen Sie daher die Vorteile dieser Möglichkeiten direkt an. Aus seiner Reaktion lässt sich erkennen, ob zusätzliche Bedürfnisse vorhanden sind.

Auf welche Weise werden nun die bestehenden Bedürfnisse verstärkt? Gehen Sie im Gespräch mit dem Kunden auf seine antreibenden Hauptbedürfnisse ein, so wie das weiter oben beschrieben wurde. Vermitteln Sie ihm, dass der Produkt- oder Dienstleistungsnutzen mit diesen deckungsgleich ist. Je besser das gelingt, umso mehr verstärken Sie diese. Da ihre Erfüllung in unmittelbarer Nähe liegt, werden positive Gefühle als Verstärker aktiviert, und die Kaufbereitschaft steigt. Das bloße Aufzählen von Produkteigenschaften aufgrund des Bedarfs – statt diese direkt auf seine Bedürfnisse zu beziehen – wäre hingegen zu wenig. Es hätte nicht den gleichen Verstärkereffekt.

Das Lustprinzip als Generalmotiv

Eine wichtige Entdeckung der Tiefenpsychologie ist, dass wir Menschen unser Verhalten nach dem Lustprinzip orientieren. Als lebensbegleitendes Generalmotiv treibt es dazu an, bestimmte Dinge zu tun und andere zu unterlassen. Der Kern dieser Erkenntnis ist: Wir alle streben nach Lust und wollen jede Form von Unlust vermeiden. Das gilt sogar für Masochisten, die von Lust bloß andere Vorstellungen haben als die Mehrheit.

Unlustgefühle werden nur dann in Kauf genommen, wenn sie eine unumgängliche Voraussetzung sind, um ein angestrebtes Ziel erreichen zu können. In solchen Fällen werden Bedürfnisse bis zur Zielerreichung aufgeschoben, die Lust durch Bedürfnisaufschub auf später vertagt.

Was bedeutet das Lustprinzip nun für den Verkauf? Beim Kauf wird einerseits das Produkt selbst als Lustobjekt gesehen. Andererseits als Mittel zum Zweck, um sich durch seine Verwendung sowie seinen Besitz Lust zu verschaffen. Und auf keinen Fall Unlust zu riskieren.

»Ich verkaufe Stahlschrauben und keine Autos. Wo ist denn hier bitte der Lustfaktor?« Dieser Einwand wäre verständlich, verstünde man unter

Lust nur ein verlangendes Begehren. In der Psychologie bezieht sich dieser Begriff jedoch auf alles, was gute Gefühle auslöst und angenehme Empfindungen verursacht. Daher gilt das Lustprinzip nicht nur dort, wo der Lustfaktor offensichtlich ist, wie beim Kauf eines spritzigen Autos oder einer attraktiven Wohnung. Bei der Urlaubsreise in die Südsee oder einem Menü beim Sternekoch.

Dieses Prinzip gilt auch für die zahlreichen Produkte, die vom äußeren Anschein her nicht als lustversprechend bezeichnet werden können, wie beispielsweise Offsetpapier, eine Industriemaschine oder Schrauben. Denn auch damit verbindet der Käufer – oder Einkäufer – eine konkrete Vorstellung. Sie bezieht sich auf die Anwendung, die von niemandem mit unangenehmen Gefühlen verbunden werden will, sondern mit angenehmen. Zum Beispiel, was die Qualität des Offsetpapiers, die Leistungsfähigkeit einer Industriemaschine und den Härtegrad der Schrauben anbelangt. Die daraus resultierenden Vorteile sind der eigentliche Lustgewinn für den Käufer. Das, was als emotionaler Mehrwert bezeichnet und worauf im nächsten Kapitel eingegangen wird. Kann aufgezeigt werden, dass diese Vorteile größer sind als vom Kunden angenommen oder erwartet wurde, lassen sich bestehende Bedürfnisse kaufauslösend verstärken. Weil der Lustgewinn steigt.

Das gleiche gilt auch in umgekehrter Richtung. Die Kaufbereitschaft sinkt, wenn der tatsächliche Nutzen kleiner oder anders ist, als erwartet wurde. Der Lustgewinn also geringer ist, als angenommen wurde, oder sogar Unlust damit verbunden wird. Denn niemand kauft ein Produkt, wenn sich davon ausgehen lässt, dass damit schlechte Gefühle mitgekauft werden und die Enttäuschung bereits vorhersehbar ist. Kaufmasochismus zählt nach wie vor zu den allerseltensten Motiven.

Die Zugkraft der Bedürfnisse aktivieren

Bedürfnisse sind im psychischen Erleben stets in der Gegenwart angesiedelt. Deren Befriedigung durch einen Kauf geschieht jedoch erst in der Zukunft. Daher üben sie auf das Verhalten eine Zugkraft im Sinne von guten Möglichkeiten aus. Im Gegensatz zur Schubkraft, die einem Müssen entspringt, dem man unentrinnbar ausgeliefert ist. Dies ist nur bei den körperlichen Basisbedürfnissen der Fall.

Die Konsequenz daraus: Sprechen Sie mit Ihren Kunden intensiv über die konkreten und guten Möglichkeiten, die sich aus dem Einsatz des Produkts oder der Nutzung der Dienstleistung ergeben. Insbesondere über die ganz persönlichen Vorteile, die er sich von einem Kauf verspricht und die dadurch für ihn greifbar werden. Der wichtigste Punkt unter dem Aspekt der Zugkraft von Motiven ist, dass Sie die Nutzung dieser Vorteile in der Gegenwart formulieren. So, als ob die Zukunft, in der das Produkt eingesetzt oder angewendet wird, bereits eingetreten wäre. Holen Sie die Vorteile ins Hier und Heute. Aktivieren Sie auf diese Weise die Zugkraft, welche den Bedürfnissen des Kunden innewohnt, und erhöhen Sie dadurch seine Kaufbereitschaft. In Kapitel 9 gehe ich auf diesen Punkt näher ein.

Auf Entscheidungen lässt sich einwirken

»Nehmen Sie doch …«, »Ich an Ihrer Stelle würde …«: Solche Aufforderungen müssen zwangsläufig wirkungslos bleiben. Denn ein unumstößlicher Grundsatz der Psychologie besagt: Das Verhalten eines Menschen lässt sich nicht ändern, wenn man versucht, direkt darauf einzuwirken. Niemand kauft X oder Y, nur weil jemand anderer ihn dazu auffordert. Anstatt einen zögernden Kunden argumentativ umpolen zu wollen, was ohne Erfolg bleiben wird, ist es effektiver, bei seinen Entscheidungen anzusetzen.

Wie in diesem Kapitel verdeutlicht wurde, beruht jedes Verhalten auf Entscheidungen. Hinter diesen stehen individuelle Bedürfnisse und antreibende Motive. Hinterfragen Sie diese nochmals, wenn der Kunde zögert. Versuchen Sie vor allem, sein Hauptmotiv herauszufinden. Wahrscheinlich ist seine Vorstellung von dem, was er eigentlich will, noch zu diffus. Bringen Sie ihn mit Ihren Fragen zu mehr Klarheit in der Äußerung seiner Wünsche, und zeigen Sie dabei aufrichtiges Interesse. Wenn Sie dann noch konkret beschreiben, wie Ihr vorgeschlagenes Produkt seinen Bedürfnissen exakt entspricht, erhöht sich die Chance, das Geschäft abzuschließen. Denn er wird sein unschlüssiges Verhalten ändern, wenn er Ihr Bemühen spürt, ihm die Entscheidung zu erleichtern. Mit Argumenten, denen er vertraut, da sie ja auf die Erfüllung seiner Bedürfnisse abzielen. Sollte er trotzdem noch Gründe anführen, die gegen Ihr Produkt sprechen, dann akzeptieren Sie das. Nicht immer kann man für jedes Bedürfnis das genau passende Angebot haben.

Kapitel 5

Gefühl schlägt Verstand

In diesem Kapitel geht es um die Frage, welche Rolle die Gefühle im Verkauf spielen. Werden Kaufentscheidungen vorwiegend auf rationaler Ebene getroffen, oder lassen sich Menschen dabei mehr von ihren Gefühlen leiten?

Die Erkenntnisse aus den Humanwissenschaften zeigen, dass menschliches Verhalten oft mehr emotional und weniger rational bestimmt ist, als es oberflächlich gesehen scheint. Deshalb ist es wichtig, im Verkauf mit den Gefühlen des Kunden richtig umzugehen. Denn sie beeinflussen seine Entscheidungen und sein Kaufverhalten maßgeblich. Sie beschleunigen, wenn man so sagen möchte, seinen Zug beim Kauf. Emotionen sorgen immer für Bewegung, worauf bereits die Herkunft des Wortes hinweist (von lat. motio = Bewegung). Das gilt auch für die Kaufbereitschaft. In welche Richtung der Zug dabei beschleunigt, ist sehr davon abhängig, wie mit den Gefühlen des Kunden umgegangen wird. Ob er mit dem sicheren Gefühl abschließt, die richtige Wahl getroffen zu haben. Oder ob er unschlüssig wieder geht, ohne zu kaufen. Die eingeschlagene Richtung hängt davon ab, ob deren Bedeutung erkannt und die richtigen Schlüsse daraus gezogen werden. Wie gut also, wenn das Wissen über die Rolle der Gefühle beim Kauf angewendet wird.

Ohne Gefühle wäre die Konsumwelt grau

Ließen sich Menschen beim Kauf ausschließlich von rationalen Gesichtspunkten leiten, so würde unweigerlich eine wirtschaftliche Rezession ausgelöst werden. Viele Dinge, die auf einer logischen Verstandesebene betrachtet nicht unbedingt erforderlich sind, blieben dann unverkäuflich. Keiner wollte sie mehr haben, wenn nur die blanke Vernunft beim Kauf das Sagen hätte. Doch das hat sie nicht.

Dazu ein kleines Gedankenexperiment.

Was würde Ihr Gefühl antworten, wenn die Vernunft vor dem Kauf eines schicken Sportwagens, Kostenpunkt 60 000 Euro, mahnend interveniert? Etwa so: »Damit steckst du genauso im Stau wie mit einem Auto, das nur 10 000 Euro kostet!« Ich vermute, eine massive Opposition des Gefühls wäre die Folge – so wie bei den meisten Menschen: »Noch nie was von »I feel good« gehört? Von rasanter Beschleunigung, spritzigem Tempo, Fahrkomfort und Sicherheit? Hilf du mir Staus zu umfahren, statt mich vor ihnen zu warnen. Und jetzt kauf den Sportflitzer. Was zögerst du noch!«

Kommt es beim Kauf zum Wettstreit von Gefühl und Vernunft, so schlägt das Gefühl häufig den Verstand. Die emotionalen Zentren des Gehirns setzen sich gegen die rationalen meist durch. Das bestätigen auch neuere Forschungsergebnisse des noch jungen Wissenschaftszweiges Neuroökonomie. Unter der Federführung amerikanischer Eliteuniversitäten untersucht diese Disziplin die neurologischen Vorgänge im Gehirn bei Konsum- und Investitionsentscheidungen.

Wäre es anders und hätte die Vernunft das Diktat, würden viele Produkte als überflüssiger Luxus von der Konsumbildfläche verschwinden. Es gäbe weder Mehrausstattungen noch Extras. In der Welt der reinen Vernunft wäre die Chance äußerst gering, dass sie jemand kaufen wollte. Denn sie hätten keine besondere Bedeutung mehr für uns Menschen.

Denkt man sich die Gefühle weg, die Begehrlichkeiten wecken und die Kaufverlockung steigern, wäre die Konsumwelt von grauen Einheitsprodukten geprägt. Ihr Kauf wäre »vernünftig«, da sie den Zweck, für den sie erzeugt wurden, durchaus erfüllen. Ähnlich dem Trabi, der die Menschen von A nach B brachte und seinen Grundzweck als Auto damit erfüllte. Kurzum: Statt einer bunten Vielfalt gäbe es in den meisten Bereichen nur einige Grundprodukte.

Logik und Vernunft sind nur in seltenen Fällen die Kaufantreiber. Die eigentlichen Antriebsmechanismen beim Kauf sind die vielfältigen Bedürfnisse eines Menschen sowie die Gefühle, von denen diese begleitet und verstärkt werden. Und niemand auf der Welt lässt sie freiwillig einschränken und »trabisieren«.

Gedrückte Kaufstimmung und Konsumflaute

In wirtschaftlich unsicheren Zeiten ist die Nachfrage auf vielen Gebieten stark rückläufig. Denn die allgemeine Kaufstimmung ist gedrückt, da viele Menschen verunsichert sind. Aufgrund persönlicher Sicherheitsbedürfnisse, die durchaus verständlich sind, wird Geld gespart statt ausgegeben. Das Ergebnis dieses Angstsparens ist bekanntlich eine Konsumflaute. Die Konjunktur kommt ins Stottern und erlahmt schließlich. Damit zeigt sich auch auf einer gesamtwirtschaftlichen Betrachtungsebene, wie wichtig die Emotionen für den Verkauf sind.

Auf einer logischen Ebene ist sicherlich vielen Menschen bewusst, dass die Wirtschaft wieder in Schwung käme und der eigene Arbeitsplatz besser gesichert wäre, wenn konsumiert statt gespart würde. Doch das Gefühl entscheidet anders. Erst wenn sich die allgemeine Kaufstimmung ändert, Hoffnung und Zuversicht wieder gewonnen werden, wird das Gefühl seinen Einfluss in die entgegengesetzte Richtung geltend machen. Die Nachfrage steigt wieder, da es für viele Menschen nun »vernünftig« ist, mehr Geld auszugeben.

Um die allgemeine Kaufstimmung zu beleben, bedürfte es etwas mehr Gefühls für die Psychologie der Menschen bei den Verantwortungsträgern. Vor allem in der Politik, der Wirtschaft und den Verbänden. Es wäre aber schon viel gewonnen, wenn sie erkennen würden, dass jeder Zahlenfetischismus bei öffentlichen Auftritten – oft in exhibitionistischer Weise praktiziert – ein Verunsicherungsfaktor für die Konsumenten ist. Er schadet der Konjunktur. Das Jonglieren mit Ziffern hinter dem Komma auf der einen Seite und mit einzusparenden Beträgen in Milliardenhöhe auf der anderen Seite wendet sich zu einseitig an die Ratio. Wirtschaft ist, wenn es um die Kaufstimmung geht, mehr eine Frage der Psychologie als der Finanzmathematik. Oder wie es Ludwig Erhard, der Vater des Wirtschaftswunders, formulierte: »Wirtschaft ist zu 50 Prozent Psychologie.«

Wie Emotionen wirken

Gefühle haben entwicklungsgeschichtlich gesehen die Funktion, alle Außenreize, die über die Sinnesorgane ans Gehirn weitergeleitet werden, nach einfachen Kriterien zu bewerten: gut oder schlecht, nützlich oder schädlich für den Organismus. Damit soll das Überleben gesichert werden. Die Bewertung löst entweder Flucht- oder Angriffsreaktionen aus. Oder, wenn sie positiv ausfällt, die nähere Beschäftigung mit dem, was die angenehmen Gefühle verursacht. Wie beispielsweise Nahrung oder die Möglichkeit, sich fortpflanzen zu können.

Werden die Außenreize aufgrund dieser Kriterien als wichtig eingestuft, so gelangen sie als emotional gefärbte Informationen in das Bewusstsein. Dort werden sie gedanklich weiterbearbeitet. Das, was uns bewusst wird, durchlief bereits einen emotionalen Bewertungsprozess. Es ist eine stark gefilterte Auswahl aus den unzähligen Informationen, die tagtäglich auf uns einströmen. Den größten Teil nehmen wir nur unbewusst wahr. Anderenfalls würden wir in einem Informationschaos ertrinken, und alles wäre gleich wichtig für uns. Oder gleich unbedeutend.

Die wichtige Bedeutung der Gefühle für den Menschen zeigt auch das in der Psychologie als Hospitalismus bezeichnete Syndrom: Erhalten Kleinkinder keine adäquate emotionale Zuwendung, ist ihre Entwicklung erheblich verzögert und kann beträchtlich gestört sein. Manche sterben sogar, wenn diese Zuwendung völlig fehlt. Und wie gekränkt selbst Erwachsene reagieren können, wenn man sich von ihnen abwendet – oder sie überhaupt ignoriert – bestätigt einmal mehr, dass Gefühle im zwischenmenschlichen Umgang eine wichtige Funktion besitzen. Allem voran die der unbewussten Bewertung sprachlicher Inhalte der Kommunikation, aber natürlich auch des Gesprächspartners.

Das Gefühlszentrum trifft mit der Bewertung der äußeren Sinneseindrücke immer eine Vorentscheidung für das darauf folgende Verhalten. Unangenehme Außenreize können beispielsweise als ärgerlich eingestuft werden und eine aggressive Reaktion auslösen. Wie sich diese im Einzelnen ausdrückt, ist einerseits von der Persönlichkeit eines Menschen, etwa seiner Frustrationstoleranz, abhängig. Andererseits davon, wie die Gesamtsituation von ihm eingeschätzt wird. Fühlt sich jemand beispielsweise jenen unterlegen, die seinen Ärger ausgelöst haben, wird er darauf anders reagieren als im umgekehrten Fall. In dem einen Fall mit verdeckter, im anderen mit direkter Aggression.

Aber auch alle bewussten und unbewussten Gedanken werden emotional eingefärbt. Die entstehenden Gefühle lösen – ähnlich wie bei der Bewertung von Außenreizen – die Stimmung aus, in der wir uns befinden. Diese färbt das gesamte Erleben, beeinflusst die Entscheidungen und aktiviert oder hemmt das Handeln. Der Verstand liefert oftmals nur eine vernünftig klingende Begründung für das, was man tut und wie man es tut. Warum man so und nicht anders entschieden hat. Seine tatsächliche Rolle bei Entscheidungen wird von vielen über- oder falsch eingeschätzt. Wohl deshalb, da Menschen nach außen hin oft sehr zurückhaltend im Äußern ihrer Gefühle sind. Vor allem in der Geschäftswelt, in der sie sich an die vorherrschende Atmosphäre anpassen, die meist nüchtern und sachlich ist. Da Gefühle als nicht businesslike gelten und oft nur als irritierende Störgrößen angesehen werden – »Bleiben Sie doch bitte sachlich!« –, unterdrückt sie der Verstand. Denn es erscheint als nicht opportun, sie zu äußern und offen zu zeigen. Daraus zu schließen, sie hätten nur im privaten Bereich eine besondere Bedeutung, weil sie dort offener zutage treten als im beruflichen Leben, wäre jedoch ein Irrtum. Denn der einzige Unterschied zwischen diesen beiden Welten besteht lediglich darin, ob und wie Gefühle geäußert werden. Nicht, ob sie vorhanden sind oder nicht.

Im Verkauf spielen sie eine große Rolle. Daher sollte die Gefühlswelt des Kunden nicht ignoriert, sondern ins Gespräch einbezogen werden. Auch dann, wenn jemand betont sachlich auftritt. Denn auf einer psychologischen Ebene machen solche Menschen damit sichtbar, wie sehr sie ihre Gefühle unter Kontrolle halten wollen. Sind sie im Gespräch erst einmal aufgetaut, ist es für sie ein angenehmes Erlebnis, ihren Gefühlen freien Lauf lassen zu dürfen. Sie nicht, wie sie glauben, immer im Zaum halten zu müssen.

Das »Kaufhormon« Dopamin

Biologische Träger der Emotionen sind Hormone, die auch als chemische Botenstoffe bezeichnet werden. Für den Verkauf ist eines davon von besonderer Bedeutung: das Dopamin. Deshalb bezeichne ich es als das Kaufhormon. Wie wirkt es, und was bewirkt es?

Dopamin ist eine biochemische Streicheleinheit für das menschliche Gehirn. Eine Art körpereigenes Opiat, das eine gute Stimmung auslöst, aber auch süchtig machen kann. Es wird ausgeschüttet, wenn etwas Positives und Angenehmes erwartet wird. Bei jedem Kauf darf dies vorausgesetzt werden, denn niemand kauft, um sich damit selbst zu bestrafen.

Je größer der Wunsch ist, etwas zu besitzen, umso höher ist die ausgeschüttete Dopamindosis und desto stärker wächst die Begehrlichkeit danach. Dieser chemische Botenstoff meldet dem Belohnungssystem des menschlichen Gehirns, dass eine angenehme Situation bevorsteht. Es bewirkt, dass alles dafür getan wird, damit diese Situation auch eintritt. Daher ist es hinsichtlich der emotionalen Seite beim Kauf wichtig, drei Spielregeln zu beachten:

- In den guten Gefühlen des Kunden, die er mit dem Kauf verbindet, die natürlichen Verbündeten sehen und sie aktiv ansprechen. Werden sie ausgeblendet oder ignoriert, wird die Freude am Kauf reduziert. Oder sogar abgewürgt. Der Dopaminspiegel sinkt dadurch ab.
- Den emotionalen Gewinn aufzeigen, der durch den Kauf für den Kunden konkret entsteht. Nicht nur auf der logisch-rationalen Sachebene argumentieren und ausschließlich die Vernunft ansprechen. Das Gehirn wird dadurch stimuliert, eine zusätzliche Dosis Dopamin auszuschütten.
- Die Verkaufssituation so gestalten, dass sie der Kunde auch tatsächlich als angenehm erlebt. So wie das in Kapitel 8 für die Vertrauensbildung empfohlen wird. Was die äußeren Dinge anbelangt, so hängen diese von der Situation ab, in welcher verkauft wird. Einige Beispiele, auf welche Details dabei zu achten ist: Die Hintergrundmusik – etwa in Warenhäusern oder Hotels – ist sorgfältig auszuwählen. Nicht das übliche Gedudel aus der Klangkonserve als Schallkulisse verwenden! Sehr bequeme Sitzmöglichkeiten für das Beratungs- oder Verkaufsgespräch. Das signalisiert dem Kunden auf der unbewussten Ebene: Hier bin ich zu Hause. Ein wichtiges Detail also. Wenn Kaffee angeboten wird, sind geschmackvolle Tassen und eine besondere Qualität des Kaffees ein Signal der Wertschätzung für den Kunden. Pappbecher oder 50-Cent-Tassen sowie warm gehaltener Kannenkaffee senden gegenteilige Signale aus. All diese Dinge tragen dazu dabei, dass der Kunde die Verkaufssituation als angenehm erlebt. Dadurch schüttet sein Gehirn leichter Dopamin aus, was jede Situation, in der man sich wohl fühlt, positiv verstärkt. Als Folge davon bleiben das Einkaufserlebnis sowie der Verkäufer besonders gut im Kaufgedächtnis haften. Der Kunde wird daher wiederkommen, weil dieses Hormon das Gehirn zur Wiederholung guter Erlebnisse stimuliert.

Den emotionalen Mehrwert erkennen

Die Grundproblematik im Verkauf besteht vielerorts darin, dass die Hersteller ihre Marken mit erheblichem Aufwand emotional aufladen, um mehr Kunden zu gewinnen. Zum Beispiel durch Sportsponsoring. Doch in der Alltagssituation ist oft wenig davon zu spüren. Wenn Verkäufer den emotionalen Bezug zu ihren Produkten verloren haben, ist der Verkauf nur noch eine reine Routineangelegenheit für sie.

Die Produkte werden dann in Form einer trockenen Gebrauchsanweisung erklärt, und es wird vorwiegend mit ihrem logischen Nutzen argumentiert. So, als ob Menschen nur aus sachlichen Erwägungen heraus kaufen würden. Gespräche dieser Art erinnern Kunden vermutlich an einen Sachkundeunterricht. Und da Gefühle bekanntlich ansteckend sind, können allzu trockene Verkaufsgespräche eine gute Kaufstimmung verderben. Ganz abgesehen davon, dass ein emotions- und farblos wirkender Verkäufer nicht sehr überzeugend ist. Denn Kunden schließen daraus, dass er von seinen Produkten nicht sonderlich überzeugt ist. Wo liegt der Haken?

Ein Verkaufsgespräch sollte sich nicht nur auf die Fakten beschränken, wie zum Beispiel auf technische Features oder Ausstattungsdetails. Es sollte auch auf den emotionalen Mehrwert eingehen, den das Produkt dem Kunden bietet; nicht irgendeinen allgemeinen, sondern seinen ganz besonderen. Wenn der Verkäufer von diesem überzeugt ist, wird er auch nicht völlig emotionslos argumentieren oder durch eine betont nüchterne Haltung den Eindruck vom Mann ohne Eigenschaften vermitteln.

Hinterfragen Sie, speziell im B2C-Bereich, was das Produkt und seine Nutzung für den Kunden nicht nur rational, sondern auch emotional bedeutet. Stellen Sie dazu Initialfragen, mit denen Sie die Gefühle, die er damit verbindet, »zünden«. Beispiele: »Einmal abgesehen von den technischen Neuerungen dieser Digitalkamera: Wie fühlt sich das für Sie an, wenn Sie an die hochwertigen Fotos denken, die sie damit schießen? Etwa von Ihren Ausstellungsobjekten.« »Mit diesem voll ausgereiften UMTS-Handy der vierten Generation sehen Sie Ihre Gesprächspartner glasklar. Was ist das für ein Gefühl für Sie, wenn Sie sich das vorstellen?« »Was sagt Ihr Gefühl zu diesem Kapitalsparplan? Vor allem zu den Möglichkeiten, die sich daraus für Sie ergeben?«

Aus den Antworten können Sie erkennen, worin der Kunde einen emotionalen Mehrwert jenseits der Ratio sieht und worin der Lustgewinn für ihn besteht. Gehen Sie darauf näher ein, und erleichtern Sie ihm so die Kauf-entscheidung. Denn durch seine Emotionen erhält sie einen Antriebsschub. Das Gespräch über das, was ihn anturnt, führt zwangsläufig zu einer guten Kaufstimmung und einer den Abschluss fördernden Atmosphäre.

Die Programme des Reptilienhirns beachten

Das Limbische System, welches im allgemeinen Sprachgebrauch als »Rep-tilienhirn« bezeichnet wird, weil die urzeitlichen Instinkte darin programmiert sind, ist der Sitz unserer Gefühle. Besser gesagt, ihr Entstehungsort. Die Ge-hirnforschung liefert schlüssige Belege dafür, dass das menschliche Verhal-ten durch drei limbische Programminstruktionen maßgeblich beeinflusst wird, teilweise sogar gesteuert. Größtenteils geschieht dies unbewusst.

Hans-Georg Häusel, ein profunder Kenner dieser Materie, auf den ich mich im Folgenden beziehe, geht sogar davon aus, dass diese Gehirnregion die bestimmende ist. Das Großhirn als Sitz der Vernunft wird in seiner tat-sächlichen Bedeutung für das menschliche Verhalten also vom Thron gesto-ßen.[6] Denn wichtige Vorentscheidungen, bei denen Handlungsalternativen bewertet werden, trifft das Gehirn vor dem Hintergrund dieser limbischen Programminstruktionen. Da sie dem Bewusstsein nur bruchstückhaft zu-gänglich sind, werden sie auch Bauchentscheidungen genannt.

Zur Umsetzung ihrer Instruktionen bedienen sich diese urzeitlichen Pro-gramme der Gefühle, denen die Funktion einer Kardanwelle zugeschrieben wird – sie übertragen die Antriebskraft. Anders ausgedrückt: Mit den Gefüh-len werden die seit Jahrmillionen genetisch verankerten Instruktionen in kon-kretes Verhalten umgesetzt. Um welche Instruktionen geht es dabei, und was bewirken diese? Weshalb ist das Wissen darüber für den Verkauf wichtig?

Drei Programm-Instruktionen

1. Die Instruktion des Stimulanzprogramms fordert zur Suche nach Neuem auf. Nach Reizen, die Abwechslung versprechen, auch wenn damit ge-wisse Risiken verbunden sind. Sie ist die Grundlage der geistigen Weiter-entwicklung, des Lernens und der menschlichen Neugierde.

2. Die Instruktion des Balanceprogramms ist auf Sicherheit, Stabilität, Konstanz und Erhalt des Status quo ausgerichtet. Sie ist also das bewahrende Element im Menschen. Durch sie wird vorgegeben, das Gewohnte und Bekannte nicht zu verlassen, Unsicherheiten und Risiken nach Möglichkeit auszuschalten.
3. Die Instruktion des Dominanzprogramms ist auf die Durchsetzung eigener Interessen und Ansprüche ausgerichtet, auf Verdrängung anderer sowie auf Macht und Status. Ihre Aufgabe ist der Selbsterhalt des Menschen. Sie ist die biologische Basis des menschlichen Egoismus.

Es wird angenommen, dass diese drei Programme bei jedem Menschen in Form eines limbischen Profils etwas anders ausgeprägt sind. Daher wirken sie auf das Verhalten auch in unterschiedlicher Weise ein. So sind beispielsweise die einen mehr auf Sicherheit bedacht, während andere gegenüber Neuem und Veränderungen besonders aufgeschlossen sind. Und es gibt solche, die sich sehr dominant verhalten, während andere wiederum zurückhaltend und leise auftreten. Vor dem Hintergrund dieser drei limbischen Programme wird jedes Verkaufsgespräch beträchtlich erleichtert, wenn man die folgenden Punkte im Kundenkontakt gezielt nutzt.

Stimulanz aktivieren, Balance herstellen

Das Stimulanzprogramm motiviert den Kunden, aufgeschlossen und interessiert gegenüber Produktneuheiten zu sein. Das Balanceprogramm leitet ihn dazu an, eher auf Bewährtes zurückzugreifen. Welches dieser beiden Programme einen stärkeren Einfluss auf ihn ausübt, können Sie daran erkennen, wie sehr er sich an Neuheiten interessiert zeigt. Ob ihn diese ansprechen oder ob er ihnen skeptisch gegenübersteht.

Seine Fragen und Aussagen geben klare Hinweise darauf. »Welche Erfahrungen machen Ihre Kunden damit?«, »Wie bewährt sich dieses Produkt in der Anwendung?«, »Ist das nicht ziemlich kompliziert zu bedienen?« sind Beispiele für Äußerungen, die eindeutig für ein Überwiegen des Balanceprogramms sprechen. Für eine stärkere Ausprägung des Stimulanzprogramms sprechen hingegen solche Fragen: »Wann kommen die neuen Modelle auf den Markt?«, »Welche Innovationen gibt es auf diesem Sektor?«, »Welche Zusatzfunktionen hat dieses Gerät noch?«

Unabhängig davon, wie interessiert ein Kunde an den letzten Neuheiten ist, sollten Sie das Stimulanzprogramm durch passende Fragen sowie kurze und knackige Produktvorführungen aktivieren. Das wirkt sich verkaufsfördernd aus. Stellen Sie Fragen, mit denen seine natürliche Neugierde angesprochen wird, und sein Interesse steigt. Beispiele dazu finden Sie in Kapitel 9, in dem die Spielregeln einer wirksamen Kommunikation beschrieben werden. Jedes Zu-Tode-Erklären eines Produkts erstickt hingegen das Interesse im Keim. Es bedeutet eine verbale Mumifizierung des Gesprächspartners. Der Kunde wendet sich ab, weil ihn das Stimulanzprogramm denken lässt: »Verdammt langweilig, was dir hier so umständlich und langatmig erklärt wird. Geh wieder!« Oder es alarmiert stattdessen das Dominanzprogramm, dessen negative Auswirkungen im nächsten Punkt beschrieben werden.

Sprechen Sie mit Kunden, die sich für Neuheiten und Innovationen interessieren, möglichst detailliert über die besonderen Reize, die davon für sie ausgehen. Geben Sie ihnen Gelegenheit, die Anwendung einer Produktneuerung selbst auszuprobieren, statt diese nur zu erläutern. Fachsimpeln Sie mit solchen Kunden, die oft Freaks auf ihrem Gebiet sind. Selbst erfahrene Verkäufer können von ihnen den einen oder anderen Tipp erhalten, was die Anwendung des Produkts betrifft. Sie aktivieren auf diese Weise nicht nur das Stimulanzprogramm, sondern Sie stellen auch eine sehr gute Beziehung her.

Für das Balanceprogramm gilt: Es wird in erster Linie durch das Vertrauen, welches ein Verkäufer zum Kunden herstellt, auf positive Weise aktiviert. Denn die Aufgabe dieses Programms besteht vor allem darin, ein psychisches Gleichgewicht und inneres Wohlbefinden zu gewährleisten. Alles, was für den Kunden verunsichernd wirkt oder ein Risiko bedeuten könnte, stimuliert dieses Programm auf negative Weise. »Achtung«, signalisiert es in solchen Fällen, »sei vorsichtig!«

Vom Vertrauen einmal abgesehen wird psychische Balance im Verkaufsgespräch durch alles hergestellt, was dem Kunden die Kaufentscheidung erleichtert. So wird ihm die Sicherheit vermittelt, dass sie gut und richtig für ihn ist. Dazu gehört, allem voran, die Reduzierung von Komplexität durch einfache und leicht verständliche Erklärungen, etwa zur Anwendungsweise eines Produkts. Damit stimulieren Sie das Balanceprogramm. Aber auch durch Hinweise auf objektive Testberichte, mit denen die gute Qualität eines Produkts bescheinigt wird, auf Referenzen und besondere Auszeichnungen. Gleiches gilt für die Aufklärung über Garantien, Umtauschrechte oder Gewährleistungsansprüche.

Besprechen Sie solche Punkte ausführlich, wenn Sie den Eindruck haben, dass der Kunde beim Kauf zu 100 Prozent auf Nummer sicher gehen will. Stellen Sie im Gespräch mit ihm das Bewährte eines Produkts in den Vordergrund. Vermeiden Sie alle Fragen oder Aussagen, die verunsichernd wirken könnten wie zum Beispiel: »Das kann ich Ihnen leider nicht genau sagen.« Wählen Sie in solchen Fällen eine Formulierung, welche die psychische Balance des Kunden nicht gefährdet. Beispielsweise: »Ich informiere mich für Sie, damit das eindeutig geklärt ist. Sicher ist sicher.«

Wer Dominanz sät, wird Widerstand ernten

Die beiden Verhaltensprogramme Stimulanz und Balance erleichtern den Verkauf, wenn sie im Umgang mit dem Kunden auf die richtige Weise angesprochen werden. Beim Dominanzprogramm verhält es sich etwas anders. Seine Auswirkungen sind für den Verkäufer in jedem Fall negativ. Entweder fühlt sich der Kunde als Sieger, und der Verkäufer ist der Unterlegene. Oder aber der Kunde fühlt sich unterlegen und reagiert abwehrend. Daher muss verhindert werden, dass es durch ein ungewolltes Fehlverhalten bei ihm ausgelöst wird. Denn jedes Verkaufs- oder Verhandlungsgespräch würde enorm erschwert werden, falls es nicht überhaupt von ihm abgebrochen wird. Ohne dass er den eigentlichen Grund dafür nennt.

Verkäufer stehen oftmals vor der Frage: Lässt sich mit mehr Druck besser verkaufen? Sie werden nervös, wenn sich der Kunde nicht sofort entscheidet, und begehen dann gravierende Fehler im Umgang mit ihm. Das Dominanzprogramm des Kunden vereitelt in solchen Fällen meist den Abschluss, oder es gefährdet ein gutes Verhandlungsergebnis. Daher gehe ich näher auf dieses Programm ein.

Wird es beim Kunden getriggert, was im Regelfall unbeabsichtigt geschieht, schaltet sein Organismus auf Angriff und Verteidigung. Das äußert sich in aggressiver Gegenrede und lautstark geäußertem Zweifel: »Das sehen doch wohl nur Sie so!« Oder in der subtileren Variante und in ironischem Tonfall: »Ich hatte eigentlich angenommen, dass Sie etwas besser Bescheid wissen. Müsste man eigentlich erwarten können.« Durch das Dominanzprogramm können auch Reaktionen ausgelöst werden wie um jeden

Preis Recht haben wollen, auf stur schalten und Argumente nicht gelten lassen oder emotionale Ausbrüche, für die es keine unmittelbare Erklärung gibt. Meist ist es dann bereits zu spät, um das Gespräch wieder auf die richtige Bahn bringen zu können. Zumal in solchen Situationen nicht nur der Kunde, sondern auch der Verkäufer emotional aufgeladen ist.

Die unlustbetonten Gefühle, die das Dominanzprogramm auslöst, führen aber auch zu einer gegenteiligen Reaktion: Der Kunde entzieht sich der unangenehmen Situation und geht einfach. Er lässt den Verkäufer im Regen stehen und demonstriert damit seine Entscheidungsmacht. Dem anderen soll deutlich signalisiert werden: Du bist unwichtig für mich!

Im Folgenden sind einige wichtige Gefahrenpunkte aufgezählt, deren Missachtung Dominanzgefühle aktivieren kann: zu viel und zu lange reden. Lautes oder zu schnelles Sprechen. Behauptungen aufstellen in Kombination mit einer ichbezogenen Diktion. Direkter Widerspruch in einem überheblichen oder ironischen Tonfall. Jede Form von Suggestivfragen wie zum Beispiel: »Sie denken doch sicherlich auch, dass mein Angebot unschlagbar ist.« Eine dominant wirkende Körpersprache und das Durchschreiten der persönlichen Distanzzone eines Menschen. Falsche und anbiedernde Vertraulichkeiten. Sogar eine aufdringlich gestylte Kleidung kann Dominanzreaktionen auslösen. Und selbstverständlich auch alle Formulierungen, die arrogant klingen könnten, wie beispielsweise: »Wie Sie sicherlich wissen werden«, »Davon dürfen Sie ausgehen«. Nicht zu vergessen der Klassiker unter den Formulierungen, mit dem Widerstand geradezu provoziert wird: »Ja, aber…«.

Für jeden Umgang mit anderen Menschen gilt der Grundsatz: Wer Dominanz sät, wird psychischen Widerstand ernten. Entweder direkt oder indirekt und versteckt geäußert. Das gilt nicht nur für krawallig auftretende Spitzenpolitiker in Talkshows, sondern für jeden Menschen, der andere überzeugen möchte. Also insbesondere für den Verkauf. Er bricht wie ein Naturgesetz über jeden herein, der dagegen verstößt.

Jedes aufdringliche Überreden- oder Überzeugen-Wollen ist daher kontraproduktiv. Ebenso wie jede Form von Hardselling, weil damit zwangsläufig Reaktanz beim Kunden produziert wird. Auch wenn das die Verfechter dieser Verkaufsmethode nicht wahrhaben wollen und der Begriff Hardselling suggeriert: Es geht um beinharten Verkauf, bei dem die Ziele unter allen Umständen erreicht werden! Möglicherweise verhält es sich in Drückerkolonnen so. Im qualifizierten Verkauf ticken die Uhren jedoch anders als beim »Drücken« von Zeitungsabos an unaufgeklärte Konsumenten.

Was versteht man unter Reaktanz? In der Sozialpsychologie wird damit folgendes Phänomen beschrieben: Je höher der ausgeübte psychische Druck auf einen Menschen ist, umso größer fällt sein Widerstand dagegen aus. Denn niemand will seine Wahl- und Handlungsalternativen einschränken lassen. Die Kontrolle über die Entscheidungsfreiheit ist Menschen überaus wichtig. Durch Druck wird eine bestehende Überzeugung sogar gefestigt. Daher spricht man hier auch vom Bumerangeffekt: Menschen, die wortreich und auf Druck von etwas überzeugt werden sollen, behalten gerade dadurch ihre Meinung bei.

Die Alternative zum aggressiven Hardselling besteht allerdings nicht in einem schmuseweichen Softselling und in Beziehungsknuddelei. Sie besteht darin, mit dem Kunden auf gleicher Augenhöhe zu kommunizieren. Selbstbewusst aufgrund von Kompetenz, ohne überheblich zu wirken. Eine betont einfühlsame Vorgehensweise und ein übergroßes Verständnis für die Ansprüche des Kunden können auch missverstanden oder ausgenutzt werden. Etwa durch Beratungsdiebstahl oder höhere Rabattforderungen. Zu beidem können Kunden bei allzu soften Verkäufern und aufgrund eines praktizierten Beziehungsfanatismus animiert werden. Denn ihre Interpretation von »soft« könnte sein: gutmütig, nachgiebig und willensschwach. Hier ist wenig Widerstand gegen die eigenen Vorstellungen zu erwarten. Warum also nicht versuchen, sie durchzusetzen?

Emotionen als Matchmaker im Verkauf

Bei jedem Kauf ist das gute oder schlechte Gefühl eine wichtige Navigationshilfe für die Entscheidungsfindung. Es gibt die Koordinaten vor, in welche Richtung das Entscheidungspendel ausschlagen soll: kaufen – nicht kaufen. Abwarten und überlegen. Weitere Informationen einholen und dann entscheiden.

Die objektiven Kriterien stecken zwar den Rahmen für eine Entscheidung ab, aber das Gefühl spricht ein gehöriges Wort mit. Oft sogar das ausschlaggebende Machtwort.

Das gilt in ganz besonderer Weise für den Privatkundenbereich. Im Firmenkundengeschäft verhält es sich prinzipiell ähnlich. Sofern es sich nicht um ein Unternehmen handelt, das rücksichtslos agiert und wo profilierungssüchtige Einkaufsmaschinen Lieferanten auspressen. In solchen Fällen ist es wohl klüger, auf ein Geschäft zu verzichten, anstatt sich in deren Abhängigkeit zu begeben.

Wie sich gute Gefühle und die damit verbundene Gesamtstimmung auf den Verkauf auswirken, zeigen die folgenden zwei Beispiele. Das erste handelt von Privatkunden. Das zweite stammt aus dem B2B-Bereich.

Beim Essen steigt der Appetit

Ein jüngeres Ehepaar informiert sich in einem Einrichtungshaus über Küchen. »Haben Sie schon eine Vorauswahl getroffen, oder soll ich Ihnen einige Modelle und Ausstattungsvarianten zeigen?«, eröffnet der Einrichtungsberater das Gespräch. »Wir sind frisch verheiratet, und unser Budget ist beschränkt«, antwortet die Frau. »Noch«, ergänzt ihr Mann, »aber was soll's. Zeigen Sie uns bitte einige Modelle in der Preisklasse bis 15 000 Euro.«

Eine halbe Stunde später ist klar, welche Küche in die engste Wahl kommt. Eine mit Basisausstattung und ohne Extras. Der Einrichtungsberater kalkuliert den Preis. Er beträgt inklusive Lieferung und Einbau 15 320 Euro. Das Ehepaar will sich den Kauf noch überlegen und weitere Angebote einholen.

Bei der Verabschiedung macht der Einrichtungsberater folgenden Vorschlag: »Bei einem Auto kann man eine Probefahrt machen, bevor man sich für den Kauf entscheidet. Bei uns können die Küchen bei einem Probeessen getestet werden. Einmal in der Woche kocht der Chef für Kunden, die sich für eine Küche interessieren. Ich möchte Sie dazu einladen. Es ist natürlich völlig unverbindlich für Sie. Haben sie übermorgen Abend Zeit, so gegen 19 Uhr? Es würde mich freuen, wenn Sie kommen.«

Zwei Tage später im Einrichtungshaus. Das Ehepaar sitzt gemeinsam mit fünf weiteren Gästen am geschmackvoll gedeckten Tisch in einem dafür ausgestatteten Raum. Der Inhaber kocht ein dreigängiges Menü und wird beim Servieren von seinem Mitarbeiter unterstützt. Das Ganze spielt sich in einer sehr angenehmen Atmosphäre ab; frei von aufdringlichen Verkaufsversuchen.

Nach dem Dessert wird Kaffee serviert. Im lockeren Gespräch erhalten die Gäste einige Tipps, wie man auf ökonomische Weise gut kochen kann. Eine Dame erkundigt sich nach dem Zeitaufwand für die Zubereitung des Menüs. »Durch die funktional gestalteten Abläufe bei unseren Küchen sind Sie so schnell wie ein Expresszug. Ohne dass die Qualität darunter leidet.« So die Antwort des Chefs. Für einen anderen Gast stehen die praktischen Gesichtspunkte im Mittelpunkt. Er stellt Fragen zur Verarbeitungsqualität und Ergonomie der Küchen. »Ich gebe Ihnen ein Beispiel«, antwortet der Einrichtungsberater. »Üblicherweise wird eine Küchenschublade im Normungsverfahren 15 000-mal geöffnet und wieder geschlossen. Wenn sie das unbeschädigt übersteht, entspricht sie der Normvorschrift. Bei den Küchen, die wir anbieten, geschieht das 40 000-mal. So gewährleisten wir die Qualitätsstandards, die unsere Kunden erwarten. In puncto Ergonomie sind unsere Küchen übrigens sehr körpergerecht konstruiert. Beispielsweise können Sie die Arbeitshöhe auf Ihre Größe abstimmen. Diese Küche passt also wie ein Maßanzug. Und so gut fühlt man sich auch darin. Küchen, die nicht körpergerecht sind, vermitteln beim Kochen ein Gefühl, als ob man Schuhe anhätte, die zu klein oder zu groß sind.«

Als Ergebnis dieses Abends entschließen sich zwei Kunden am nächsten Tag zum Kauf einer kompletten Kücheneinrichtung in diesem innovativen Möbelstudio. Darunter auch das Ehepaar, das einige Mehrausstattungen mitbestellt und nun insgesamt 16 750 Euro für die neue Küche ausgibt. Dank elterlichen Zuschusses. Ein weiterer Gast bestellt 14 Tage später eine Küche und eine Schlafzimmereinrichtung.

»Beim Essen steigt der Appetit. Wenn alles passt und man sich wohl fühlt, wird auch die Lust nach mehr geweckt«, erzählte mir der Inhaber. Ich hatte von ihm den Auftrag erhalten, ihn und seine Mitarbeiter verkaufspsychologisch zu beraten. »Das meine ich natürlich nicht nur auf das Essen, sondern vor allem auf den Verkauf unserer Küchen bezogen. Denn ich verkaufe deutlich mehr, seitdem ich potenzielle Neukunden bekoche. Dieses Programm habe ich vor einem Jahr eingeführt. Auch der Auftragswert ist im Regelfall deutlich höher als vorher. Und die übliche Rabattfeilscherei konnte dadurch auf ein erträgliches Minimum reduziert werden.« Anschließend zeigte er mir seinen Terminkalender: »Ich bin für die kommenden zwei Monate bereits völlig ausgebucht und muss immer wieder Zusatztermine einschieben. So wie heute.« Und augenzwinkernd fügte er hinzu: »Immer mehr Kunden empfehlen mich anscheinend nur wegen des Abendessens weiter. Obwohl ich kein Sternekoch bin.«

Die Emotionen eines Firmenchefs

An einem meiner Seminare nahmen vorwiegend Verkäufer teil, die Firmenkunden betreuen – so genannte Key Accounts. Die Frage, welche Rolle Emotionen bei der Kaufentscheidung spielen, wurde sehr kontrovers diskutiert. Einige waren der Auffassung, sie würden überhaupt keine Bedeutung mehr haben. Es zähle in den meisten Fällen ohnehin nur noch der Preis. Andere wiederum betonten, für wie wichtig sie diese für einen guten Geschäftsabschluss halten. Sie bedauerten, dass Gefühle in den Kundengesprächen aus Zeitmangel oft viel zu kurz kämen. »Bringt doch nichts!«, konterte ein Teilnehmer von der Gegenfraktion. »Ich konzentriere mich lieber auf die Fakten. Mitbewerbsanalyse, Absatzzahlen und strategische Potenziale des Kunden.«

Nach dieser ziemlich lebhaften Diskussion arbeiteten die Teilnehmer in drei Gruppen weiter. Pro Gruppe sollten ein Beispiel für den größten Verkaufserfolg innerhalb der letzten sechs Monate ausgewählt und die Gründe, die dazu geführt hatten, kurz analysiert werden. Die Ergebnisse wurden stichwortartig auf einer Flipchartseite festgehalten, anschließend im Plenum diskutiert und später in einem Protokoll dokumentiert.

Eines der Gruppenergebnisse ist besonders bemerkenswert. Es unterstreicht, welch wichtige Rolle die Emotionen bei der Kaufentscheidung spielen. Es stammt von einem Unternehmer, dessen Betrieb CNC-gesteuerte Spritzgussmaschinen herstellt. Ein mittelständisches Unternehmen, welches in der Branche den Ruf »hart, aber fair« besitzt, hatte bei ihm vor drei Monaten ein Angebot eingeholt. Den weiteren Verlauf dieses Kontaktes kommentierte er folgendermaßen:

»Das Erstgespräch mit dem Produktionsleiter, einem kühl wirkenden Diplomingenieur für Maschinenbau, war von einer betont sachlichen Atmosphäre geprägt. Wir unterhielten uns ausführlich über die Angebotsspezifizierung, als plötzlich die Tür aufging und der Inhaber dazukam. Ein ›Machertyp‹, der mich fast drohend aufforderte, nur dann anzubieten, wenn wir uns bewusst wären, wie knallhart das Geschäft geworden sei. Er betonte, dass sich an ihm niemand eine goldene Nase verdienen könne. Ich dachte: ›An die beiden kommst du irgendwie nicht ran.‹ Allerdings ist die Welt, in der wir uns bewegen, generell sehr nüchtern. Das liegt wohl auch an unseren Produkten. Im Unterschied etwa zu Autos sind sie nicht besonders sexy. Umso mehr war ich vom weiteren Verlauf überrascht.

Beim Zweitgespräch mit dem Produktionschef war der Inhaber wieder mit dabei und freundlicher als beim letzten Mal. Deshalb packte ich den Stier bei den Hörnern und sagte zu ihm: ›Sie wirken gut gelaunt, wenn ich das so sagen darf. So, als ob Sie wüssten, dass ich ein gutes Angebot für Sie in der Tasche habe. Eine goldene Nase verdienen wir uns damit sicherlich nicht. Aber wer kann das in Zeiten wie diesen schon?‹ Damit war das Eis gebrochen.

Ich fragte ihn, warum er diese Erweiterungsinvestition tätigen wolle, wo doch die Branche besonders schwierig ist. Und ich wollte wissen, welche persönlichen Ziele er damit als Unternehmer verfolge. Als sein Produktionsleiter einwandte: ›Bleiben wir bei der Sache; zeigen Sie uns doch zunächst Ihr Angebot!‹, meinte der Inhaber: ›Nein, das machen wir später. Er muss doch wissen, welche Pläne wir verfolgen und worum es mir bei dieser Investition geht. Die wenigsten Key Accounts erkundigen sich danach. Sie denken nur daran, wie sie einen Auftrag möglichst schnell an Land ziehen können.‹

Anschließend schilderte er mir seine Expansionspläne. Wie sehr es ihm am Herzen liege, den Produktionsstandort wegen der Kosten nicht ins Ausland verlagern zu müssen. Er erzählte mir, wie er durch permanente Innovation die Konkurrenz vor sich hertreibe. Ich spürte, welches große Vergnügen die Vorstellung in ihm auslöste, mit dieser Investition seinem Ziel näher zu kommen: Nummer eins in einer Marktnische zu werden, die von Spezialanbietern hart umkämpft ist.

Er schloss seine Schilderungen mit dem Hinweis, dass sein Produktionsleiter einen ganz wesentlichen Anteil am Gesamterfolg trage: ›Ohne ihn stünden wir nicht da, wo wir stehen.‹ Und er fügte hinzu: ›Ich hoffe, dass ich Ihnen deutlich machen konnte, was meine persönlichen Anliegen sind, die ich mit dieser Investition verbinde.‹

Ich war, offen gesagt, sehr beeindruckt von der Dynamik und Zuversicht dieses Mannes und teilte ihm das auch mit, ohne ihm damit schmeicheln zu wollen. Schließlich verabschiedete er sich von mir und beantwortete damit gleichzeitig meine Frage nach seiner Entscheidungsfindung: ›Ich lasse mich bei Entscheidungen von meinem positiven Grundgefühl leiten. Der Finanzleiter muss dann rechnen, ob wir uns diese auch leisten können. In der nächsten Runde sprechen Sie daher mit ihm.‹

Das dritte Gespräch führte ich, wie angekündigt, mit dem Finanzleiter. Der Produktionschef war auch dabei. Wir erhielten schließlich den Zuschlag. Als wir uns geeinigt hatten, fragte ich, was ausschlaggebend gewesen war, um den Zuschlag zu erhalten. Dieses Feedback ist mir wichtig, weil ich so erfahre, wie meine Vorgehensweise von anderen empfunden wird. Was ich daran zukünftig ausbauen und verstärken kann. Oder aber was sich daran verbessern lässt, wenn ich einen Auftrag verliere und es nicht nur am Preis gelegen hat.

Der Finanzleiter antwortete mir: ›Ich glaube, dass Sie von allen Anbietern am besten verstanden haben, was unseren Inhaber innerlich bewegt. Worum es ihm persönlich bei dieser Investition geht. Zumindest ist das seine Meinung. Deshalb hat er mich auch gebeten, mit Ihnen in die Endrunde zu gehen. Weitere Gespräche mit anderen Anbietern seien nur dann zu führen, wenn keine Einigung bei den Konditionen erfolgt. Da Sie mit Ihren Mitbewerbern preislich ziemlich gleich lagen, war das wohl ausschlaggebend.‹«

Wie rational entscheiden wir eigentlich?

Im Oktober 2005 konnte ein mit Brillanten besetzter Büstenhalter der amerikanischen Popsängerin Britney Spears im Internet ersteigert werden. Das Gebot stand zuletzt bei 39 000 Euro. Nur ein Beispiel dafür, wie viel ein solches Fetischobjekt »verrückten« Fans wert sein kann? Keinesfalls. Kaufentscheidungen sind selten rein rational begründet. Das gilt nicht nur für diese kuriose Auktion.

Jede Auktion ist ein Schauplatz der Gefühle. Hier lässt sich gut beobachten, wie Bietgefechte ausgetragen werden, bei denen die Emotionen nicht nur die Kaufentscheidung steuern. Sie treiben auch den Preis in die Höhe. Dabei zeigt sich, wie Menschen den Wert eines Gegenstandes emotional überbewerten, wenn sie sehen, dass andere diesen ebenfalls besitzen wollen. Unabhängig davon, ob es sich um einen Van Gogh für 20 Millionen Euro oder um ein Comicheft aus den fünfziger Jahren für 20 Euro handelt. Oder eben um einen BH von Britney Spears. Mit Logik und Vernunft lassen sich gerade hier Kaufentscheidungen selten begründen. Viel öfter mit den subjektiven Gefühlen des Käufers, die er mit dem Kauf verbindet. Sie wirken direkt auf die Entscheidung ein, wie hoch er bietet. Bei jeder Auktion erhält man einen guten Einblick in die menschliche Natur beim Kauf. Es zeigt sich hier überaus deutlich, wie sehr Emotionen die Kauf- und Preisentscheidung beeinflussen und welch wichtige Rolle sie dabei spielen.

Vielleicht wenden Sie ein, dass bei Auktionen Menschen eben anders ticken als sonst, wenn sie Kaufentscheidungen treffen. Möglicherweise zweifeln Sie daran, dass diese oft mehr vom Gefühl geleitet sind, als dass sie mit der Vernunft begründet werden können. Da Kunden oftmals wenig Emotionen zeigen, könnte man meinen, dass Gefühle beim Kauf keine besondere Rolle spielen. Sollten Sie einen solchen Eindruck haben, so bedenken Sie bitte, dass viele Menschen mit dem Ausdruck ihrer Gefühle und Empfindungen zurückhaltend sind. Beispielsweise weil sie nicht zeigen möchten, wie sehr sie sich auf den Kauf freuen, damit sie im Preisgespräch die Trumpfkarte ausspielen können: »So wichtig ist mir das auch wieder nicht!« Oder weil jemand aufgrund seiner Persönlichkeit generell sehr sparsam im Zeigen von Gefühlen ist.

Viele Menschen verbergen ihre Gefühle hinter einer distanziert wirkenden Sachlichkeit, die gewissermaßen zum guten Ton im geschäftlichen Umgang zählt. Dennoch sind hinter dieser äußeren Sachlichkeit stets Emotionen verborgen. Gemeinsam mit den antreibenden Bedürfnissen bestimmen sie das Kaufverhalten in maßgeblicher Weise.

Das gilt auch für die Finanzwelt, die ich hier näher beleuchte. Denn sie gilt allgemein als kühl, nüchtern und überaus sachlich. Emotionen, so könnte man denken, haben gerade hier keinen Platz, wenn es um Kaufentscheidungen geht. Werfen wir dazu einen Blick in den Handelsraum einer großen europäischen Bank. Dort hielt ich mich vor einigen Monaten auf, um ausgewählte Sales-Mitarbeiter vor und nach Kundenkontakten zu coachen.

Emotionen in der kühlen Finanzwelt

> »Geld ist ein verdammt emotionaler Stoff.«[7]
>
> *Hilmar Kopper,*
> ehemaliger Vorstandschef der Deutschen Bank

Die Szenerie: Ich stehe in einem Großraumbüro, in dem rund 200 Spezialisten beschäftigt sind. Hier wird völlig papierlos gearbeitet. Der »Verwaltungskram« wird in den Backoffices von weiteren 500 Mitarbeitern abgewickelt. Jeder Sales-Spezialist hat drei große Bildschirme auf seinem Schreibtisch und telefoniert mit Headset, Handy und per Standleitung. Oft gleichzeitig. Ich frage, was die circa 10 Zentimeter großen Ziffern bedeuten, die man auf verschiedenen Monitoren sieht. Sie sind sechsstellig, und die letzte Ziffer bewegt sich langsam vor oder zurück. »Das sind die Währungskurse«, werde ich aufgeklärt. »Aber nur die Stellen hinter dem Komma. Ab dem Kauf von einer Million Dollar würde Sie das interessieren. Aber niemand weiß, in welche Richtung sich die großen dicken Ziffern am Bildschirm bewegen werden.«

Wir befinden uns im Herzen der Bank. Dort wird das meiste Geld umgesetzt und verdient. Über die Bildschirme tickern im Sekundentakt die Daten herein, die für Finanzentscheidungen relevant sind – oder sein könnten. Per Mausklick werden innerhalb von wenigen Minuten bis zu 100 Millionen Euro bewegt. Manchmal auch mehr. Allein die Beträge, die pro Tag bei Devisentermingeschäften umgesetzt werden, addieren sich auf 2 Milliarden Euro. Weltweit übersteigen diese Geschäfte pro Tag den Wert des deutschen Bruttoinlandsprodukts. 99 Prozent davon sind reine Spekulationsgeschäfte auf Optionsbasis. Eine kurzfristige Option wird maximal 10 Minuten gehalten. Meist aber nur 1 oder 2 Minuten. Manchmal auch nur 10 Sekunden. Dann wird sie wieder verkauft. Das bedeutet Stress pur für die Händler, die diese Geschäfte, Trades genannt, abwickeln. »Die hohe Belastung, wie lange hält man sie aus?«, will ich wissen. »Maximal zehn Jahre«, lautet die Antwort. Was bewegt diese unzähligen Milliarden, die täglich virtuell um die Welt zirkulieren? Die Ratio? Das Gefühl? Vielleicht beides? Falls ja, in welchem Verhältnis?

Für ausführliche Analysen bleibt den Händlern wenig Zeit, dafür sind die Analysten zuständig. Einer zeigt mir die Prognosen der fünf größten Banken der Welt aus den letzten drei Jahren: »Nur eine hat den Euro-Dollar-Kurs richtig prognostiziert. Alle anderen haben sich geirrt«, kommentiert er die Charts auf seinem Monitor. Und er fügt lachend hinzu: »Analysten gelten oft als Wahrsager. Aber das sind wir natürlich nicht.« Die Händler entscheiden aufgrund ihrer langjährigen Erfahrung, der vorliegenden Analysedaten und vielfach aufgrund ihres Bauchgefühls, des Indikators für ein gutes oder ein schlechtes Geschäft. Die Emotion bestimmt hier erheblich mit, wie die Analysedaten zu interpretieren sind und ob beziehungsweise wann der Finger auf die Kauf- oder Verkaufstaste drückt.

Ähnliches gilt für die Börse, an der Broker mit den Stakkatorufen »Her zu mir!« – »Weg von mir!« blitzschnell getroffene Entscheidungen umsetzen. Mit diesen drei Worten handeln sie das Produkt Geld in seinen unterschiedlichsten Formen für ihre Auftraggeber. Auch hier zeigt sich, dass Gefühle bei der Entscheidung »Kauf oder Nichtkauf« eine sehr bedeutende Rolle spielen. Sie bestimmen letztlich das Schicksal der Kurse und damit nicht selten über Sein oder Nichtsein eines Unternehmens. Hinter jeder Entscheidung ihrer Auftraggeber verbirgt sich die Hoffnung auf steigende Kurse oder die Angst, dass sie fallen könnten. Wie entschieden wird, hängt letztlich davon ab, welches der beiden Gefühle überwiegt. Denn über Wahrsagefähigkeiten verfügt auch hier niemand. Natürlich gründen diese Gefühle bei den Finanzprofis auf fundierten Analysen. Wie sehr diese aber auch danebenliegen können, zeigt das Beispiel des Milliardärs und internationalen Investmentgurus Warren Buffet. Mit Devisenterminkontrakten hat sein Unternehmen 2005 rund 900 Millionen Dollar in den Sand gesetzt.

Bezeichnenderweise sprechen die Finanzprofis in den einschlägigen Berichterstattungen aus der Welt der Wertpapiere von der aktuellen Börsenstimmung, nicht von der Börsenvernunft. Die Stimmung an der Börse sorgt für gute und wird für schlechte Umsätze verantwortlich gemacht. Sie treibt den Index der wichtigsten deutschen Papiere – den DAX – nach oben. Oder sie zieht ihn nach unten. Finanzprofis sind es gewöhnt, sehr rational zu denken. Doch sind auch deren Entscheidungen und Empfehlungen so rational, wie es von außen gesehen den Anschein hat? Suggeriert wird dies zumindest, wenn mit Kennziffern, Finanzdaten und Indizes der Kauf oder Verkauf eines Wertpapiers empfohlen oder davon abgeraten wird. Worauf gründen sich diese Empfehlungen oder Warnungen?

Wären es vor allem die logisch nachvollziehbaren Fakten, wie etwa veröffentlichte Gewinnzahlen oder Fusionspläne eines Unternehmens, dann stellt sich die Frage: Weshalb kaufen die einen bestimmte Aktien, während die anderen dieselben verkaufen? Beide Seiten verfügen über einen ähnlichen Informationsstand. Meist sogar über den gleichen. Also kann es nicht allein an der rationalen Bewertung der Fakten liegen, wie entschieden wird, wenn man von der Mitnahme von Kursgewinnen absieht.

Wie sieht der psychologische Vorgang aus, wenn solche Kauf- oder Verkaufentscheidungen getroffen werden? Wären alle maßgeblichen Einflussgrößen für eine objektiv richtige Entscheidung bekannt, wäre es einfach. Das sind sie aber nicht. Denn wer kann wissen, um ein Beispiel zu nennen, wie die wirtschaftliche Entwicklung einer Branche verlaufen und welche Konsequenzen das im Einzelnen haben wird?

Da also niemals alle relevanten Einflussfaktoren bekannt sind, um sich objektiv richtig entscheiden zu können, werden die verfügbaren Daten emotional gescannt. Ziel dabei ist, die Gesamtsituation besser einschätzen zu können und Unsicherheit zu reduzieren.

Das Ergebnis dieses emotionalen Scanning-Vorgangs ist ein gutes oder ein schlechtes Gefühl. Es gibt den Ausschlag dafür, wie entschieden wird. Und je höher der Unsicherheitsfaktor und die Unwägbarkeiten bei einer Entscheidung sind, umso stärker verlassen sich Menschen auf ihr Gefühl. Sowohl in der Bewertung der Gesamtsituation als auch bei der Einschätzung der Konsequenzen einer Entscheidung.

Bei vielen Kauf- und Investitionsentscheidungen ist dieser psychologische Vorgang ähnlich wie an der Börse. Vor allem, wenn man die Wahl zwischen verschiedenen Möglichkeiten hat und nicht eindeutig verifizierbar ist, welche objektiv gesehen die beste für einen ist. Das ist immer dann der Fall, wenn die Alternativen ähnlich oder gleichwertig sind. In solchen Fällen hören Menschen besonders gut auf ihr Gefühl, bevor sie entscheiden. Um nicht wie Buridans Esel in dem bekannten Gleichnis zu enden, der zwischen zwei gleich großen und gleich weit entfernten Heuhaufen verhungerte. Denn er konnte sich für keinen der beiden entscheiden.

Wettstreit von Gefühl und Verstand – was tun?

Die objektiven Fakten sind bei jeder Kaufentscheidung das Ausgangsmaterial und die festen Anhaltspunkte zur ersten Orientierung. Daraus werden allerdings die unterschiedlichsten Schlussfolgerungen gezogen, die, wie gesagt, von der gefühlsmäßigen Bewertung der jeweiligen Faktenlage abhängig sind. Damit wird unbewusst eine Vorentscheidung getroffen, die sich in Form eines guten oder schlechten Gefühls äußert. Oder eines diffusen, wenn die Bewertung noch nicht abgeschlossen ist.

Die Vernunft kann ihr Veto bei einer Kaufentscheidung am ehesten dann durchsetzen, wenn offensichtlich ist, dass sich das Gefühl irrt in der Gesamtbewertung der Eindrücke und der Konsequenzen, die daraus abzuleiten sind. Auch bei langfristig geplanten Entscheidungen hat die Ratio ein größeres Mitspracherecht als bei Kaufentscheidungen, die kurz- und mittelfristig getroffen werden.

Vielleicht kennen Sie die folgende Situation: Das Gespräch mit dem Kunden verläuft sehr gut. Das richtige Produktangebot ist vorhanden. Seine Stimmung ist bestens. Doch plötzlich verabschiedet er sich, noch bevor der Preis angesprochen wurde: »Vielen Dank für die gute Beratung. Ich überlege es mir und melde mich wieder bei Ihnen.« Trotz dieser Zusage hören Sie aber nie wieder von ihm. Worin könnte der Grund für dieses Verhalten liegen, sieht man vom Beratungsdiebstahl einmal ab?

Der psychologische Hintergrund solcher Situationen ist vielfach der, dass beim Kunden eine kognitive Dissonanz entstanden ist. Durch sie wurde seine innerlich bereits getroffene Kaufentscheidung ins Wanken gebracht. Er überdenkt sie noch einmal und kauft dann möglicherweise woanders. Wie muss man sich das konkret vorstellen? Was genau ist eine kognitive Dissonanz, die üblicherweise erst nach dem Kauf auftritt und zur Kaufreue führt? Kann sie auch schon davor auftreten?

Vor jeder Kaufentscheidung werden, sofern der Kauf über den alltäglichen Rahmen hinausgeht, Informationen gesammelt und Angebote eingeholt. Damit soll sie gut abgesichert werden, um Fehlentscheidungen nach Möglichkeit zu vermeiden. Das ist der eine Punkt. Der andere ist der, dass der Kauf auch eine logische Rechtfertigung braucht. Und zwar vor sich selbst. Daher wird nach guten Gründen gesucht, die die Geldausgabe rechtfertigen. Wurden sie gefunden, stehen Gefühl und Verstand miteinander im Einklang. Dem Kauf steht nichts mehr im Weg.

Doch was passiert, wenn unerwartet gegenteilige Informationen auftauchen, die diesen guten Gründen widersprechen? Oder verunsichernde Gedanken? Beides wird abgewehrt und ausgeblendet, Bedenken werden damit zerstreut. So soll verhindert werden, dass eine getroffene Entscheidung destabilisiert und nicht umgesetzt wird. Falls sie bereits realisiert wurde und die innere Abwehr der irritierenden Überlegungen misslingt, können massive Zweifel entstehen, ob sie richtig war.

In solchen Fällen entsteht eine kognitive Dissonanz: misstönende Kommentare des Verstandes zu einer Entscheidung. Abbildung 5 veranschaulicht die zwei Möglichkeiten, die es dabei gibt.

Möglichkeit a) Man wird auf einer kognitiven Ebene unstimmig: Ist die bereits getroffene, aber noch nicht umgesetzte Entscheidung richtig oder falsch? Es entsteht ein unangenehmes Gefühl, und der Kauf wird in den meisten Fällen aufgeschoben, manchmal auch revidiert. Oder überhaupt verworfen, wenn die aufgetretenen Bedenken und die durch sie entstandene Unsicherheit zu groß sind.

Möglichkeit b) Es wurde bereits gekauft, und die kognitive Dissonanz verursacht die Kaufreue. Beispielsweise wenn man erfährt: Ein anderes Produkt hätte den Bedürfnissen besser entsprochen, wäre also geeigneter für einen gewesen. Oder: Das Produkt ist woanders zu günstigeren Konditionen erhältlich. Die Dissonanz äußert sich dann in Gedanken wie: »Hätte ich das doch lieber nicht gekauft!«, »Warum habe ich nicht woanders gekauft!«

Eine kognitive Dissonanz führt stets zu einem unangenehmen Gefühl. Wie wird es aufgehoben? Falls noch nicht gekauft wurde, wird weiter nach plausiblen Gründen gesucht, die eindeutig dafür sprechen, doch zu kaufen. Erst nachdem sie gefunden wurden, löst sich die entstandene Dissonanz auf. Verstand und Gefühl sind wieder im Einklang. Wurde bereits gekauft, so führt die Kaufreue zu einem Storno oder zum Vertragsrücktritt. Sofern diese Möglichkeit besteht. Falls nicht, wird der Kunde den Verkäufer emotional negativ bewerten und vermutlich androhen, nie wieder bei ihm zu kaufen.

Abbildung 5: Kaufentscheidung und kognitive Dissonanz

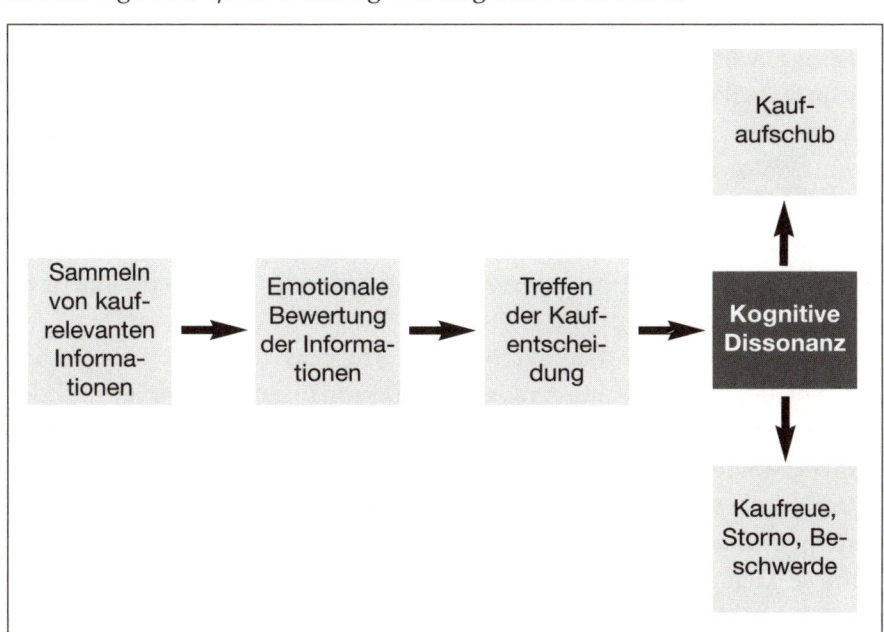

Das Finden guter Gründe für einen Kauf bedeutet auf einer verstandeslogischen Ebene also eine Rechtfertigung vor sich selbst. Warum es gut und richtig ist, Geld für das auszugeben, was man haben möchte. Sie führen zu einem guten Gefühl und verstärken die bereits vorhandenen Kaufgefühle. Trotzdem kommt es immer wieder vor, dass der Verstand bei einer bereits getroffenen Entscheidung dazwischenfunkt und gegen sie opponiert. Und zwar mit den unterschiedlichsten Argumenten, die kurz vor dem Kauf dagegensprechen, davor warnen sollen. Beispielsweise: »Was wird wohl deine Frau dazu sagen? Sprich lieber noch einmal mit ihr.« »Lies einen objektiven Testbericht über das Produkt, bevor du kaufst. ›Sicher ist sicher‹, meinte auch der Nachbar, der sich besser auskennt als du.« »Es gibt woanders vielleicht doch noch etwas, das besser für deine Zwecke passt. Sei nicht zu voreilig, denn wer weiß.« Dissonanzen dieser Art führen vor einem Kauf dazu, dass der Kunde die Entscheidung kurzfristig aufschiebt. Entweder weil im Verkaufsgespräch plötzlich Zweifel bei ihm aufgetaucht sind oder weil bestehende nicht erkannt und daher auch nicht ausgeräumt wurden.

Wann entstehen Verunsicherungen nach dem Kauf? Immer dann, wenn die positiven Aspekte einer nicht gewählten Alternative gegenüber den negativen Gesichtspunkten einer getroffenen Wahl überwiegen. Folgendes Beispiel macht diesen abstrakten Sachverhalt anschaulich: Jemand schließt eine private Finanzvorsorge ab und erfährt anschließend von deren angeblichen Haken. Etwa durch einen Bericht in einer Wirtschaftszeitschrift. Weiterhin erfährt er, dass es bessere Alternativen gäbe vorzusorgen. Nur hat er diese nicht gewählt! Nun gibt es zwei Möglichkeiten: Entweder er beruhigt sich selbst, indem er diesen Bericht bezweifelt. Damit erscheint die getroffene Entscheidung vor ihm selbst als richtig. Oder die Verunsicherung ist zu groß, und Kaufreue tritt ein.

Ihr Eintritt und der damit verbundene Ärger lassen sich verhindern, indem vor dem Kaufabschluss mögliche Dissonanzen vorgebeugt und der Kunde gegen sie immunisiert wird. Nicht nur durch die Argumente des Verkäufers, sondern vor allem durch seine eigenen. Durch sie wird die Kaufentscheidung wasserdicht gemacht. Denn der Kunde wird sich nicht selbst hinterher widerlegen. Da er die Gründe nicht von sich aus nennen wird, sollte er dazu aufgefordert werden. Etwa so: »Gehen wir gemeinsam kurz noch einmal die wichtigsten Punkte durch, die aus Ihrer Sicht für den Kauf sprechen. Nur um sicherzustellen, dass wir nichts übersehen haben. Und damit Sie eine gute Entscheidung treffen können.«

Dazu hätte der Verkäufer den Kunden gegen Verunsicherungen nach dem Kaufabschluss zusätzlich immunisieren können. Und zwar durch folgenden Hinweis, falls das seine allgemeine Erfahrung ist: »Es gibt immer wieder Berichte, die solche Vorsorgeleistungen kritisch beleuchten. Im Detail sind sie aber nicht richtig gerechnet. Wenn Sie so etwas lesen, lassen Sie sich nicht beunruhigen. Oder rufen Sie mich an. Dann erkläre ich Ihnen gerne, wo der Haken im Bericht ist. Falls es sich um eine Vorsorgeleistung von uns handeln sollte, was ich aber ausschließen möchte.«

Bei verunsicherten Kunden lässt sich in vielen Fällen vermeiden, dass sie das Gespräch beenden, ohne zu kaufen, wenn man auf ihre Verunsicherung eingeht und sie nicht einfach übergeht. Denn spürbar ist sie in jedem Fall. Auch wenn es vielen Menschen unangenehm ist, von sich aus zu sagen: »Ich bin unsicher und weiß nicht genau, wie ich mich jetzt entscheiden soll.« Lieber brechen sie in solchen Fällen das Gespräch ab, ohne zu kaufen.

Sprechen Sie solche Unsicherheiten an. Warten Sie nicht, bis es der Kunde tut. Ihre Antworten könnten dann als Umstimmungsversuch interpretiert werden. Wenn Sie dem zuvorkommen, wird das kaum der Fall sein. Denn damit ist für ihn erkennbar, dass Sie ihm seine Entscheidung erleichtern und ihn nicht zum Kauf überreden wollen. Was ganz wesentlich ist, um Dissonanzen auflösen zu können. Daher ist es wichtig, über die Unsicherheiten zu sprechen, die während des Verkaufsgesprächs oder einer Produktpräsentation auftreten. Oder die bereits vorher bestanden haben, aber nicht direkt geäußert werden. Denn sie könnten die Kaufentscheidung torpedieren, und der Kunde wird nicht kaufen. Falls doch, ist die Gefahr groß, dass sein Entschluss zur Kaufreue führt.

Mancher Verkäufer denkt in einer solchen Situation: Ich spreche die Verunsicherung beim Kunden lieber nicht an. Denn ich könnte damit schlafende Hunde wecken, und er wird noch unsicherer. Solche Befürchtungen sind völlig unbegründet. Kein Kunde wird in seiner Entscheidung weiter verunsichert, wenn man auf seine Bedenken in geeigneter Weise eingeht. Ganz im Gegenteil. Es wirkt zusätzlich verunsichernd, wenn sie ignoriert werden, obwohl sie für den Verkäufer erkennbar sein müssten. Gleiches gilt für Produktlobpreisungen und Verkaufspsalmen, die heruntergebetet werden, um Kaufbedenken pauschal zu beschwichtigen. Statt die klärende Frage zu stellen: »Was macht Sie unsicher?«

Arbeiten Sie daher im Gespräch mit dem Kunden die Punkte heraus, die im Folgenden als Leitfaden angeführt sind. Dann, wenn es die Situation erforderlich macht. Insbesondere wenn Sie den Eindruck haben, dass die Kaufentscheidung noch nicht endgültig gereift ist. Der Kunde noch zögert und sich nicht festlegen möchte. So gewinnen Sie wertvolle Informationen, wodurch sich seine Entscheidungsunsicherheit reduzieren lässt. Heben Sie auf diese Weise Unsicherheiten und Dissonanzen auf. Und vermeiden Sie dadurch eine eventuell eintretende Kaufreue. Geben Sie so dem Kunden das sichere Gefühl, eine gute Entscheidung zu treffen, wenn er bei Ihnen kauft.

Sicher entscheiden

- Welche Gründe sprechen aus der Sicht des Kunden für den Kauf? Wie begründet er diesen für sich? Was spricht von Ihrer Seite dafür? Beziehen Sie Ihren Standpunkt immer auf sein Hauptmotiv für den Kauf. Gehen Sie die Vorteile, welche sich für ihn ergeben, wenn er kauft, sorgfältig mit ihm durch.
- Welche Alternativen hat er bereits erwogen? Welche kamen in die engste Wahl? Weshalb wurden andere wieder ausgeschieden? Worin bestehen die Ausschlusskriterien für den Kunden? Gibt es zusätzliche Alternativen, die er noch erwägen will? Welche sind das?
- Worin bestehen die Unsicherheitsfaktoren beim Kauf konkret? Wie können sie reduziert oder gänzlich ausgeräumt werden? Was befürchtet der Kunde – was ist der Auslöser der Dissonanz vor dem Kauf? Worin sieht er sein »Restrisiko«? Wie lässt sich dieses vermeiden?
- Trifft er die Entscheidung allein? Oder entscheidet noch jemand mit, der beim Kauf nicht anwesend ist? Liegt darin vielleicht der Unsicherheitsfaktor für den Kunden? Dieser Punkt ist vor allem im Geschäftskundenbereich besonders wichtig. Gerade dort sollte man so rasch wie möglich herausfinden, wer in die Entscheidung eingebunden werden muss, um nicht bei sonst eventuell übergangenen Dritten Kaufwiderstände hervorzurufen.
- Was bedeutet für den Kunden eine sichere Entscheidung? Eine, bei der er ein gutes Gefühl hat. Wie kann sie ihm erleichtert werden? Wodurch wird sie für ihn subjektiv sicherer?

Teil 3
Die geheimen Spielregeln im Verkauf anwenden

»Das Unglück der Menschen ist eben,
dass sie den Weg, den eigenen, nicht gehen wollen…
Sie streben zu etwas anderem, als sie selbst sind.
Es ist ja jeder eine große Persönlichkeit…«

Thomas Bernhard

In dem Theaterstück *Tod eines Handlungsreisenden* charakterisiert Arthur Miller auf subtile Weise das Bild von Salesman Willy Loman aus New York. Loman ist ein tragischer Optimist, glänzend dargestellt von Dustin Hoffman in dem gleichnamigen Film. Der sich – natürlich ohne dass ihm das bewusst wäre – voll und ganz einer farblosen Durchschnittlichkeit verschrieben hat. Mit 63 ist sein Traum, nur mit einem gewinnenden Lächeln Anerkennung und Erfolg erreichen zu können, jäh ausgeträumt. Seine Verkaufsergebnisse liegen seit längerem unter den Zielen, und nach 36 Jahren wird der Meister des Durchschnitts gekündigt. Er resigniert und flüchtet sich in Tagträume.

Willy Loman, ein Mann, der seine Persönlichkeit hinter einem aufgesetzten Lächeln versteckt und der sich an seine Kunden wie ein Chamäleon anpasst. Er ist nicht nur eine erfundene Figur mit typisch amerikanischen Zügen. Nein, er lebt als Typus mitten unter uns. Wir begegnen ihm überall dort, wo Menschen ihre Individualität hinter einer Verhaltensmaske verbergen, als ob sie sich dafür schämten. Dort wo uns standardisierte Freundlichkeit und leere Floskeln angeboten werden statt eines persönlichen Kontakts. Die Erinnerung an diese grauen Mäuse des Verkaufsalltags verblasst in jenem Moment, in dem wir uns von ihnen verabschieden. Den Durchschnitt merkt man sich eben nicht.

Kapitel 6

Vom Durchschnitt abweichen

Die Gesichter der Durchschnittlichkeit

Immer wenn uns am Telefon eine gleichgültig wirkende Stimme mit der Standardphrase begrüßt: »Guten Tag. Firma X in Y. Mein Name ist YZ. Was darf ich für Sie tun?«, begegnet uns ein moderner Willy Loman. Wir denken, dass ein Anrufbeantworter zu uns spricht. Obwohl wir beispielsweise mit dem Verkaufsbüro einer großen Hotelkette verbunden sind. Wir sprechen mit einem Menschen, aber wir spüren so wenig davon. Denn die Lomanisierung nach amerikanischem Muster – das Corporate Behavior – schreibt vor: Alle Mitarbeiter mit direktem Kundenkontakt müssen im Verhalten genormt werden. Die Einheitlichkeit zählt.

Aber wie sieht das Ergebnis dieser Verhaltensnormierung denn aus? Alle sind gleich farblos und wirken auf die gleiche Weise unpersönlich. Stellt man eine Frage, so hat man den Eindruck, dass sie von einem Verhaltensautomaten registriert und beantwortet wird. Immer reflexartig und synthetisch lächeln, wenn man angesprochen wird! Durch die aufgesetzt wirkende Freundlichkeit niemals die Person durchschimmern lassen! Auch so kann man Kontaktmauern errichten. Was zählt, ist die einheitliche Linie, und da bleibt für die Persönlichkeit eben wenig Freiraum. Aber gerade diese sollte der Kunde spüren. Anderenfalls wird man seinen Zug nicht finden können.

Wie hätte die Flugzeugentführung, die in der Einleitung dieses Buches geschildert wurde, wohl geendet, wenn die Flugbegleiterin nicht als Mensch, sondern als anonyme Angestellte einer Airline reagiert hätte? Würde sie dann den Entführer nach seinem Zug gefragt haben? Eine solche Frage ist sehr persönlich. Das Corporate Behavior sieht so etwas nicht vor. Natürlich ist das eine ganz andere Situation als das Telefonat mit einer x-beliebigen Hotelkette. Aber das Prinzip bleibt das gleiche: Menschen gewinnt man nicht mit einer glatten Verhaltensfassade, sondern mit Persönlichkeit. Und den Zug des Kunden findet man nur dann, wenn man in ihr das beste Kontaktmedium zu anderen Menschen sieht. Angesichts der zunehmenden Individualisierung sind Kunden immer weniger bereit, ein unpersönliches Verhalten zu akzeptieren. Der Sinn von Corporate-Behavior-Programmen wird daher immer fragwürdiger.

Willy Loman hat im Verkauf viele Gesichter. Aber seine unverwechselbare Persönlichkeit, die natürlich auch er besitzt, spiegelt sich nicht darin. Einige Beispiele: Ein solcher Verkäufer fragt uns auf Messen oder wenn wir ein Geschäft betreten, ob er uns irgendwie helfen kann. Obwohl wir uns nicht hilfsbedürftig fühlen und denken: »Wozu wird uns diese Caritas-Frage gestellt?« Er erklärt uns, während wir vor dem Spiegel in einer Modeboutique stehen: »Dieser Anzug passt Ihnen fantastisch!« Dabei sehen wir, dass er mindestens eine Nummer zu groß ist. Und er antwortet auf unsere Fragen das Gleiche, was wir im Prospekt bereits gelesen haben.

Bei den modernen Zwillingsbrüdern von Willy Loman ist alles toll, hervorragend, super! Und selbstverständlich für unsere Zwecke genau das Richtige. Woher wissen das die Klone von Loman? Nach den Kaufbedürfnissen wurden wir nicht gefragt. Nur beiläufig hat man sich danach erkundigt. Trotzdem wissen sie auf alles eine Antwort. Auch auf Fragen, die wir gar nicht gestellt haben. Doch es ist die falsche.

Die Persönlichkeit zählt

Der Grundsatz, dass Menschen immer von Menschen kaufen, gilt für alle Bereiche, wo etwas verkauft wird. Unabhängig davon, um welche Produkte oder Dienstleistungen es sich handelt. Ob man Kleidung, Schmuck, Autos, Möbel, Maschinen oder Medikamente verkauft. Oder ob es Dienstleistungen und Ideen sind, die man als Unternehmensberater, Finanzdienstleister, Architekt oder Anwalt anbietet, macht dabei keinen Unterschied. Wenn es einen gibt, dann nur in der Art und Weise, wie etwas verkauft wird.

Alles ist vergleichbar geworden, und man hat die Möglichkeit zwischen zig Anbietern auszuwählen. Naturgemäß schrumpfen damit auch die Möglichkeiten, sich von anderen Anbietern gravierend zu unterscheiden. Eines der letzten Reservoire, aus deren Quelle Unterscheidbarkeit geschöpft werden kann, ist die Persönlichkeit der Menschen im Verkauf. Da die Individualisierung zu den ganz großen Trends gehört, wird sie zum immer wichtiger werdenden Unterscheidungsmerkmal.

Die Persönlichkeit zieht sich wie eine rote Linie durch das ganze Verhaltensspektrum eines Menschen. Sie »trieft natürlich nicht nur dem Kunden aus allen Poren«, wie es bei der Menschenkenntnis beschrieben wurde, sondern auch dem Verkäufer. Und sie drückt sich durch die Inhalte der Kommunikation sehr klar aus – rede, damit ich sehe! Selbst wenn eine Verhaltensfassade errichtet wird, verraten Mimik und Gestik, ob das Gesagte auch dem entspricht, was gedacht und wie gefühlt wird. Denn diese Begleitmusik jeder verbalen Kommunikation ist willentlich nicht steuerbar.

Wenn man weiß, was im Gespräch auf Kunden anziehend wirkt und was nicht, dann lässt sich das eine verstärken und das andere leichter vermeiden. Ohne dass man deshalb seine Persönlichkeit verändern müsste. Was im Übrigen auch gar nicht möglich wäre. Sie lässt sich jedoch entfalten, und ihre Potenziale können weiterentwickelt werden. Darin besteht der sicherste Weg, kein Willy Loman, kein Verkaufschamäleon zu werden.

Keiner will Durchschnitt sein

Wenn man einen Verkäufer fragt: »Sind Sie ein Durchschnittsmensch?«, würde er das vermutlich als Beleidigung empfinden. Gleiches gilt für die Frage: »Verhalten Sie sich wie ein Durchschnittsverkäufer?« Stellt man sie anders und erkundigt sich danach, ob seine Ergebnisse im Durchschnitt liegen, hört man häufig die Antwort: »Ich liege damit im Schnitt.«

Die Ursache für durchschnittliche Ergebnisse liegt darin, dass man sich wie der Durchschnitt verhält. Mit anderen Worten: doch ein Durchschnittsverkäufer ist. Obwohl das keiner von sich behaupten möchte. Und wer würde sich schon gerne eingestehen, ein Verhaltensklon von Salesman Willy Loman zu sein?

Der Hauptgrund, warum auf solche Fragen verstimmt reagiert wird, liegt darin, dass man sich von anderen klar unterscheiden möchte. Von daher erklärt sich auch der Wunsch vieler Menschen, sich durch Äußerlichkeiten von anderen abzuheben. Die beste Unterscheidungsmöglichkeit liegt jedoch in uns selbst. Mit unserer eigenen Persönlichkeit können wir unsere charakteristischen Verhaltensfingerabdrücke hinterlassen. Und durch unsere Individualität lässt sich allem, was wir tun, ein für uns typischer Stempel aufdrücken. Je besser die Persönlichkeit entwickelt ist, umso weniger braucht es äußerliche Dinge, um demonstrativ den Unterschied zu anderen hervorzuheben. Sie drücken den Wunsch aus, unbedingt anders zu sein als andere. Weil man kaum sieht, dass man es bereits ist.

Die besten Verkäufer sind Individualisten

Durch seine Persönlichkeit ist jeder von Natur aus unverwechselbar. Die Frage ist, ob auch der Mut vorhanden ist, diese zu leben und seine persönlichen Verhaltensfingerabdrücke zu hinterlassen. Statt mit selbst auferlegter Durchschnittlichkeit seine Spur im Gedächtnis der Kunden zu verwischen.

Als Verkäufer ist man bedeutend glaubwürdiger – und damit auch überzeugender –, wenn man seine Persönlichkeit zeigt. Und sie nicht hinter einer grauen Oberflächlichkeit versteckt, die nüchtern, kühl und sachlich wirkt. Wie kann man Kunden ein Gefühl für etwas vermitteln, wenn man seine Gefühle vor ihnen verbirgt?

Gute Verkäufer leben nach dieser Erkenntnis. Und die erfolgreichsten unter ihnen sagen es direkt: Meine Persönlichkeit ist das beste Verkaufsinstrument. Die besten sind immer ausgeprägte Individualisten, die sich in kein Schema pressen lassen. Manchmal ecken sie damit auch an. Aber das stört sie nicht sonderlich. Denn sie wissen, dass sie ihren eigenen Weg gehen müssen, wollen sie erfolgreicher sein als der Durchschnitt. Sie sind weder graue Mäuse noch bunte Vögel. Es sind Menschen mit einer ausgeprägten Persönlichkeit. Diese zeigen sie auch deutlich im Verhalten gegenüber dem Kunden: Sie gehen auf eine sehr individuelle Weise auf ihn und seine Wünsche ein. Denn sie wissen: Auch er ist eine unverwechselbare Persönlichkeit.

Gleiches wird nur von Gleichem erkannt

In vielen Beschreibungen herkömmlicher Verkäuferprofile fehlt der klare Fokus auf den so wichtigen Punkt »Persönlichkeit«. Oftmals sind sie unscharf und durch die Aufzählung zahlreicher Kompetenzen verwässert. Nur Wundermenschen könnten diese besitzen.

Damit zeigt sich sehr deutlich: Es gibt kein klares Bild, wodurch ein Verkäufer anspruchsvolle Ziele erreicht. Sein Individualismus ist dabei das wichtigste. Und das wichtigste Kapital – für ihn selbst und für das Unternehmen. Denn nur wer individuell denkt und handelt, kann die Kundenwünsche richtig erfassen. So, dass seine Angebote und Lösungen exakt dazu passen. Wie ein Schlüssel zum dazugehörigen Schloss. Zum Kaufschloss, welches damit durch eine kurze Drehung geöffnet werden kann.

Ein Grundsatz der Psychologie besagt: Gleiches kann nur von Gleichem erkannt werden. Das bedeutet, dass man das Individuelle beim anderen nur dann erkennt, wenn man selbst ein Individualist ist. Verkäufer, die ihre Individualität leben, haben die Einstellung: Je individueller der Kundenwunsch, desto besser! Denn hier können sie am besten zeigen, was sie drauf haben. Ein Durchschnittsverkäufer denkt anders: »Hoffentlich hat der Kunde keine Sonderwünsche. Das kostet mich nur Zeit. Wir haben ja genügend Auswahl bei den Standardangeboten.«

Aufgeklärte und herkömmliche Egoisten

Individualismus, so wie er hier verstanden wird, ist das Bekenntnis zur eigenen Persönlichkeit. Das Vertrauen in sich selbst und seine Fähigkeiten sowie in die Potenziale und Möglichkeiten, die damit verbunden sind. Mit Egoismus hat dies nichts zu tun. Denn im herkömmlichen Sinn egoistische Verkäufer stellen ihre eigenen Interessen vor die der Kunden. Für sie steht nur im Vordergrund, möglichst schnell einen Abschluss unter Dach und Fach zu bringen. Und weniger darauf zu achten, ob das, was sie verkaufen wollen, auch tatsächlich den Kundenbedürfnissen entspricht. Eine solche Vorgehensweise kann auf Dauer keinen Erfolg haben.

Natürlich ist vielen Verkäufern bewusst, dass pure Eigennützigkeit etwas ist, was Kunden leicht erkennen und nicht akzeptieren würden. Daher entscheiden sich etliche für einen angepassten Egoismus, einer Variante des herkömmlichen. Sie geben Kunden immer Recht und bestätigen sie in allem, was die Richtigkeit ihrer Kaufentscheidung anbelangt. Ihre Annahme: So schließe ich das Geschäft schneller ab.

Sie widersprechen dem Kunden auch dann nicht, wenn es für sie offensichtlich sein müsste, dass ein Standardprodukt seine Bedürfnisse nicht erfüllen kann. Jedenfalls nicht so, wie es von ihm erwartet oder angenommen wird. »Wir bieten Ihnen maßgeschneiderte Lösungen«, lautet ihr Lieblingssatz. Damit tarnen sie aber nur die Absicht, »Maßanzüge von der Stange« zu verkaufen. Auf diese Weise entstehen Fehlentscheidungen beim Kauf, die zu Auftragsstornos und verlorenen Kunden führen.

Der kurzfristig gesehene Vorteil eines raschen Abschlusses, bei welchem Kunden nach dem Munde geredet wird, verwandelt sich so in einen dauerhaften Misserfolg. Wer es anders sieht, mag sich durch die Empfehlung eines unbekannten Verkäufers bestätigt fühlen. Sie stammt allerdings aus einer Zeit, in der Kunden etwas anders tickten als heute, nämlich aus dem 16. Jahrhundert.

»Ist dir an aine Kundin was gelegen, so mache dich gesellig, sage, dass sie schönleibig sey und du Wohlgefallen an ihr findest, sie wird geblendet sain und du kannst auf vorteilhaften Verkauf sicher sain, auch wenn die Waiber hässlich und narbig saint, thue ihnen schön, es bringt Nutz.[8]«

Wer anderen nützt, nützt sich selbst am meisten

Was sind nun aufgeklärte Egoisten im Verkauf? Wodurch unterscheiden sich diese von den herkömmlichen und angepassten? Aufgeklärte Egoisten stellen, so paradox das zunächst klingt, ihre eigennützigen Verkaufsinteressen aus Eigennutz zurück. So wie es der römische Philosoph Seneca vor knapp 2 000 Jahren in unübertroffener Klarheit formulierte: »Wenn du anderen nützt, nützt du dir selbst am meisten.«

Für einen Verkäufer, der sich als aufgeklärter Egoist sieht, bedeutet das in erster Linie, im Gespräch mit dem Kunden die Welt vorübergehend mit dessen Bedürfnis-Augen zu sehen. Der Eigennutz daran: besser verstehen, was für ihn gut und richtig ist, und dadurch leichter verkaufen.

»Klar«, sagen viele, »das mache ich ohnehin.« Und meinen damit, dass sie einige Standardfragen nach dem Bedarf stellen und anschließend im vorschnellen Ich-weiß-schon-was-Sie-wollen-Verfahren die allgemeinen Produktvorteile aufzählen. Nickt der Kunde mit dem Kopf, wird darin bereits die Zustimmung zum Kauf gesehen. Also Auftragsblock zücken, Unterschrift drauf und ab zum nächsten Kunden. Das sind die angepassten Egoisten.

Aufgeklärte Egoisten im Verkauf wollen besser zuhören können. Um schneller und leichter herauszufinden, welches Angebot den Kunden überzeugen könnte. Eines, das genau passend für ihn ist. Und nicht nur ungefähr und irgendwie. Daher haben sie noch ein drittes Ohr, das intuitive, das zwischen den Worten hört und die unausgesprochenen Bedürfnisse wahrnimmt.

Hören alle drei Ohren das Gleiche, wird über die Vorteile des Produkts gesprochen und über die Alternativen, die es dazu möglicherweise gibt. Verhält es sich nicht so, sagen sie dem Kunden, dass sie den Eindruck haben, etwas anderes wäre besser für ihn. Besser als das, was er sich vorgestellt hatte. Sie begründen, warum sie so denken und schlagen vor, was aus ihrer Sicht seinen Bedürfnissen genau entsprechen würde.

Die aufgeklärten Egoisten im Verkauf sind keine angepassten Jasager. Keine unkritischen Kopfnicker oder selbstsüchtigen Zustimmungskünstler gegenüber ihren Kunden. Denn sie wissen nur allzu gut, dass sie dadurch nicht nur ihnen, sondern sich selbst am meisten schaden würden.

Nicht in die Gedächtnislücke des Kunden fallen

Das menschliche Gedächtnis arbeitet nach folgendem Prinzip: Alles, was untypisch und nicht alltäglich ist, also von der Norm abweicht, gräbt tiefe Spuren in den Langzeitspeicher. Alles, was bereits als bekannt und typisch wahrgenommen wird – etwa eine Situation oder ein bestimmtes Verhalten –, erhält weniger Aufmerksamkeit. Damit auch weniger Speicherplatz im Gedächtnis. Oder anders ausgedrückt: Alles, was von der Norm abweicht, wird emotional als bedeutsam bewertet und damit besser abgespeichert. Was als Norm gilt, ist bei jedem Menschen unterschiedlich. Abhängig unter anderem vom bisher Erlebten. Aber es gibt auch viele Gemeinsamkeiten in dem, was als Durchschnitt gilt und was davon abweicht.

So bleibt beispielsweise jemand, der 2,20 Meter groß oder 1,40 Meter klein ist, aufgrund dieser Normabweichung viel besser in Erinnerung als jemand mit 1,75 Meter. Gleiches gilt für die meisten äußeren Merkmale eines Menschen: besonders dick oder dünn. Sehr attraktiv oder hässlich. Auffallend kleine oder große Körperpartien. Wie zum Beispiel Hände, Lippen oder Nase. Dasselbe gilt für alle psychologischen Merkmale einer Person wie beispielsweise hochintelligent oder sehr dumm. Besonders freundlich oder sehr unhöflich. Arrogant oder einschmeichelnd-unterwürfig. Überaus redselig oder auffallend ruhig.

Der Hintergrund für diese Arbeitsweise des Gedächtnisspeichers ist ein entwicklungsgeschichtlicher, dem wir schon in Kapitel 5 bei der Wirkungsweise von Emotionen begegnet sind: Alles, was ungewohnt ist – also vom Durchschnitt des Erlebens abweicht –, wird als bedeutungsvoll für das Überleben eingestuft und besonders registriert. Sämtliche Dinge, die dafür unwichtig sind, werden emotional als neutral bewertet und ausgesiebt. Zumindest sind sie der bewussten Erinnerung nicht zugänglich, weil die hinterlassene Gedächtnisspur zu gering ist. Alles, was Durchschnitt ist, wird also schnell wieder vergessen.

Was bedeutet diese Erkenntnis über das menschliche Gedächtnis für den Verkauf? Die Antwort lässt sich in einem Satz zusammenfassen: Alles, was bei einem Erstkontakt als typisches Verhalten eines Verkäufers bewertet wird, fällt in die Gedächtnislücke des Kunden. Sie trägt die Aufschrift: »Keine besonderen Merkmale. Weder positiv noch negativ. Nicht erinnernswert. Kann vergessen werden.« Je unpersönlicher ein Verkäufer ist, umso größer wird die »Alzheimerisierung« seiner Person ausfallen.

Was blieb vom letzten Kauf in Erinnerung?

Denken Sie bitte an den letzten Kauf, den Sie getätigt haben. Wählen Sie ein Beispiel, bei dem es nicht um Güter des täglichen Bedarfs ging. Und nun erinnern Sie sich bitte an die Person, die Ihnen etwas verkauft hat. Welche gefühlsmäßige Erinnerung haben Sie an diese? Ist sie positiv, negativ oder neutral?

Wenn Ihre Erinnerung neutral ist, hat sich dieser Verkäufer Ihnen gegenüber vermutlich so verhalten, wie es durchschnittlich üblich ist. Die Details sind in Ihrem Gedächtnis verblasst, und der Verkäufer ist in dessen Lücke gefallen.

Erinnern Sie sich negativ an diese Situation, so hat diese Person nicht dem entsprochen, was man allgemein vom Umgang mit Kunden erwarten darf. Sie ist damit negativ vom Durchschnitt abgewichen. Auch das gräbt natürlich eine Spur ins Gedächtnis. Eine, die uns immer wieder warnt: Bloß kein zweites Mal!

Falls Sie sich positiv an den Verkäufer erinnern: Wodurch sind Ihre Eindrücke konkret entstanden? Wie könnten diese mit einigen Stichworten beschrieben werden? Ich darf vermuten, dass Ihre Eindrücke von diesem Menschen viel damit zu tun haben, dass der Kontakt von Ihnen als sehr persönlich empfunden wurde. Deshalb blieb er angenehm in Erinnerung, und deshalb können Sie sich an ihn auch gut erinnern.

Warum man aus der Rolle fallen muss

In der Sozialpsychologie wird mit dem Begriff »Rolle« folgendes bezeichnet: die Summe der Verhaltensweisen, die man von einem Menschen erwartet, der einer bestimmten (Berufs-)Gruppe angehört. Solche, die für diese als typisch angesehen werden. Von einer Führungskraft wird beispielsweise erwartet, dass sie Ziele definiert. Von einem Universitätsprofessor, dass er den Gegenstand seines Faches theoretisch erklären kann. Und von einem Priester, dass er tröstende Worte findet, wenn jemand aus seiner Gemeinde verstorben ist.

Diesen Erwartungen liegen allgemeine Rollenbilder zugrunde, die sich über diese Gruppen gebildet haben. Mit ihnen können klischeehafte Vorstellungen verbunden sein, die zum Stereotyp verfestigt sind. »Halbgötter in Weiß« ist ein solches für Ärzte. Weitere Rollenklischees sind beispielsweise, dass ein Universitätsprofessor gelehrt wirken muss, wenn er seinen Fachgegenstand erklärt. Oder dass der Trost eines Priesters immer mit Erklärungen über die göttliche Fügung verbunden ist.

Treten zwei Menschen erstmals miteinander in Kontakt, so antizipieren beide durch ihr Rollenbild – oder -klischee –, wie sich der andere aufgrund seiner Rolle verhalten wird. Entsprechend dem Bild von der jeweiligen Berufsgruppe, welches von der Erfahrung geprägt ist, treten wir dem anderen gegenüber: skeptisch, abweisend und desinteressiert auf der negativen Seite. Aufgeschlossen, interessiert und freundlich auf der positiven.

Was bedeutet das für den Verkauf? Insbesondere bei einem persönlichen oder telefonischen Erstkontakt? Zunächst einmal kann man nie wissen, welches Rollenbild andere mit der Tätigkeit eines Verkäufers verbinden. Es kann positiv oder negativ gefärbt sein. Daher meine Empfehlung: Fallen Sie positiv aus der Rolle! Durchbrechen Sie damit ein eventuell vorhandenes Klischee vom »typischen« Außendienstmitarbeiter oder Verkäufer beim Kunden. Verhindern Sie so, falls negative Erwartungen bei ihm bestehen, dass Sie mit entsprechenden Reaktionen konfrontiert werden. Diese hätten dann zwar nicht mit Ihnen, sondern mit seinem Rollenbild zu tun. Trotzdem ist es natürlich besser, wenn bei einem Erstkontakt keine Abwehrreaktionen auftreten. Überraschen Sie den Kunden durch ihr untypisches Verhalten auf positive Weise, sodass er sieht: Dieser Verkäufer weicht vom Durchschnitt meiner Erfahrungen ab. Und umgekehrt bedeutet das: Alles, was klischeehaft wirken könnte, erschwert den Erstkontakt. Denn es ruft negative Rollenbilder im Kundenkopf ab.

Menschen, die es gewohnt sind, sehr persönlich auf andere zuzugehen, wird es nicht schwer fallen, auch bei einem Erstkontakt vom Durchschnitt abzuweichen. Sich dabei anders zu verhalten, als es allgemein üblich ist. Was bedeutet, kein Willy Loman zu sein.

Drei typische Beispiele

Die folgenden Beispiele zeigen, was klischeehaftes Verhalten meint und wie dadurch abweisende Reaktionen provoziert werden.

Beispiel eins: Der Verkäufer besucht einen Mineralstoffhändler. Vorher wurde mit dem Sekretariat ein Termin vereinbart. Er ist mit einem großen schwarzen Koffer bewaffnet, in dem sich umfangreiche Produktunterlagen und ein Laptop befinden. »Man kann ja nie wissen, vielleicht ordert der Kunde sofort.« Bei der Begrüßung drückt er dem Kunden noch ihm Stehen reflexartig seine Visitenkarte in die Hand: »Guten Tag! Müller mein Name. Schön, Sie kennen lernen zu dürfen.« Dann stellt er den großen schwarzen Koffer »drohend« auf den Besuchertisch. Als er den skeptischen Blick bemerkt, erklärt er sich: »Ich habe zur Sicherheit alles mitgenommen. Damit ich Ihre Fragen ausführlich beantworten kann. Auch mein schlaues Gerät, den Laptop. So können wir einige Beispiele kalkulieren.« Als der Verkäufer diesen auspacken möchte, unterbricht der Kunde: »Bitte lassen Sie Ihr Gerät drinnen. Ich habe nicht viel Zeit und wollte nur einige grundsätzliche Informationen haben.«

Beispiel zwei: Auf einer Besuchermesse für Fertigteilhäuser spricht ein Verkäufer einen potenziellen Kunden an, der beim Stand seiner Firma kurz Halt macht. Er hat zwei große Plastiktüten bei sich, die mit Prospekten prall gefüllt sind. »Guten Tag, kann man Ihnen irgendwie helfen? Darf ich Ihnen ein paar Kataloge von uns mitgeben? Da ist bestimmt das richtige Haus für Sie drinnen.« »Danke«, antwortet der Kunde. Und im Weitergehen meint er, nicht ohne Ironie im Ton: »Wenn Sie mir helfen wollen, dann packen Sie mir bitte nichts ein. Ich trage schon 5 Kilogramm mit mir herum.«

Beispiel drei: Ein Verkäufer möchte telefonisch einen Akquisitionskontakt vereinbaren. Er ruft an und beginnt das Gespräch so: »Guten Tag. Hier spricht Klausner von der Firma Costisella in Wuppertal. Wir vertreiben hervorragende Kaffeeautomaten aus Italien. Nächste Woche bin ich zufällig in Ihrem Gebiet. Da möchte ich gerne bei Ihnen vorbeikommen. Wann haben Sie denn Zeit für einen Termin?« Die Reaktion ist vorhersehbar: »Wir haben bereits ein Gerät. Danke!«

Drei untypische Vorgehensweisen

Was hätten die drei Verkäufer in diesen Beispielen anders machen müssen, um nicht abgewiesen zu werden? Wodurch hätte sich die Chance erhöht, ein gutes Kontaktgespräch führen zu können? Ein Gespräch, das vielleicht zu einem Auftrag geführt hätte?

Im ersten Fall hätte der Außendienstmitarbeiter seinen großen Koffer besser im Fahrzeug gelassen. Denn seine Wirkung auf den Kunden, verbunden mit dem Hinweis auf den mitgebrachten Laptop, ist klar: Ich möchte Ihnen heute unbedingt etwas verkaufen! »Typisch«, denkt sich der Kunde. »Er weiß zwar noch nicht, was ich will, hat aber für den Abschluss schon alles dabei.« Weiterhin hätte sich der Verkäufer auf eine persönliche Weise vorstellen können. Nicht im Stehen, sondern nachdem beide Platz genommen haben. Etwa mit folgenden Worten: »Danke für den Termin. Ich darf mich Ihnen kurz vorstellen. Ich bin seit fünf Jahren bei der Firma Bravo im Außendienst und betreue Kunden ab einer Größe von 100 bis 200 Mitarbeitern. Deshalb bin ich heute bei Ihnen, Herr Rabiser. Ich habe meine Unterlagen im Auto gelassen, weil ich glaube, dass wir zunächst über Ihre Bedarfssituation sprechen sollten. Und sollten Sie uns die Gelegenheit geben, ein Angebot zu erstellen, so wäre es natürlich wichtig, dass ich die Anforderungen kenne, die Sie an einen Lieferanten stellen. Ich habe daher angenommen, dass bei einem Erstkontakt diese Punkte für Sie im Vordergrund stehen. War meine Annahme richtig?«

Im zweiten Fall hat die phrasenhafte Formulierung »Kann man Ihnen irgendwie helfen« das Rollenbild eines unpersönlichen Verkäufers aktiviert. Dieser auf Messen oft gehörte Standardsatz ruft nicht immer die besten Erinnerungen wach. In der geschilderten Situation hätte beispielsweise folgender Kontaktversuch deutlich bessere Erfolgaussichten gehabt: »So wie es aussieht, brauchen Sie von uns keinen Prospekt, sondern ein Getränk zur Stärkung. Ich schätze, Sie haben bereits drei- bis vierhundert Häuser auf schön bedrucktem Papier in den beiden Tüten. Keine leichte Wahl. Was möchten Sie gerne trinken? Ich verspreche Ihnen: kein weiterer Katalog.«

Im dritten Fall war die Aussage »Da möchte ich gerne bei Ihnen vorbeikommen« ein klassisches Symptom für einen herkömmlichen Egoisten: Ich will – du sollst! Und die Bemerkung »Da bin ich zufällig in Ihrem Gebiet« spricht für einen Charme der besonderen Art – einen herablassenden. Bessere Chancen für einen Termin hätten beispielsweise so entstehen können: »Guten Tag. Hier spricht Fritz Klausner von der Firma Costisella. Wir importieren einen besonderen Kaffee. Darf ich Sie und Ihre Mitarbeiter nächste Woche zu einem Espresso einladen? Er hebt auf natürliche Weise die Motivation nach dem Mittagessen und kostet das Unternehmen keine Prämien.«

Wenn man als Verkäufer aus der Rolle fällt, sollte das dem natürlichen Wunsch entspringen, seine Persönlichkeit im Kontakt zu anderen Menschen auszudrücken. Ein zwanghaftes Aus-der-Rolle-Fallen, um sich von anderen zu unterscheiden, wirkt hingegen krampfhaft und demonstrativ. Es wäre kontraproduktiv. Seine Persönlichkeit im Umgang mit Kunden auszudrücken ist der beste Weg, um nicht mit dem Durchschnitt anderer Verkäufer verglichen zu werden. Dabei ist es wichtig, dass man in seinem Verhalten nicht nur vom allgemeinen Durchschnitt im Verkauf abweicht. Sondern vor allem von jenem, der für die eigene Branche als typisch gilt.

Dadurch setzt man einen positiven Merkanker im Kundenkopf und erobert sich Stück für Stück den Logenplatz. Ein allzu rollenkonformes Verhalten geht meist mit einer unpersönlichen Oberflächlichkeit einher. Vom Logenplatz kann dann keine Rede sein, höchstens vom Stehplatz. Und ein solcher ist nicht nur unbequem, sondern auch unsicher. Denn er unterliegt dem Drehtürprinzip, mit dem das Gedächtnis unwichtige Eindrücke sehr effektiv aussiebt: Eindruck rein – Wichtigkeit bewerten – Eindruck wieder raus. Die Persönlichkeit eines Menschen ist allerdings niemals unbedeutend für ein fremdes Gedächtnis.

Kapitel 7

Nützliche Annahmen treffen

Um im Verkauf vom Durchschnitt abweichen zu können, sollte man als Verkäufer nicht nur die Psychologie des Kunden, sondern auch die eigene besser verstehen. Denn im Kontakt zu ihm spielt sich vieles im Kopf ab, das sich direkt auf die hergestellte Beziehung auswirkt. Positiv oder negativ.

Ein Rundgang im Gehirn

Unsere Gedanken beeinflussen auf vielfältige Weise, was wir tun oder unterlassen. Manche sind flüchtig und spiegeln nur kurzfristig entstandene Eindrücke wider. Andere wiederum sind fester Bestandteil unserer Denkweise und prägen das Handeln. Solche Denkannahmen können sich für den Verkauf als überaus nützlich erweisen. Aber auch als hemmend. Beide Varianten werden im Folgenden beleuchtet. Denn je besser man diese Vorgänge in seinem eigenen Kopf versteht, umso leichter lassen sich den Verkauf hemmende Annahmen erkennen – und durch förderliche ersetzen.

99,9 Prozent sind unbewusst

Das Verhalten wird von den Annahmen, die man trifft, wesentlich beeinflusst, gelenkt und auch gesteuert. Größtenteils handelt es sich dabei um unbewusste Vorgänge. Annahmen sind der Ausdruck subjektiver Denk- und Einstellungsmuster. Sie sind bei keinen zwei Menschen gleich oder gar identisch. Daher verhalten sich zwei Menschen in ein und derselben Situation auch unterschiedlich. Zwar nicht nur deshalb, aber auch deshalb. Denn das, was ein Mensch erlebt und wahrnimmt, wird immer durch seine subjektive Wahrnehmungsbrille gefiltert und dementsprechend interpretiert.

Annahmen beziehen sich auf eine Situation – darauf, wie sie von uns eingeschätzt wird – wie auch auf andere Menschen und auf uns selbst. Im Unterschied zu den Eigenschaften, die konstante und nicht situationsspezifische Persönlichkeitsmerkmale sind, können sie verändert werden. Manchmal sollten sie das auch: dann, wenn sie Denk- und Wahrnehmungsgrenzen errichten, ohne dass uns das bewusst wird. Wie lässt sich das vorstellen und was bedeuten diese Vorgänge im Inneren unseres Kopfes für den Verkauf?

Wäre es möglich, als neutraler Beobachter der inneren Vorgänge einen Rundgang im eigenen Kopf zu machen, so würde man sehen: 99,9 Prozent unserer Gedanken laufen außerhalb der bewussten Denkprozesse in den unbewussten Bereichen des Gehirns ab. Der Hauptsitz dieser Bereiche ist im Zwischenhirn. Dort, wo auch Entstehung und Steuerung der Emotionen in direkter Nachbarschaft angesiedelt sind. Ein Stockwerk darüber residiert das Großhirn, in dem unser Bewusstsein entsteht und die Ratio ihren Sitz hat.

Dazu ein Vergleich: Wäre unser Bewusstsein ein Computerbildschirm, dann wären die unbewussten Bereiche die Programme. Auf sie haben wir nur Zugriff, wenn sie auf dem Bildschirm erscheinen. Und in den Programmen steckt natürlich wesentlich mehr, als auf dem Monitor erscheint. Probieren Sie dazu Folgendes aus: Schließen Sie die Augen, und denken sie spontan an eine Gruppe von Menschen. Schauen Sie diese Gruppe nun etwas genauer an. Vermutlich können Sie abzählen, wie viele Menschen es sind. Obwohl Sie an keine bestimmte Zahl gedacht haben, als Sie sich die Gruppe vorstellten. Die abgezählte Größe war offenbar bereits vorhanden, bevor sie an eine Gruppe gedacht haben. Sie stammt aus Ihrem Unbewussten, das Ihre Vorstellung damit ergänzte.

Was würden wir bei diesem Rundgang im eigenen Kopf noch entdecken? Wir könnten beobachten, dass, wenn wir über etwas nachdenken, unsere konzentrierte Aufmerksamkeit wie ein Scheinwerfer wirkt. Er schneidet eine Lichtschneise in das Unbewusste. Und plötzlich tauchen von dort Ideen und Lösungsmöglichkeiten am Bewusstseinsbildschirm auf – in Form von mehr oder weniger klaren Gedanken, manchmal auch als Bilder.

Erreichen nur Lichtreste dieses Scheinwerfers die unbewussten Bereiche, entsteht dort auch nur Dämmerlicht. Am Bewusstseinsbildschirm sehen wir in solchen Fällen ungeordnete Gedankensplitter oder Bilder, die keinen Sinn ergeben. Ähnlich wie in einem Traum. Eine dumpfe Ahnung steigt in uns auf, die wir emotional als positiv oder negativ bewerten.

Nur auf bewusst Gedachtes hat man Einfluss

Je konzentrierter wir über etwas nachdenken, umso mehr Gedanken fließen aus dem Unbewussten durch das Tor zum Bewusstsein. Dieses Tor im Zwischenhirn ist die Schaltstelle für Informationen, die aus tieferen Regionen ihren Weg ins Großhirn suchen. Nur dann, wenn sie die Bewusstseinsschwelle überschreiten, haben wir auf diese Gedanken Einfluss. Logisch, denn vorher wissen wir ja nichts von ihnen. Jetzt aber können wir sie neu bewerten und ändern. Oder sie einfach nur zur Kenntnis nehmen.

Daher gilt: Was uns nicht bewusst ist, entzieht sich unserer Einflussnahme. Es beeinflusst aber unser Denken und Fühlen. Und somit auch unser Handeln. Denn ein Unbewusst-Sein bedeutet keinesfalls ein Nicht-Vorhandensein. Ähnlich dem Programm, das am Computer im Hintergrund läuft, während wir an ihm arbeiten. Wir nehmen es nicht wahr, aber es ist trotzdem da.

Um Einfluss auf unsere unbewussten Annahmen zu nehmen, müssen wir uns diese also bewusst machen. Das bedeutet: gezielt darüber nachzudenken, welche Einstellung man zu wichtigen Lebens- und Berufssituationen hat – wovon man dabei unbewusst ausgeht. Und es bedeutet natürlich auch, sich die Frage zu stellen: Wie bin ich anderen Menschen gegenüber eingestellt, und welche Annahmen treffe ich über sie und ihr Verhalten?

Der Einfluss unbewusster Annahmen

Unsere subjektiven Annahmen und Wertvorstellungen verdichten sich zu inneren Einstellungsmustern und Grundüberzeugungen – den Basic Beliefs. Wahrscheinlich wären wir überrascht, wenn wir als Spion im eigenen Kopf sehen könnten, welchen Einfluss sie auf unser Leben ausüben. Auf komplexe und zum Teil rätselhafte Weise. Und manchmal steuern sie das Verhalten so, wie es nicht in unserem Sinn liegt und unserer Absicht entspricht. Wie lässt sich das vorstellen?

Die Annahmen, welche man trifft, geben die Anweisung, wie man sich aus subjektiver Sicht am besten in einer Situation verhält. Je weniger sie jemandem bewusst sind, umso mehr führen sie die Regie über sein Verhalten. Ein Beispiel, wie sich solche Regieanweisungen aus dem Unbewussten im Alltag auswirken können: Angenommen, man wird auf der Landstraße bei einer Verkehrskontrolle angehalten und hat das Tempolimit um 30 Stundenkilometer überschritten. Wie verhält man sich im Gespräch mit den Streifenpolizisten? Man wird sein Verhalten unbewusst an die prekäre Situation anpassen. Ohne bewusst darüber nachzudenken. Dazu wäre auch keine Zeit. Die Annahme, man würde mit einem blauen Auge davonkommen, wenn man reumütige Einsicht zeigt, steuert das Verhalten beispielsweise so: gesenkte Stimme, Vermeidung des direkten Blickkontaktes, eingezogene Schultern sowie entschuldigende Erklärungen. Diese Demutsgebärden beruhen auf der Annahme, dass sich damit Milde bewirken lässt.

Denkbar ist auch ein umgekehrtes Verhalten: laute Stimme, heftige Gestikulation, Kopfschütteln. Ein aufgebrachtes Davon-überzeugen-Wollen, dass man gute Gründe hatte, warum das Tempolimit nicht beachtet werden konnte. Oder dass die Überschreitung gar nicht so hoch sein kann, wie sie einem vorgehalten wird. Die unbewusste Annahme, die dabei getroffen wird, auch wenn sie in diesem Fall nicht besonders klug sein dürfte: Wenn ich lautstark meine Unschuld beteure, kann ich andere davon überzeugen.

Annahmen sind Hilfsmittel, um sich im Leben besser orientieren und aus subjektiver Sicht richtig verhalten zu können. Sie beeinflussen die persönliche Wahrnehmung und lassen uns die Dinge so sehen, wie wir sie gerne hätten. Und weniger so, wie sie tatsächlich sind. Annahmen sind keine objektiven Tatsachen. Trotzdem gehen wir oft davon aus, dass sie das sind. Und durch die Art und Weise, wie wir uns verhalten, schaffen sie auch Tatsachen in der Realität außerhalb unseres Kopfes. Dieses Phänomen äußert sich im zwischenmenschlichen Umgang als Projektion, deren Mechanismus Sie bereits in Kapitel 3 kennen gelernt haben.

Ein Beispiel aus dem Verkauf, in dem eine Erwartungsprojektion – beruhend auf einer Annahme – nichterwünschte Tatsachen schafft: Der Verkäufer nimmt an, dass er kurz vor dem Abschluss steht. Der Grund seiner Annahme ist, dass der Kunde Fragen zu den Produkteigenschaften und zum Liefertermin stellt. Darin sieht er so genannte Abschlusssignale, von denen er in den modernen Märchenbüchern der Verkaufsliteratur gelesen hat. Die Annahme, der Kunde würde definitiv kaufen, färbt seine Wahrnehmungsbrille, und er verhält sich so, als ob diese Annahme Realität wäre. Er will das Geschäft rasch unter Dach und Fach bringen und übersieht, dass es bessere Alternativen für den Kunden gibt. Der schließt zwar ab, storniert aber, nachdem er von diesen erfahren hat. Seine Kaufreue veranlasst ihn, in Zukunft woanders zu kaufen. Annahmen dieser Art haben häufig den Freu-dich-nicht-zu-früh-Effekt: Man wähnt sich sicher, dass es sich so verhalten wird, wie man annimmt, und übersieht wichtige Dinge. Die Realität korrigiert die Annahme, und man ist über die eingetretenen Tatsachen enttäuscht.

Nützliche und unnütze Annahmen

Die subjektiven Annahmen eines Menschen werden auch als Fiktionen oder als Hypothesen bezeichnet. Sie sind ein »Als-ob-Denken« über die Realität. Ein Beispiel für eine bewusst getroffene Fiktion sind die Meridiane, nach denen wir uns geografisch orientieren, obwohl sie keine physikalische Realität sind. Sie liegen bekanntlich nirgendwo im Erdinneren als Längen- oder Breitengrade vergraben. Trotzdem haben sie für uns eine wichtige Orientierungsfunktion: weil wir uns so verhalten, als ob es sie tatsächlich geben würde.

Annahmen sind per se weder richtig noch falsch. Besser ist es, sie wie aufgestellte Hypothesen als nützlich oder unnütz zu bezeichnen. Je nachdem, als was sie sich erweisen. Nützlich ist das, was in der äußeren Realität und in der sozialen Wirklichkeit zum gewünschten Ergebnis führt. Unnütz, was darin scheitert – durch sie widerlegt wird. Nimmt man die Widerlegung einer Annahme durch die Realität zur Kenntnis, lernt man daraus und kann diese durch eine andere ersetzen. Eine, die besser geeignet ist. Wird die Widerlegung verleugnet, begeht man die gleichen Fehler immer wieder. So lange, bis man verstanden hat, dass die eigenen Annahmen sie verursacht haben. In der Psychologie spricht man in solchen Fällen von Wiederholungszwang: Ein Fehler wird so lange begangen, bis man kapiert hat, woran es liegt. Nämlich daran, wie man denkt und daher an eine Sache herangeht.

Daher ist jedes Denk-Positiv-Brainwashing sinnlos. Ja sogar kontraproduktiv. Denn der Verkaufserfolg wird dadurch nicht steigen, sondern sinken. Weshalb? Weil die unnützen Annahmen dabei ignoriert werden. Und weil die Erfolgsplattitüden, welche in die grauen Gehirnzellen gepresst werden, auf Selbstbetrug hinauslaufen: Ich bin erfolgreich, aber keiner sieht es!

Abgesehen davon, dass die Widerlegung einer Annahme durch die Realität schlichtweg verleugnet wird, liegt ein weiterer Gefahrenpunkt darin: Die Widerlegung wird zu eigenen Gunsten uminterpretiert. So, dass die Annahme bestätigt erscheint. Das Resultat ist in beiden Fällen das gleiche: Selbsttäuschung. Im Umgang mit anderen Menschen mündet dieser Vorgang häufig in die Self-fulfilling Prophecy.

In welcher Weise wirken sich Annahmen hemmend auf den Verkauf aus? Ein Beispiel: Die Annahme, dass Kunden keine persönliche Beratung wünschen, sondern in erster Linie über den Preis sprechen wollen, lässt den Verkäufer zu wenig Fragen zum Bedarf stellen. Damit schießt er sich das Eigentor, dass Kunden schnell auf den Preis zu sprechen kommen, weil ihre Wünsche und Bedürfnisse ohnehin schon »abgehakt« wurden. Oder er spricht den Preis frühzeitig von sich aus an, in der Annahme, den Kunden damit ködern zu können. Manche denken überhaupt, es sei besser, dem Kunden damit zuvorzukommen: »Dieser Flat-Scan-Fernseher kostet 2 780 Euro.« Reaktion des Kunden: »Und warum sagen Sie mir das, bevor ich weiß, was dieses Gerät alles kann? Sehe ich vielleicht so aus, als ob ich ihn mir nicht leisten könnte?«

Annahmen können sich in vielfältiger Weise für den Verkauf als hemmend erweisen. Zum Beispiel wenn man annimmt, dass Angehörige einer bestimmten Berufsgruppe schwieriger seien als andere. Etwa Ärzte, Anwälte, Architekten oder Lehrer. Man verhält sich im Gespräch mit ihnen dann so, wie es den getroffenen Annahmen entspricht. Und zwar von Beginn an. Im weiteren Verlauf werden die kleinsten Anzeichen, die für die Annahme sprechen, als deren Bestätigung interpretiert: typisch Anwalt. Interessiert sich nur für die Details! Wahrscheinlich wird er mich als Nächstes nach dem Kleingedruckten im Kaufvertrag fragen.

Aufgrund einer solchen Annahme wird man sich instinktiv abwehrend gegenüber dem Kunden verhalten. Und dadurch bei diesem selbst Annahmen auslösen, die für den Verkauf nicht förderlich sind: typisch Verkäufer. Erklärt das Produkt nur an der Oberfläche. Und wenn man nachfragt, irritiert ihn das. Entweder kennt er sich nicht genau aus, oder das Ganze hat einen Haken.

So entstehen Verhaltenskreisläufe, die sich verhindern lassen, wenn man sich seine Annahmen bewusst macht. Dabei spielt es keine Rolle, wo so ein Kreislauf seinen Anfang genommen hat – bei einem selbst oder beim Kunden. Was man ohnehin kaum herausfinden wird. Ähnlich der Frage, ob zuerst das Huhn oder das Ei da war. Auf die Annahmen des Kunden hat man zwar keinen direkten Einfluss. Wenn man allerdings durchschaut, wie einen die eigenen Annahmen ticken lassen, versteht man auch besser, wie der Kunde tickt. So kann man besser mit ihm umgehen. Und für einen selbst ist es wichtig, die eigenen Annahmen zu kennen, um hemmende durch förderliche ersetzen zu können. Unnütze gegen nützliche auszutauschen. Daraus folgen neue Verhaltensmuster, durch die sich Ziele leichter erreichen lassen. Und wenn man weiß, wie das geht, und es auch will, dann ist es nicht sonderlich schwer, Annahmen zu verändern.

Das Koordinatennetz der Meridiane war ein Beispiel für eine nützliche Annahme. Denn mit seiner Hilfe finden wir präzise jeden Punkt der Erde. Ähnlich ist es im Verkauf: Mit den richtigen Koordinaten im Kopf gelangen wir leichter ans Ziel. Der Fall mit der Verkehrskontrolle und der Verteidigungshaltung des Temposünders war ein Beispiel für eine unnütze Annahme: Lautstark seine Unschuld beteuern – damit lässt sich der Eintragung ins Flensburger Verkehrsregister entgehen. Durch die Realität wird sie rasch widerlegt.

Wie stellt man die Einstellung richtig ein?

Einem Außendienstmitarbeiter aus dem Direktvertrieb war wieder einmal ein Auftrag von einem Mitbewerber direkt vor der Nase weggeschnappt worden. Bei der Verkaufsbesprechung poltert sein Chef verärgert: »Sie müssen Ihre Einstellung komplett ändern und sich eben mehr anstrengen!«

Als gewachsener Teil der Persönlichkeit lassen sich Einstellungen aber nicht auf Knopfdruck ändern, und schon gar nicht auf Zuruf von anderen. Denn sie stehen in wechselseitigen Abhängigkeitsverhältnissen mit den eigenen Wertvorstellungen und den damit verknüpften Emotionen. Ebenso mit den Überzeugungen, Grundannahmen und Eigenschaften, durch welche die Individualität eines Menschen geprägt wird.

Die eigenen Einstellungen gänzlich über Bord zu werfen würde also bedeuten, ein anderer Mensch zu werden. Das geht natürlich nicht. Allerdings kann man seine Einstellungsmuster justieren. In erster Linie wird man das dort tun, wo sich die zugrunde liegenden Annahmen negativ auf die Verkaufsergebnisse auswirken. Die eigenen Verhaltensweisen also in einer

Weise beeinflussen, die man nicht will, da sie zu keinem guten Ergebnis führen. Auch wenn sie gut gemeint sind. Beispielsweise bei Verkäufern, die von Folgendem ausgehen: Je mehr Vorteile eines Produkts aufgezählt werden, desto überzeugender ist das für den Kunden. Wesentlich erfolgversprechender ist es, sich auf jene Punkte zu konzentrieren, die für den Kunden besonders wichtig sind. Und diese dafür intensiver zu besprechen. Anderenfalls steht man sich selbst im Weg. Weil der Kunde nur hört, was für ihn wichtig ist. Und nicht, was der Verkäufer für wichtig hält.

Der Kunde sieht die Einstellung

Die Annahmen, die man in einem Verkaufsgespräch trifft, bleiben dem Kunden selten verborgen. Sie lassen sich zwar nicht direkt sehen, aber indirekt vom Verhalten ablesen. Unsichtbar sind sie nur für uns selbst. Nämlich dann, wenn wir sie uns nicht bewusst machen.

Der Kunde spürt am gesamten Habitus des Verkäufers – und zwar ab dem ersten Händedruck –, wie sicher oder unsicher er ihm entgegentritt. Er registriert im Gespräch, ob er von der Qualität und vom Preis seiner Produkte überzeugt ist. Oder ob er das nur vorgibt. Und er bemerkt natürlich auch, ob der Verkäufer jemand ist, der ihm die Königskrone aufsetzt. Und sich damit zum Untertanen erklärt. Obwohl er – der Kunde – das vielleicht gar nicht will. Und falls doch, so ist er dankbar für solche Signale. Denn sie lassen ihn erkennen, dass er bei der Preisverhandlung ein leichtes Spiel haben wird. Der unterwürfige Gestus des Verkäufers begünstigt jedenfalls diese Annahme bei ihm.

Der Kunde registriert wie mit einem Seismografen die vielen kleinen Verhaltensdetails, mit denen die Einstellung und die ihr zugrunde liegenden Annahmen nach außen hin ausstrahlen. Wenn der Verkäufer beispielsweise vom Preis eines Produkts nicht überzeugt ist – ihn für zu hoch hält –, so nimmt der Kunde das wahr. Etwa durch einen unsicher wirkenden Blick bei der Argumentation des Preises oder einem wiederholten Räuspern aufgrund eines trockenen Mundes. An einer leiser werdenden Stimme, verbunden mit verräterischen Äh-Lauten bei Rabattforderungen.

Oder der Kunde bemerkt, dass es der Verkäufer vermeidet, den Preis und die Konditionen anzusprechen. Diesem Thema ausweicht und wie um den heißen Brei darum herumtanzt. Beziehungsweise nur allgemeine Aussagen trifft, statt den Preis klar zu begründen. Kunden spüren sehr deutlich, wenn der Verkäufer versucht, sich mit schwammigen Begründungen über ein für ihn unangenehmes Thema hinwegzuretten, um damit die eigene Unsicherheit zu überspielen. Auch dann, wenn die Argumente im Brustton der Überzeugung ausgesprochen werden. Aber nicht überzeugen können, da sie inhaltlich nichtssagend und leer sind.

Aussagen, die signalisieren, dass sich ein Verkäufer unsicher ist, was den Wert des Produkts oder der Dienstleistung anbelangt, sind beispielsweise: »Der Preis ergibt sich grundsätzlich aus der besonderen Verarbeitungsweise.«, »Die Herstellung ist relativ kostenintensiv.«, »Das ist eben eine besondere Qualität, die ihren Preis hat.«, »Wir tun dafür mehr für unsere Kunden.« Eine solche Argumentationsweise wird unbewusst als Preisunsicherheit wahrgenommen. Daraus zieht der Kunde den Schluss: Der Verkäufer glaubt selbst nicht, was er sagt. Warum sollte ich es tun?

An der Erkenntnis ansetzen

Um gegenüber Kunden überzeugender und glaubwürdiger zu sein, wäre es verfehlt, nur am äußeren Verhalten anzusetzen und zu versuchen, es umzutrainieren und der Persönlichkeit eine Zwangsjacke zu verpassen.

Menschen ändern ihr Verhalten, welches auf komplexen Einstellungsmustern beruht, nur dann, wenn sie überzeugt sind, dass sie durch eine Veränderung Vorteile haben. Erst wenn diese Einsicht gewonnen wurde, denkt und handelt man anders als bisher. Denn hat man ein Warum – den Sinn einer Veränderung – gefunden, findet man auch das Wie der Umsetzung.

Ohne diese Einsicht ändert niemand freiwillig sein Verhalten. Wird Druck auf ihn ausgeübt, wird es bestenfalls an die fremden Erwartungen angepasst. Doch im Inneren wird anders gedacht als nach außen hin gezeigt. Der Energieverlust, der durch das Aufrechterhalten solcher Verhaltensfassaden entsteht, ist groß.

Statt also nur am Verhalten anzusetzen, ist es wesentlich effektiver, zunächst die Annahmen, die man trifft, zu beleuchten und sich zu fragen: Welche wirken sich auf mein Verhalten so aus, dass sie den Verkauf fördern, und welche hemmen ihn?

Wenn man seine eigenen Annahmen überprüft, um seine Einstellungsmuster so zu justieren, dass sie den Verkauf fördern, empfiehlt es sich, nach einer Struktur vorzugehen. Weiter unten schlage ich Ihnen vier Bereiche vor, die für den Verkauf besonders wichtig sind. Damit lassen sich die Grundannahmen im Sinne eines geistigen Boxenstopps durchchecken. Durch einen solchen Mentalcheck lässt sich auch erkennen, welche Annahmen als kleine Verkaufsdämonen den eigenen Erfolg boykottieren könnten.

Herr im eigenen Kopf bleiben

Die subjektive Annahmestruktur eines Menschen dient wie das Koordinatennetz der Meridiane der Navigation im Leben. Sind einzelne Koordinatenpunkte falsch eingetragen, navigiert man in die falsche Richtung. Die jeweiligen Zielpunkte, die man ansteuern möchte, werden dann verfehlt.

Um Herr im eigenen Kopf zu bleiben, muss man die hemmenden Denkannahmen im Unbewussten – die falschen Koordinaten – kennen. Anderenfalls wird man von ihnen blockiert. Hinterfragen Sie kritisch: Wie plausibel sind meine Annahmen? Seien Sie skeptisch, wenn, anstelle einer konkreten Begründung, die Antwort nach Veränderungsresistenz klingt: »Man soll.«, »Man muss.«, »Ist eben allgemein so üblich.«, »Geht doch nicht anders!«. Denn solche Antworten dienen der Selbstrechtfertigung, um eingeschliffene Denkmuster nicht verändern zu müssen. Vor dem Forum des eigenen kritischen Verstandes haben sie jedoch keinen Bestand.

Sortieren Sie die weniger brauchbaren Annahmen aus und ersetzen Sie diese durch andere, die nützlicher für Ihre Tätigkeit sind. Gefahrenpunkt dabei ist, dass im Sinne eines Wunschdenkens die Vorteile einer Veränderung schöngeredet und mit der rosaroten Brille betrachtet werden. Daher sollte sich der entstehende Vorteil ganz konkret begründen lassen: Warum ist der Vorteil tatsächlich ein Vorteil? Welcher das im Einzelnen ist und welchen persönlichen Nutzen Sie aus der Änderung einer Annahme ziehen, können nur Sie selbst beurteilen.

Den inneren Cerberus überlisten

Warum erscheint es manchmal schwierig, hemmende Annahmen durch förderliche zu ersetzen? Was steht mentalen Veränderungen im Weg, sodass sie uns schwieriger erscheinen, als sie tatsächlich sind? Die Hauptursache sind unsere unbewussten Zensoren. Das sind psychische Abwehrmechanismen, die es einerseits erschweren, hemmende Annahmen als solche zu erkennen. Andererseits verhindern sie, förderliche konsequent weiterzudenken und in Form eines veränderten Verhaltens umzusetzen. Diese Zensoren treten immer dann in Erscheinung, wenn mentale Veränderungen mit Konsequenzen verbunden sind, die unbequem erscheinen. Oder die mit Unsicherheiten und Risiken verbunden sein könnten.

Wie wirken diese Zensoren? Auf tückische Weise, nämlich wie der Höllenhund Cerberus in der griechischen Mythologie: Zunächst begrüßt er freudig alle Neuankömmlinge in der Unterwelt. Dann frisst er sie auf. In Analogie dazu heißen unsere Zensoren alle flüchtigen Veränderungsgedanken zunächst willkommen, um sie anschließend rasch zu eliminieren. Denn sie stehen jeder Veränderung grundsätzlich argwöhnisch gegenüber. Um sie zu boykottieren, erzeugen sie negative Gefühle. Und diese lassen sich nicht einfach wegdenken.

Angst und Rationalisierung

Die Zensoren legen ihr emotionales Veto immer dann ein, wenn a) eine Veränderung Unsicherheiten und Risiken birgt und b) das persönliche Sicherheitsbedürfnis größer ist als der Veränderungswunsch. Die Folge ist Angst. Die Chancen einer Veränderung, die man zuvor im Fernrohr der logischen Vernunft klar erkannte, schmelzen nun auf ein mikroskopisches Format. Um zu verhindern, dass die Angst das psychische Gleichgewicht nachhaltig destabilisiert, belässt man schließlich alles so, wie es war.

Die subtilere Form des Selbstboykotts ist die Rationalisierung. Sie lässt es als vernünftig erscheinen, alles so zu belassen, wie es ist. Bei näherer Betrachtung stellt sich allerdings heraus: Es handelt sich nur um Vorwände, um nichts verändern zu müssen. Um gute Gründe, die aber nur scheinbar gut sind. Ähnlich dem hungrigen Fuchs in der Fabel von Äsop. Von den Trauben, die er am Weinstock hängen sieht und die er nicht erreichen kann, wendet er sich ab. Zu sich selbst sagt er beruhigend: Sie sind noch nicht reif.

Wie erkennt man, ob der eigene Cerberus mit seinen Zensoren die Veränderung boykottiert? In erster Linie daran, dass man eine Veränderungsnotwendigkeit verspürt und das Gefühl hat, irgendwie auf der Stelle zu treten. Das Bild von der Veränderung bleibt jedoch diffus.

Denn so, wie der griechische Cerberus den Eingang zur Unterwelt bewacht, bewachen die Zensoren das Tor zum Bewusstsein. Die Gedanken, in welcher Weise eine Veränderung erfolgen könnte, werden wie von unsichtbarer Hand blockiert. Oder das Belassen des Status quo wird mit einer Rationalisierung gerechtfertigt. Ein Beispiel für eine solche Selbstbeschwichtigung: »Wozu sollte ich die Firmenpräsentation überarbeiten? Nur weil einige Kunden die Charts mit den Szenarien der Kostenrechnung nicht richtig verstanden haben? Das wäre zeitaufwändig und unnütze Arbeit. Ich sitze ja beim Kunden und kann sie ihm erklären. Falls er fragt.«

Aushebeln und überlisten lässt sich der eigene Cerberus nur dann, wenn man sich vom persönlichen Nutzen und den Vorteilen einer Veränderung folgendermaßen überzeugt: Man stellt deren positive Auswirkungen den konkreten Nachteilen einer Nicht-Veränderung gegenüber. Dabei führt man sich die Vorteile klar und deutlich als geistige Bilder vor sein inneres Auge. Aber, und das ist sehr wichtig, auch die Nachteile, wenn man nichts verändert. Durch diese Emotionalisierung gewinnen förderliche Annahmen gegenüber hemmenden leichter die Oberhand.

Veränderung durch Akzeptanz

Dem inneren Cerberus lässt sich auf eine weitere Weise begegnen, die bei Veränderungen von Denkgewohnheiten oft zu wenig bedacht wird. Obwohl sie sehr wirksam ist. Nämlich durch die Anwendung des psychologischen Grundsatzes »Veränderung durch Akzeptanz«. Was bedeutet dieser paradox klingende Grundsatz? Er meint, dass man sich so akzeptieren soll, wie man ist, fühlt, denkt und handelt. Sich selbst also nicht in Frage stellt oder als Person abwertet. Und keine schlechten Gefühle gegenüber der eigenen Situation entwickelt. Sondern einfach akzeptiert, dass es so ist, wie es ist, und nichts rechtfertigt. Weder vor sich selbst noch vor anderen.

Eine solche Einstellung zur eigenen Person bedeutet natürlich nicht, dass man sich selbstgefällig auf die Schulter klopft: Du machst alles hervorragend. Nur weiter so, bis ans Lebensende! Sie ist vielmehr die Voraussetzung, um Denkgewohnheiten besser durchbrechen und die Grenzen, die sie setzen, leichter überwinden zu können. Denn man geht wesentlich entspannter an eine Veränderung heran, wenn sie nicht unter einem »Du musst!« steht. Ein solches Diktat ruft den inneren Cerberus auf den Plan, der sich dagegen vehementer zur Wehr setzt als irgendwann sonst.

Wenn aus dem drängenden »Du musst!« ein verlockendes »Du kannst« wird, ist der Cerberus weniger argwöhnisch. Er leistet daher bei einer Selbstreflexion nicht so viel Widerstand, sondern lässt Gedanken ins Bewusstsein dringen, die üblicherweise seinen Zensoren zum Opfer fallen würden. Entweder indem sie mit Angst besetzt oder durch Rationalisierung für nichtig erklärt werden.

Daher sollte man diese Gedanken zunächst akzeptieren, um dann zu entscheiden, welche hemmend oder förderlich für einen sein könnten. Der einzige Gefahrenpunkt dabei ist, dass man diese Gedanken der Selbsteinsicht beiseite schiebt oder sie allesamt für unsinnig erklärt. Das hieße, das Tor zum Bewusstsein krachend ins Schloss zu werfen und es selbst zu verriegeln.

Veränderung durch Akzeptanz bedeutet: die eigenen Gedanken zunächst zu akzeptieren und nicht krampfhaft Annahmen über Bord zu werfen. Nur weil man das Gefühl hat »Ich muss das unbedingt ändern«. Denn es gibt ja vermutlich viele plausible Gründe, warum man so denkt, wie man denkt. Damit ist die Voraussetzung geschaffen, um in einem zweiten Schritt zu überlegen, was man daran ändern möchte und warum. Jeder zwanghafte Versuch einer Veränderung wird demgegenüber scheitern. Denn je härter etwas angestrebt wird und je unfreundlicher man dabei mit sich selbst umgeht, umso weniger wahrscheinlich wird man es erreichen.

Die vier Knackpunkte

Abbildung 6 zeigt die subjektive Annahmenstruktur und ihre wichtigsten Bereiche für den Verkauf: die vier Knackpunkte bei der Überprüfung der eigenen Annahmen. Sie beeinflussen einerseits die persönliche Wahrnehmung (»Meine Wirklichkeit«) und lassen uns das, was wir erleben, vor deren Hintergrund interpretieren. Das verkleinert den Wirklichkeitsausschnitt und lässt uns bevorzugt das sehen, was wir annehmen und sehen wollen. Andererseits üben sie auf die beschriebene Weise einen verhaltenssteuernden Einfluss aus. Sie steuern, was wir tun und wie wir es tun.

Die Bewusstseinsschwelle markiert in der Abbildung die Trennlinie zwischen dem bewussten und dem unbewussten Bereich. Nur auf den bewussten lässt sich durch Selbstreflexion Einfluss nehmen, um Herr im eigenen Kopf zu bleiben.

Diese vier Bereiche sind in der Persönlichkeit natürlich nicht streng voneinander getrennt, sondern überschneiden sich teilweise. Die einzelnen Fragen und die Beispiele, die bei jedem Knackpunkt angeführt werden, sind als Denkanstoß und im Sinne eines Selbstcoachings gedacht, nicht als Lösungen. Stimmen Sie diese auf Ihre individuelle Situation ab. Ergänzen und erweitern Sie sie. Die Generalfrage für alle vier Bereiche, unabhängig von der Situation, in der man sich befindet, lautet: Unterstützt mich diese Annahme, um meinen persönlichen USP im Verkauf weiter auszubauen, oder blockiert und hemmt sie mich dabei?

Interessen und Fähigkeiten

Erkenntnisfördernde Fragen: Welche Fähigkeiten sind im Verkauf besonders wichtig? Stimmen meine persönlichen Hauptinteressen mit meiner derzeitigen Tätigkeit als Verkäufer überein? Passen die Produkte oder Dienstleistungen, die ich verkaufe, auch zu meinen Neigungen und Interessen? Worin bestehen meine wichtigsten Fähigkeiten und besonderen Stärken – was geht mir leicht von der Hand? Kann ich diese adäquat einsetzen? Falls nicht: Wie lässt sich das ändern?

Verkaufshemmende Annahmen: Bei meiner Tätigkeit zählen meine Interessen und Neigungen nicht besonders viel. Und die Kunden bemerken es sowieso nicht, wenn man sich bei den Produkten besonders gut auskennt. Also wozu sollte ich mich damit intensiver auseinander setzen? Ich erledige meinen Job, so wie viele andere es auch tun. Meine Fähigkeiten kann ich besser im Privatleben einsetzen als im Beruf.

Nachteilige Auswirkungen auf das Verhalten: Fehlende Emotion beim Verkauf. Nüchternes Aufzählen der Vorteile der Produkte oder Dienstleistungen. Der Kunde spürt, dass bei seinem Gesprächspartner die emotionale Verbindung zu diesen fehlt. Daher können auch keine Gefühle auf ihn übertragen werden. Die Folge davon? Er ist schwerer zu überzeugen.

Verkaufsfördernde Annahmen: Wenn ich meine persönlichen Interessen und Fähigkeiten besser in Einklang mit den Produkten bringe, bin ich für Kunden glaubwürdiger. Und damit auch überzeugender. Daher werde ich mich intensiver damit beschäftigen und herausfinden, welche Produkte mir besonders liegen. Für diese will ich der Experte sein. Weiterhin werde ich besser darauf achten, worin der emotionale Mehrwert der Produkte für die Kunden besteht.

Vorteilhafte Auswirkungen auf das Verhalten: Höhere Sicherheit im Kundengespräch und mehr Überzeugungskraft. Die Kunden spüren, dass der Verkäufer an seine Argumente glaubt und hinter dem steht, was er sagt. Sie schätzen seinen Rat als Fachmann und folgen seinen Empfehlungen.

Produkte und Unternehmen

Erkenntnisfördernde Fragen: Kann ich mich mit dem, was ich verkaufe, voll identifizieren? Bin ich vom Preis-/Leistungsverhältnis und vom Wert der Produkte überzeugt? Oder finde ich diese eventuell zu teuer? Weshalb? Wie denke ich über deren Qualität? Arbeite ich in einer Branche, die für mich genau die richtige ist? Fühle ich mich darin wohl? Behandelt das Unternehmen Kunden so, wie ich es selbst erwarten würde, wenn ich Kunde wäre? Weicht man dabei insgesamt positiv vom Durchschnitt ab?

Verkaufshemmende Annahmen: Das Preis-/Leistungsverhältnis passt nicht so richtig. Denn wir sind oft einfach zu teuer, sagen die Kunden. Wahrscheinlich passt auch die Qualität nicht so recht, da es Reklamationen gibt.

Nachteilige Auswirkungen auf das Verhalten: Geringe Stabilität im Gespräch mit dem Kunden über den Preis. Leichteres Umkippen bei Rabattforderungen.

Verkaufsfördernde Annahmen: Es ist nur natürlich, dass Kunden behaupten, dass wir zu teuer seien. Denn schließlich gibt niemand gern mehr Geld aus, als er muss. Wenn andere mit dem Preis schleudern, dann sollen sie das ruhig tun. Ich weiß, dass unsere Preise seriös kalkuliert und durch die Qualität auch gerechtfertigt sind. Aber nicht nur durch sie. Sondern vor allem auch durch unseren Service und die unkomplizierte Abwicklung von Reklamationen, sollten sie denn vorkommen.

Vorteilhafte Auswirkungen auf das Verhalten: Höheres Standing bei Nachlassforderungen. Gezielte Argumentation in puncto Preis-/Leistungsverhältnis. Die Kunden spüren, dass ihrem Gesprächspartner der Wert bewusst ist, den seine Produkte und Dienstleistungen für sie darstellen.

Kunden und Selbstverständnis

Erkenntnisfördernde Fragen: Wie denke ich über das Image meines Berufes? Glaube ich, dass Verkaufen eine interessante und abwechslungsreiche Tätigkeit ist, die besondere Fähigkeiten erfordert? Oder denke ich, dass jeder verkaufen kann und meine Tätigkeit ein Allerweltsberuf ist? Falls ja: aus welchem Grund? Habe ich gerne mit den unterschiedlichsten Menschen zu tun? Was denke ich, dass Kunden von einem guten Verkäufer erwarten? Kann und will ich diese Erwartungen erfüllen? Mit welchen Kunden oder Berufsgruppen fällt es mir leicht, eine persönliche Ebene im Gespräch herzustellen? Mit welchen schwerer? Woran könnte das jeweils liegen? Welchen Einfluss habe ich darauf, dass es dabei keine allzu großen Unterschiede gibt?

Verkaufshemmende Annahmen: Kunden wollen gar kein persönliches Gespräch. Sie haben entweder keine Zeit dafür oder kein Interesse daran. Meistens beides. Oder: Besonders schwierig sind Akademiker und Lehrer. Die wollen alles ganz genau wissen, nerven einen richtig mit ihren vielen Fragen.

Nachteilige Auswirkungen auf das Verhalten: Es wird zu wenig auf die Bedürfnisse des Kunden eingegangen. Der Bedarf wird nur routinemäßig abgefragt und auf unpersönliche Weise erhoben – statt analysiert. Der Kunde hat den Eindruck: Der schnelle Abschluss ist wichtiger, als mir das genau passende Produkt anzubieten. Es werden keine Alternativen zu den Vorstellungen des Kunden aufgezeigt. Oder: Seine Fragen werden unwillig beantwortet. Er hat das Gefühl, damit zur Last zu fallen.

Verkaufsfördernde Annahmen: Kunden erwarten, dass auf persönliche Weise auf sie eingegangen wird. Auch wenn es manchmal anders scheint. Aber das sind Ausnahmen. Gerade darin sehe ich eine gute Möglichkeit, meinen USP weiter auszubauen. Oder: Akademiker und Lehrer sind eine sehr interessante Zielgruppe. Je mehr sie fragen, umso besser kann ich meine fachliche Kompetenz ins Spiel bringen.

Vorteilhafte Auswirkungen auf das Verhalten: Die Vorstellungen des Kunden werden gezielt und präzise analysiert. Es wird auf persönliche Weise auf seine Kaufbedürfnisse eingegangen. Dadurch hat er das gute Gefühl, genau das zu bekommen, was er sich vorstellt. Durch das Aufzeigen von Alternativen entsteht über Upgrading ein höherer Auftragswert, und die Chancen auf Zusatzverkäufe steigen. Oder: Der Kunde spürt, dass er genau an der richtigen Stelle ist und mit einem kompetenten Gesprächspartner alles klären kann.

Ziele und Entwicklung

Erkenntnisfördernde Fragen: Welche selbst gesetzten Ziele habe ich als Verkäufer? Womit weiche ich in meinem Verhalten vom Durchschnitt ab? Unterstützen mich das Unternehmen und mein Chef dabei? Welche Entwicklung erwarte ich von mir in meinem Beruf? Gibt es bei meiner derzeitigen Tätigkeit eine solche, und worin besteht sie konkret? Kann ich sie eventuell beschleunigen? Wodurch? Wie verhindere ich einen inneren Stillstand, der eintreten könnte, wenn ich mich vom Tagesgeschäft überrollen lasse? Was immer wieder einmal passiert. Bringe ich mein Wissen regelmäßig auf den neuesten Stand?

Verkaufshemmende Annahmen: Welche Entwicklung sollte ich als Verkäufer schon haben? Das meiste von dem, was ich mache, ist reine Routine. Und wenn es Neuerungen gibt, die für meinen Job wichtig sind, so erfahre ich davon schon rechtzeitig.

Nachteilige Auswirkungen auf das Verhalten: Durch eine abwartende Haltung interessiert man sich zu wenig für die Änderungen und Trends auf seinem Verkaufsgebiet. Passive Informationsaufnahme anstatt Eigeninitiative, um sein Wissen immer wieder aufzufrischen, geht damit einher. Die fachliche Kompetenz ist nicht State-of-the-Art. Kunden wissen daher oft besser Bescheid.

Verkaufsfördernde Annahmen: Es ist sehr interessant zu wissen, welche Neuerungen, Entwicklungen und Trends es auf meinem Fachgebiet gibt. Ein Wissensvorsprung gegenüber dem Kunden erhöht meine fachliche Kompetenz im Gespräch. Außerdem werde ich dadurch für mein Unternehmen wertvoller.

Vorteilhafte Auswirkungen auf das Verhalten: Aktive Informationssuche und -aufnahme. Mehr Sicherheit im Gespräch mit dem Kunden bei Fachfragen, auch bei kniffligen. Dem Kunden können Speziallösungen besser vermittelt werden.

Selbstwertgefühl und Kundenvertrauen

Die Überprüfung der eigenen Annahmenstruktur macht aber auch Mut. Denn gerade jene Menschen, die zu einer solchen Selbstreflexion bereit sind, entdecken dabei, dass sie bereits viele förderliche Annahmen treffen. Dadurch werden sie bestärkt, den eingeschlagenen Weg fortzusetzen. Sie werden sich bewusst, dass sie viele Dinge tun, die für andere Menschen wichtig sind. Das wirkt sich vorteilhaft auf das eigene Selbstwertgefühl und auf die Verkaufstätigkeit insgesamt aus.

Viele Verkäufer erzählen mir bei Seminaren, dass sie mitunter an der Wertigkeit ihrer beruflichen Tätigkeit zweifeln. »Ist es nicht so«, fragen sie, »dass eigentlich jeder verkaufen kann? Zumindest behaupten das viele. Vorausgesetzt natürlich, man erfüllt bestimmte Mindestanforderungen im Umgang mit anderen Menschen.«

Meine Antwort darauf ist stets: Ich glaube, dass jeder Mensch ein Verkäufer ist, wenn man Verkaufen mit Andere-überzeugen-Wollen gleichsetzt. Denn das wollen wir alle. Aber ich glaube nicht, dass jeder verkaufen kann. Oder genauer gesagt: So wie der Durchschnitt zu verkaufen ist vielen möglich, die von sich glauben, sie wären für den Beruf eines Verkäufers geeignet. Nur weil sie einigermaßen »gut reden« können. Und weil sie angeblich von Menschen etwas verstehen, da sie in ihrer Freizeit, unter Gleichgesinnten, Akzeptanz finden.

Um besser als der Durchschnitt zu verkaufen, braucht es aber deutlich mehr. Wie jeder weiß, der überdurchschnittlich gut verkauft. Ein wichtiger Punkt dabei ist die innere Einstellung zur eigenen Tätigkeit und das damit verbundene Selbstwertgefühl. Welches aber nicht mit einem demonstrativ zur Schau gestellten Selbstbewusstsein verwechselt werden sollte. Denn dieses spricht für ein mangelndes Gefühl vom eigenen Wert als Verkäufer, das damit nur kompensatorisch überspielt werden soll. Es ist also ein »Laut-im-Wald-Klatschen«, um die eigene Angst zu vertreiben.

Ein gutes Selbstwertgefühl resultiert hingegen aus der Erkenntnis, dass man als Verkäufer etwas Wertvolles für andere leistet. Es beruht auf dem Wissen um seine eigenen Fähigkeiten, auf die man vertrauen kann. Diese Art von Selbstvertrauen ist die beste Voraussetzung dafür, dass auch der Kunde einem sein Vertrauen schenkt.

Kapitel 8

Vertrauen gewinnen

Beim wem kaufen Sie einen Gebrauchtwagen?

In diesem Kapitel geht es nicht um den Verkauf von gebrauchten Fahrzeugen. Vielmehr geht es um die Frage, wie man als Verkäufer bei Kunden ein hohes Maß an Vertrauen gewinnt und sicherstellt, dass die Chemie stimmt. Vertrauen ist wie ein Elixier für den Verkauf. Man verkauft leichter, und die Geschäfte, welche man abschließt, sind ertragreicher, wenn es vorhanden ist. Und wenn es fehlt oder nur gering ist, gilt das Umgekehrte. Warum? Wenn der Kunde großes Vertrauen zum Verkäufer hat, so gibt ihm das das Gefühl, von ihm richtig beraten zu werden. Er folgt leichter dessen Empfehlungen, da er nicht annehmen muss, dass seine Kaufentscheidung manipuliert, sondern im Gegenteil erleichtert wird.

Fehlt das Vertrauen des Kunden, entwickeln sich Preisnachlässe und Rabatte nach oben. Denn er wird misstrauisch, ob ihm das Angebot des Verkäufers tatsächlich den besten Preis bietet. Oder ob er damit nicht übers Ohr gehauen werden soll. Ein solches Misstrauen führt zu weiteren Preisvergleichen bei anderen Unternehmen und zu höheren Nachlassforderungen. Die höhere Rabattforderung wird in solchen Fällen präventiv gestellt, um nur ja nicht beim Preis über den Tisch gezogen zu werden. Und sie ist auch ein Test des Kunden um herauszufinden, wie glaubwürdig die Preisaussagen des Verkäufers sind – und damit er selbst. Je rascher er den Preis reduziert, umso unglaubwürdiger wird er als Person für den Kunden.

Das gilt nicht nur für den B2C-, sondern auch für den B2B-Bereich, wo professionelle Einkäufer damit gezielt ausloten wollen, wie hoch die Verhandlungsspanne ist. Je geringer das Vertrauen zum Verkäufer, umso tiefer wird gelotet und umso höher fällt die präventive Rabattforderung aus.

Der Verkauf von Gebrauchtwagen zählt, ähnlich dem Verkauf von Finanzdienstleistungen, zu den härtesten Prüfsteinen für die Vertrauenswürdigkeit eines Verkäufers. Denn das gebrauchte Fahrzeug kann Mängel haben, die verschwiegen werden und von keiner Garantie abgedeckt sind. Die Empfehlung einer Kapitalanlage kann auf Berechnungen beruhen, die geschönt dargestellt sind.

Da sich beides erst nach dem Kauf herausstellt und nicht jedes Detail vom Kunden im Voraus überprüft werden kann, muss er den Aussagen des Verkäufers Glauben schenken. Ihm also vertrauen.

Die Frage, ob man jemandem einen Gebrauchtwagen abkaufen würde, ist ein Synonym für die Frage, ob man diesem Menschen auch vertrauen kann. Sie ist also die Vertrauensfrage schlechthin. Ein Beispiel aus der Politik soll die enorme Bedeutung des Vertrauens illustrieren, um Menschen für sich gewinnen zu können.

Der Angriff auf die Vertrauenswürdigkeit

Im amerikanischen Präsidentschaftswahlkampf 1960 griff die demokratische Partei von John F. Kennedy zu einer besonders scharfen psychologischen Waffe gegen die Republikaner: der gezielten Unterhöhlung der Vertrauenswürdigkeit des Gegenkandidaten Richard Nixon.

In ganz Amerika wurde ein steckbriefähnliches Bild plakatiert. Das Steckbriefformat suggerierte in seiner Aufmachung dem Unbewussten auf raffinierte Weise einen »Wanted«-Aufruf – die Suche eines Kriminellen. Das Plakat zeigte das Gesicht von Nixon mit einem Dreitagebart. Darunter stand: »Würden Sie von diesem Mann einen Gebrauchtwagen kaufen?« Nixon, von seinen Gegnern als »Tricky Dick« bezeichnet, verlor bekanntermaßen diesen Wahlkampf. Wie Kommentatoren damals meinten, war diese Kampagne ausschlaggebend und Kennedy »more tricky« als sein Gegner.

Zurück in die Wirtschaft. Was ist Vertrauen, und wodurch wird es beim Kunden hergestellt?

Dabei ist die Unterscheidung in Vertrauen aus Erfahrung und Vertrauen als Vorschussleistung bei einem Erstkontakt wichtig. Diese Vorschussleistung in einer Situation, in der der Kunde auf keinerlei Erfahrungen mit dem Verkäufer zurückgreifen kann, kann auch als »Vertrauen auf den ersten Blick« bezeichnet werden.

Vertrauen und Misstrauen im Verkauf

Vertrauen ist als psychologische Kategorie immer eine Vorschussleistung, die einem anderen Menschen entgegengebracht wird. Auch dann, wenn wir aus der Erfahrung bereits wissen, wie vertrauenswürdig er sich in der Vergangenheit erwiesen hat. Denn woher will man mit Sicherheit wissen, ob die Erfahrungen der Vergangenheit auch für die Zukunft gelten?

Im Allgemeinen verhält es sich allerdings so, dass die Erfahrungen mit einem Menschen ein sehr zuverlässiger Indikator dafür sind, wie er sich in Zukunft verhalten wird. Denn Verhalten ist immer ein Ausdruck der Persönlichkeit, die sich in ihrem Kern im Laufe des Lebens nicht gravierend verändert. Auf dieser Tatsache beruht der psychologische Mechanismus, mit dem das Gehirn von der Vergangenheit auf die Zukunft schließt. Und Vertrauen schenkt oder es verweigert.

Die Hauptfunktion des Vertrauens liegt in der Reduktion von Komplexität. In der Vereinfachung des Verhaltens im zwischenmenschlichen Umgang. Um es mit einem Beispiel zu sagen: Was mit Handschlagqualität besiegelt werden kann, braucht keine komplizierten Vertragswerke. Im täglichen Leben wären wir auch gar nicht in der Lage, alles, was man uns sagt und was behauptet wird, nachzuprüfen. Das tun wir erst dann, wenn Zweifel an der Glaubwürdigkeit eines Menschen bestehen, wenn wir dem, was er sagt, nicht vertrauen.

Misstrauen entsteht immer dann, wenn wir den Eindruck haben, dass das Gesagte nicht wahr ist oder nicht wahr sein kann. Ein solcher Eindruck ergibt sich aus der gefühlsmäßigen Bewertung der Gesamtwirkung eines Menschen und aus der verstandesmäßigen Beurteilung seiner Aussagen. Gefühl und Verstand beeinflussen sich dabei zwar wechselseitig, aber das Gefühl bestimmt in der summarischen Bewertung aller bewussten und unbewussten Wahrnehmungen den Gesamteindruck, den wir von einem Menschen gewinnen. Ob er als vertrauenswürdig oder als unglaubwürdig eingeschätzt wird.

Durch die Meinung Dritter, denen wir vertrauen, kann dieser Eindruck von einem Menschen auf positive oder negative Weise stark beeinflusst werden. Zum Beispiel durch eine Weiterempfehlung oder eine Warnung. Dies prägt das Image eines Verkäufers und hat speziell für die Akquisition von Neukunden eine große Bedeutung. Denn der Ruf, welcher einem Verkäufer vorauseilt, erleichtert oder erschwert es ihm, Vertrauen zu gewinnen. Sein positives Image ist sein Stammkapital, welches in die Beziehung zum Kunden eingebracht wird. Je höher es ist, umso eher ist dieser bereit, Vertrauen in ihn zu investieren.

Ebenso wie Vertrauen ist auch Misstrauen eine psychologische und vorwiegend emotionale Kategorie und keine Frage von rationalen Entscheidungen, bei denen abgewogen wird, wem man aus logischen Gründen vertrauen kann und wem nicht.

Vier Ursachen für Misstrauen des Kunden

Kunden werden bei einem Erstkontakt aus vier Hauptgründen gegenüber einem Verkäufer misstrauisch. Da hier das Umkehrprinzip gilt, führt das entgegengesetzte Verhalten zu Vertrauen in ihn. Je stärker die jeweiligen Eindrücke sind, umso größer fällt das Misstrauen beziehungsweise im Umkehrfall das Vertrauen aus.

1. Äußeres und Inneres stehen nicht im Einklang. Das, was der Verkäufer sagt oder verspricht, scheint mit dem, was er tatsächlich denkt und empfindet, nicht im Einklang zu stehen. Auch wenn er beispielsweise nach außen hin scheinbar sicher auftritt, spürt man, dass er innerlich unsicher ist. Dass sein Verhalten also nicht auf einer inneren Sicherheit beruht, sondern eben nur eine Scheinsicherheit ausstrahlt. Dieser Eindruck entsteht vor allem durch aufgesetzte Verhaltensweisen, die den Verkäufer als Mensch nicht greifbar machen. Daher wirkt er für den Kunden nicht als runde Persönlichkeit, sondern als eckige Person. Seine Gefühlssensoren schlagen in solchen Fällen Alarm: Achtung, er verbirgt etwas und glaubt seinen eigenen Aussagen selbst nicht so recht! Auch wenn der Kunde die unbewussten Annahmen, die der Verkäufer trifft, nicht kennt, spürt er sie. Deshalb habe ich in Kapitel 7 vorgeschlagen, sie zu überprüfen. Auch um durch nützliche Annahmen die Vertrauensbildung beim Kunden zu erleichtern.
2. Die falsche Art zu fragen. Die Fragen des Verkäufers zielen zu wenig auf das ab, was für den Kunden besonders wichtig ist. Vielmehr vermittelt ihre drängende und suggestive Art das Gefühl, in eine bestimmte Richtung dirigiert werden zu sollen. Oder sie wirken sehr oberflächlich und signalisieren damit mangelhaftes Interesse.

3. Behauptungen statt Begründungen. Es wird mehr behauptet als argumentiert und begründet. Die aufgestellten Behauptungen, etwa über Produktvorteile, werden nicht plausibel erklärt. Sie bestehen im Endeffekt nur aus einer Aneinanderreihung von Verkaufsphrasen in Form einer Sprechblasenargumentation: Tolles Produkt! Verkauft sich hervorragend! Bestens geeignet für Sie!
4. Fadenscheinige Aussagen. Die getroffenen Aussagen sind nicht schlüssig. Sie wirken insgesamt sehr fadenscheinig. Beispiel: »Wir gehen von einer kontinuierlich steigenden Ertragsentwicklung aus, die bei dieser Anlageform für Sie einen attraktiven Vermögenszuwachs bedeuten kann. Auch wenn die Erträge einmal schwächer ausfallen, so kompensiert sich das mehr oder weniger in den Folgejahren. Vor allem durch überproportional zu erwartende Kurssteigerungen.«

Wodurch Vertrauen beim Erstkontakt entsteht

Im Unterschied zum Vertrauen aus Erfahrung ist Vertrauen bei einem Erstkontakt eine Vorschussleistung, die hauptsächlich auf Annahmen des Kunden beruht. Und zwar auf jenen, die dieser sich aufgrund seiner gesamten Eindrücke über den Verkäufer und sein Verhalten gebildet hat: wie der Verkäufer auftritt, was er sagt, wie er es sagt. Und natürlich, wie er insgesamt auf den Kunden wirkt.

Die ersten 15 Sekunden sind nicht entscheidend

Ob diese Vorschussleistung erbracht wird oder nicht, hängt nicht vom ersten äußeren Eindruck ab – den berühmten ersten 15 Sekunden. Er wird in seiner tatsächlichen Bedeutung vielfach überschätzt. Viel wichtiger ist das Bild, welches uns jemand von seinen Absichten vermittelt. Vertrauen bildet sich immer dann, wenn das Gefühl entsteht, dass a) jemand prinzipiell die gleichen Interessen verfolgt wie wir selbst, und b) wir annehmen können, dass eingehalten wird, was zugesagt oder versprochen wurde.

Das Gehirn sucht während des gesamten Gesprächsverlaufs nach Anhaltspunkten und Indikatoren, die für oder gegen diese beiden Vertrauenskriterien sprechen. Nicht nur während der ersten 15 Sekunden, wie fälschlicherweise immer wieder behauptet und gedankenlos nachgeplappert wird. In dieser Zeitspanne entsteht nur ein grober Eindruck, der zu ersten Reflexen auf den anderen führt und der durchaus korrigiert werden kann. In positiver, aber auch in negativer Hinsicht.

Die Vertrauensbereitschaft wird insbesondere durch eine klare, eindeutige und offene Kommunikationsweise erhöht. Kunden werten sie als Indikator für Vertrauenswürdigkeit. Ob die Kommunikation des Verkäufers vom Kunden als glaubwürdig interpretiert wird, hängt sehr von seiner persönlichen Ausstrahlung ab. Sie ist ein besonders wichtiges Element der Vertrauensbildung. Verkäufer stellen dazu oft zwei Fragen: »Wie entsteht eine positive Ausstrahlung? Braucht man ein besonderes Charisma, um das Kundenvertrauen möglichst rasch zu gewinnen?«

Die Ausstrahlung eines Menschen

Die Ausstrahlung eines Menschen erklärt sich aus psychologischer Sicht nicht mit esoterischem Geheimwissen, welches nur Eingeweihten zugänglich ist. Sie bestimmt sich vielmehr aus drei Hauptfaktoren, die weitgehend unbewusst sind und die darüber entscheiden, wie stark die Ausstrahlung eines Menschen ist und ob sie als positiv oder als negativ erlebt wird. Dabei werden keine geheimnisvollen Partikelchen ausgestrahlt, sondern sie ist das Bild, das bei anderen über uns entsteht. Dieses begünstigt oder hemmt die Vertrauensbildung, erleichtert oder erschwert es, Glaubwürdigkeit zu vermitteln.

Die biologische Grundlage dafür dürften die erst in jüngster Zeit entdeckten Spiegelneurone sein. Ein Netzwerk von Nervenzellen in verschiedenen Hirnregionen, das eine innere Abbildung eines anderen Menschen auf intuitivem Weg ermöglicht. Sie bewirken, dass, wie der Freiburger Wissenschaftler Joachim Bauer sinngemäß schreibt, die Vorstellungen, Empfindungen, Sehnsüchte, Befürchtungen und Denkweisen eines Menschen instinktiv erspürt werden können.[9]

Drei Hauptfaktoren der Ausstrahlung

Was bestimmt die persönliche Ausstrahlung eines Menschen, die bei jedem Erstkontakt die Höhe des gewährten Vertrauensvorschusses maßgeblich beeinflusst?

1. Die Einstellung gegenüber anderen. Insbesondere die Bereitschaft, andere in ihrer Individualität als Mensch und nicht als Person oder Funktionsträger wahrzunehmen. Andere spüren sehr genau, ob jemand Menschen mag und gerne mit ihnen zu tun hat. Oder ob sie funktionalisiert werden sollen, das heißt im Sinne eines herkömmlichen Egoismus in selbstbezogener Weise nur den eigenen Interessen dienen sollen.
2. Die persönliche Situation. Weiß man, was man will? Und wie gut gelingt es einem, die unterschiedlichen Aufgaben, die das Leben stellt, zu erfüllen? Im beruflichen wie im privaten Bereich gleichermaßen? Denn die Persönlichkeit eines Menschen ist nicht teilbar. Zufrieden im Beruf, aber unzufrieden im Privatleben – oder umgekehrt –, das funktioniert nicht. Zumindest nicht auf Dauer.
3. Das Bild, das man von sich selbst im Allgemeinen hat und als wie sinnhaft die eigene Tätigkeit empfunden wird. Letztlich hängt die Ausstrahlung eines Menschen auch davon ab, wie gut er sich die Frage nach dem Sinn seiner Existenz zu beantworten vermag.

Die Ausstrahlung eines Menschen hat viel damit zu tun, wie gut es ihm gelingt, seine Persönlichkeit zu leben. Der zu sein, der er ist. Nur dann ruht man in sich selbst. Und das strahlt man auch aus, genauso wie das Gegenteil.

Charisma

Sollte man als Verkäufer charismatisch sein? Erzielt man dadurch höhere Abschlussquoten und bessere Verkaufsergebnisse? Charisma ist eine besonders starke Ausstrahlung, die andere Menschen in ihren Bann ziehen kann. Sie gehört aber sicherlich nicht zu den Voraussetzungen, um ein hohes Vertrauen zu gewinnen. Eher das Gegenteil könnte der Fall sein. Es besteht die Gefahr, dass Kunden dadurch ein Gefühl der Unterlegenheit vermittelt wird. Das würde ihr Dominanzprogramm im Reptilienhirn alarmieren, und es wäre mit Widerstand zu rechnen, nicht mit Vertrauen.

Etwas lässt sich allerdings von charismatischen Persönlichkeiten für die rasche Herstellung eines Vertrauensverhältnisses im Verkauf übernehmen: Menschen mit Charisma geben anderen stets das Gefühl, während einer Begegnung der wichtigste Mensch für sie zu sein. Wenn Sie Ihren Kunden dieses Gefühl vermitteln, ohne ihnen eine Königskrone aufzusetzen, entsteht sehr rasch Vertrauen in Ihre Person.

Wirkt es eigentlich vertrauensbildend, dem Kunden bei einem Erstkontakt möglichst rasch ähnliche Hobbys oder Interessen zu signalisieren, von denen man beispielsweise über Dritte erfuhr? Das ist eine immer wieder gestellte Frage, die deshalb hier kurz besprochen wird.

Es ist besser, so etwas nicht zu tun, da es leicht das Gegenteil von dem bewirkt, was damit bezweckt werden soll: Der Kunde wertet es als Absicht, sich ihm anzubiedern, um ihn leichter von etwas überzeugen zu können. Ihn durch falsche Vertraulichkeiten für sich gewinnen zu wollen. Resultat: Er wird misstrauisch. Auch wenn er das ursprünglich gar nicht war. Triviale Verkaufsratgeber irren daher, wenn sie eine solche Vorgehensweise empfehlen. Die Initiative zu einem Gespräch auf privater Ebene muss vom Kunden kommen. Und auch hier wäre zu bedenken, falls solche Signale bei einem Erstkontakt in einer frühen Phase gesendet werden: Könnte darin die Absicht liegen, vertrauensselig zu wirken, um den Verkäufer leichter zu Zugeständnissen zu bewegen?

Die meisten dieser Verkaufsratgeber werden in Amerika verfasst, deren Empfehlungen aber auch im deutschsprachigen Raum unkritisch verbreitet. Dort gelten jedoch andere kulturelle Voraussetzungen als hier. Natürlich muss jeder selbst entscheiden, ob er solchen Ratschlägen folgt und seine Kunden bei einem Erstkontakt in folgender Manier ansprechen will: »Hallo Frank. Wie fantastisch, ich sehe, Sie spielen Golf. So wie ich. Sicherlich gemeinsam mit Ihrer entzückenden Frau da auf dem Foto. Meine Frau Nancy hat gerade damit angefangen. Wir sollten gemeinsam eine Partie spielen. Wie ist Ihr Handicap?«

Gesprächsvorbereitung und Vertrauensbildung

Bei einem Erstkontakt ist es überaus wichtig, gut vorbereitet zu sein. Denn je besser man das ist, umso leichter gewinnt man das Vertrauen des Kunden. Die Qualität der Vorbereitung ist ein Zeichen für die Qualität des Verkäufers. Sie ist ein deutliches Signal an den Gesprächspartner: Sie sind wichtig für mich! Ohne professionelle Vorbereitung zum Kunden zu gehen ist wie mit verbundenen Augen über eine schwankende Hängebrücke zu marschieren.

»Sicher«, sagen viele Verkäufer. »Das weiß ich und das mache ich auch. Schließlich bin ich kein Anfänger.« Bei der Frage, wie ihre Vorbereitung aussieht, kommt häufig die Antwort: »Ich stelle die Verkaufsunterlagen zusammen, gebe sie in eine Mappe und schreibe den Namen des Kunden drauf. Das wirkt sehr persönlich.« »Ist das alles, was Sie unter Gesprächsvorbereitung verstehen?«, frage ich in solchen Fällen nach. Denn das zählt zu den selbstverständlichen Basisstandards bei der Neukundenakquisition. »Was könnte man darüber hinaus noch tun?«, wird dann zurückgefragt.

Termine richtig vereinbaren

Eine gute Vorbereitung auf ein Erstgespräch bei einem Kundenbesuch beginnt bereits mit der Überlegung: Welche Kontaktziele werden bei der telefonischen Terminvereinbarung genannt? Sie sollten konkret sein und den möglichen Nutzen und die Vorteile für den Kunden klar herausstellen. Nicht: »Ich würde Ihnen gerne unsere neue Software vorstellen.« Sondern beispielsweise: »Unsere neue Spezialsoftware hat eine wichtige Verbesserung. Sie kann Ihnen als Architekten die Planung von Ein- und Mehrfamilienhäusern deutlich erleichtern. Wie ich auf Ihrer Homepage gesehen habe, sind Sie darauf spezialisiert. Wann haben Sie Zeit, um sich darüber von mir näher informieren zu lassen? Das Gespräch würde circa eine halbe Stunde dauern. Und wenn Sie möchten, können wir dabei ein Anwendungsbeispiel simulieren.«

Empfehlenswert ist, wann immer das möglich ist, den Termin selbst zu vereinbaren und diese Aufgabe nicht an das Sekretariat zu delegieren. Das wirkt persönlicher, und man hat bei diesem Telefonat die Gelegenheit, einen ersten Vertrauenseindruck zu hinterlassen. Und zwar, indem der Grund des Anrufs direkt angesprochen wird, nachdem vorher nachgefragt wurde, ob es für den Kunden gerade passend ist. Nicht: »Störe ich gerade« oder »Haben Sie einige Minuten Zeit für mich?« Sondern: »Passt es für Sie gerade? Ich brauche nur eine Minute Ihrer Zeit.« Lautet die Antwort »Nein«, so kann man nachfragen: »Wann passt es besser für Sie?«

Es überrascht immer wieder, wie unprofessionell manche Verkäufer vorgehen, wenn sie mit mir einen Termin vereinbaren wollen. Sie erklären weitschweifig, ohne mir vorher gezielte Fragen gestellt zu haben, welche hervorragenden Produkte sie anbieten. Solche Akquisitionstelefonate vermitteln mir den Eindruck, dass sie offenbar annehmen, ich hätte alle Zeit der Welt. Als ob ich untätig im Büro sitzend auf ihren Anruf gewartet hätte. Diese

Vorgehensweise wirkt alles andere als vertrauenserweckend. Sie lässt den Schluss zu, dass diese Verkäufer schlecht vorbereitet sind. Aber auch, dass deren Sensibilitätschip im Gehirn überprüft werden sollte. Wie wird ein Erstkontakt professionell vorbereitet? Worauf kommt es dabei an?

Professionelle Vorbereitung

Die sieben wichtigsten Punkte, welche ich in dem Buch *Der Verkaufs-Alchimist*[10] näher beschrieben habe, sind:

1. *Informationen über das Unternehmen:* Bei Firmenkunden können von der Homepage wichtige Infos für einen Erstkontakt gewonnen werden. Zum Beispiel über die Geschäftsfelder. Auf welchen Märkten ist das Unternehmen tätig? Was gibt es Interessantes in Bezug auf Auszeichnungen, Qualitätssiegel, Unternehmensleitsätze, Organigramme oder Pressemitteilungen? Im Gespräch lässt sich daran anknüpfen, beziehungsweise kann dieses Wissen für einen aktiven Gesprächseinstieg genutzt werden.

Beispielsweise: »Wie ich in einer Presseaussendung gesehen habe, erweitern Sie Ihr Geschäftsfeld Sondermaschinen. Sie expandieren damit nach Südosteuropa. Läuft es gut an?«

2. *Aktiver Einstieg in das Gespräch:* Was sage ich nach der Begrüßung? Die üblichen Einstiegsfloskeln werden vom Kunden als rollentypisches Durchschnittsverhalten interpretiert, weil sie häufig verwendet werden. Er stuft solche Verkäufer unbewusst als Durchschnittsverkäufer ein, die ihr Programm abspulen wollen. Vertrauensfördernd wäre das nicht. Daher ist es wichtig, einige Möglichkeiten vorzubereiten, wie man das Gespräch aktiv und untypisch beginnen kann. Je größer das Reservoir an Einstiegsvarianten, desto einfacher ist der Gesprächseinstieg. Denn das Gehirn hat so eine größere Auswahl an Möglichkeiten, auf die es spontan zugreifen kann. Abwartendes Schweigen wirkt verunsichernd auf den Kunden. Und vor allem überlässt es diesem bereits von Beginn an die Initiative.

Ein Beispiel für einen aktiven Gesprächseinstieg: »Ich habe auf Ihrer Homepage gesehen, dass Sie seit Juni dieses Jahres nach Südkorea exportieren. Während der Fahrt zu Ihnen habe ich mich gefragt: Wie bereitet man sich aufgrund der Mentalitätsunterschiede wohl am besten auf Verhandlungen mit den Koreanern vor?«

3. *Anlass und Ziel des Erstkontaktes:* Ziele geben dem Denken Orientierung. Je klarer sie sind, umso leichter fällt es, die richtigen Fragen an den Kunden zu finden und darauf eine gute Gesprächsdramaturgie aufzubauen. Damit ein Ziel ein Ziel ist, muss es konkret formuliert sein. Es sollte dem Kunden zu Beginn des Kontaktes genannt werden. Als roter Faden für den weiteren Verlauf und natürlich nur als Vorschlag. Am besten ist es zu fragen, was für ihn bei diesem Erstgespräch besonders wichtig ist und ob er das vorgeschlagene Gesprächsziel erweitern möchte.

Ein Beispiel: »Sie leiten das führende Bekleidungshaus in dieser Region und wären für uns als Kunde sehr interessant. Ich denke, dass unsere Kollektionen auch für Ihre Kunden interessant sind, da Sie im gehobenen Preissegment verkaufen. Ich möchte Sie bei diesem Erstgespräch über die Highlights unserer neuen Herrenkollektion aus Milano informieren. Und ich wollte mit Ihnen klären, unter welchen Voraussetzungen Sie ausgewählte Ware in Ihr Sortiment aufnehmen. Gibt es Gesprächspunkte, die für Sie besonders wichtig sind, auf die wir näher eingehen sollten?« Das klingt professionell.

Unprofessionell ist es hingegen, wenn mit abgegriffenen Allgemeinplätzen der Kontaktanlass nur angedeutet wird: »Schön, dass Sie heute Zeit für mich gefunden haben und ich Ihnen unsere wunderbaren Kollektionen vorstellen darf.« Für den Kunden klingt das wie eine Vorwarnung: Das wird ein langweiliges und zeitraubendes Gespräch!

4. *Geplanter Zeitrahmen für das Erstgespräch:* Zeit ist das wichtigste Gut. Geht man mit der des Kunden sparsam um, wird er niemals das Gefühl haben, dass sie ihm gestohlen wird. Daher ist es wichtig, dass man weiß, wie viel Zeit es braucht, um ihn seriös informieren zu können, und dass der Zeitrahmen mit ihm abgestimmt wird.

Ein Beispiel: »Aus meiner Sicht dürfte eine Stunde ausreichend sein, um die wichtigsten Fragen für eine mögliche Zusammenarbeit zu klären. Wie viel Zeit haben Sie dafür eingeplant?« Durch das vereinbarte Zeitziel fokussiert sich die Aufmerksamkeit des Kunden. Gleichzeitig schützt es vor unangenehmen Überraschungen: »Tut mir leid, ich muss das Gespräch jetzt abbrechen. Ich dachte nicht, dass es so lange dauern würde. Ich habe einen wichtigen Termin.«

5. *Unerwartete Reaktionen des Kunden bei einem Erstkontakt:* Natürlich können nicht im Voraus alle Eventualitäten durchgespielt werden. Gemeint

ist, sich auf das vorzubereiten, was für einen am unangenehmsten wäre. Dann kann man im konkreten Fall besser damit umgehen und richtig reagieren. Wenn man beispielsweise auf der Fahrt zum Kunden solche Möglichkeiten kurz durchdenkt, finden sich leichter die richtigen Worte.

Dazu ein Beispiel: Der Kunde verhält sich zu Beginn des Gespräches abweisend und begrüßt den Verkäufer mit den Worten: »Danke, dass Sie sich herbemüht haben. Aber ich habe gestern ein Angebot Ihrer Konkurrenz erhalten. Das halte ich für unschlagbar gut. Da müssten Sie sich schon etwas Besonderes einfallen lassen, um mich überzeugen zu können. Ich fürchte allerdings, das wird sehr schwierig für Sie sein.« Wenn das Gehirn auf solche Eventualitäten vorbereitet ist, bringt einen das nicht aus der Fassung: »Das ist genau der Grund, warum ich heute bei Ihnen bin. Nämlich um zu klären, was wir Ihnen Besonderes bieten können, damit Sie unser Kunde werden. Mein Vorschlag: Wir gehen dieses Thema gleich an. Was ist für Sie am wichtigsten? Was könnte Sie überzeugen? Abgesehen vom Preis, der natürlich immer wichtig ist?«

6. *Zukünftige Geschäftschancen:* Wie verbleibt man, wenn sich im Erstgespräch keine konkreten Möglichkeiten für eine Geschäftsbeziehung ergeben? Auch auf diese Situation sollte man vorbereitet sein, um die Vertrauensbrücke, die im Gespräch zum Kunden bereits aufgebaut wurde, nicht abrupt abzubrechen. Wie etwa durch folgende Äußerung, die darauf schließen lässt, dass der Verkäufer kaum mit einer solchen Möglichkeit gerechnet hatte: »Schade, ich dachte, Sie überzeugen zu können. Ich melde mich bei Gelegenheit wieder bei Ihnen. Man kann ja nie wissen, vielleicht überlegen Sie sich die ganze Sache noch einmal.«

Besser wäre es, in einem solchen Fall etwa so zu reagieren: »Ich verstehe Ihren Standpunkt. Sie sind mit Ihrem Lieferanten derzeit sehr zufrieden, und wir können seinen Preis leider nicht unterbieten. Das wäre kaufmännischer Selbstmord für uns. Darf ich annehmen, dass in Zukunft vielleicht die Chance besteht, einen Probeauftrag zu erhalten? Nur damit Sie sich ein Bild von der Qualität unserer Produkte und dem Service, den wir unseren Kunden bieten, machen können? Wann möchten Sie, dass ich Sie wieder kontaktiere?«

7. *Last but not least: die formalen Daten:* Insbesondere die genaue Schreibweise des Vor- und Zunamens der Gesprächspartner, die genaue Funktion und eventuell ein Titel. Diese Kleinigkeiten sind wichtig, weil der Name für

jeden Menschen etwas ganz besonderes darstellt. Es wirkt peinlich, wenn beispielsweise ein Herr Klausthofer mit »Herr Klausterhof« angesprochen wird. Selbst der einfache Name »Eicher« ist offenbar für viele ein Problem. Jedenfalls wurde ich schon häufig auf verschiedenste Weise umgetauft. Und der Vorname ist deshalb wichtig, weil sich das Gehirn die Kombination mit dem Nachnamen leichter merkt. »Peter Klausthofer« behält man besser in Erinnerung als nur »Klausthofer«.

Die Fährte zum Kunden legen

»Verliert man durch eine solche Vorbereitung nicht seine Spontaneität?«, fragen dazu manchmal Außendienstmitarbeiter. Doch das Gegenteil ist der Fall. Denn je besser die Vorbereitung ist, desto sicherer fühlt man sich. Und umso leichter fällt es, spontan zu handeln und situativ richtig zu reagieren. Denn im Gehirn wurden Spuren gebildet – eine Fährte zum Kunden gelegt –, auf die sich zurückgreifen lässt. Wie auf einen inneren Leitfaden, der Halt gibt.

Im Spitzensport zählt das mentale Training zu den unverzichtbaren Bestandteilen bei der Vorbereitung auf Wettbewerbe. So stellen sich zum Beispiel Skiabfahrtsläufer die ganze Abfahrtsstrecke immer wieder geistig vor und prägen sich so deren Gefahrenpunkte ein. Durch dieses geistige Probehandeln verbessern sich die Chancen auf den Sieg. Im Verkauf ist eine ausgezeichnete Vorbereitung auf einen Erstkontakt ähnlich wichtig. Sie lässt die Chancen steigen, ins Geschäft zu kommen. Verkäufer, die unvorbereitet sind, geraten leicht aus der Fassung, wenn ein Erstgespräch nicht so einfach und problemlos verläuft, wie sie gehofft hatten. Stressreaktionen sind die Folge, und dann wird es noch schwieriger. Profis sind daher immer gut vorbereitet. Ohne Anspruch auf Perfektionismus, der eher trennt als verbindet. Sie gewinnen leichter das Vertrauen des Kunden. Und aus Geschäftschancen werden so häufig auch Geschäftsabschlüsse. Sie werden von den gut vorbereiteten Profis gezielt herbeigeführt. Und nicht herbeigehofft, wie es nur die »spontanen Dilettanten« tun.

Das richtige Timing

Das Timing ist nur scheinbar eine Kleinigkeit, die für die Vertrauensbildung bei einem Erstkontakt wichtiger ist, als es zunächst aussieht. Was es bedeutet, wenn man einen Kunden warten lässt, ist jedem Verkäufer bekannt. Wahrscheinlich auch, dass der entschuldigende Hinweis auf den Verkehrsstau beim Kunden nicht zieht. Sondern die Frage auslöst: »Warum ist er nicht früher weggefahren? Bin ich so unwichtig für ihn?« Weniger bekannt ist die psychologische Wirkung, wenn man bereits deutlich vor dem vereinbarten Termin an seine Tür klopft. Also überpünktlich ist. Er schließt daraus keinesfalls auf besondere Gewissenhaftigkeit und fühlt sich dadurch auch nicht in seiner Bedeutung geschmeichelt. Eher interpretiert es der Kunde als aufdringlich. Er empfindet es als unliebsame Störung, die seine Arbeit unterbricht, wenn die Sekretärin meldet: »Herr Gallbauer ist schon da. Kann er hereinkommen?« Sagt er aus Höflichkeit ja, beginnt das Gespräch bereits mit einem schlechten Vorzeichen, weil er seine Tätigkeit unterbrechen musste. Sagt er nein, so muss der Verkäufer auf ihn warten. Damit würde die psychologische Balance in der Beziehung zum Kunden gestört und in eine schiefe Ebene verwandelt: Der eine lässt warten, der andere muss warten. Überpünktlichkeit hat darüber hinaus die Signalwirkung: Ich will unbedingt etwas von dir! Damit verschlechtert man seine Karten.

Besser ist daher Folgendes: Sollte man vor dem vereinbarten Termin beim Kunden sein können, etwa weil zuvor ein anderer ausfiel, nutzt man die Zeit anderweitig. Etwa bei einer entspannenden Tasse Kaffee in einem nahe gelegenen Gasthof. Dabei kann man kurz einen Blick auf die Gesprächsvorbereitung werfen. Einige Minuten vor dem vereinbarten Termin ist der richtige Zeitpunkt für die Anmeldung im Sekretariat. Sieht der Kunde auf die Uhr, wird er bemerken: Kommt exakt zum vereinbarten Zeitpunkt. Er wird wahrscheinlich ein wenig verwundert fragen: »Wie haben Sie das geschafft, bei der allgemeinen Verkehrslage und den vielen Staus? Pünktlich auf die Minute!« Aus der zeitlichen Präzision schließt er unbewusst: sehr zuverlässig. Und Zuverlässigkeit ist die Mutter der Vertrauenswürdigkeit.

Leichtes Marschgepäck beim Erstkontakt

Eine weitere scheinbare Kleinigkeit wird in ihrer psychologischen Wirkung auf den Kunden leicht unterschätzt: das Marschgepäck, das der Verkäufer bei einem Erstkontakt bei sich trägt: Musterkoffer, Produktunterlagen,

Laptop oder Handheld, Aktentasche und Handy. Empfehlung: Bei einem Erstkontakt ist nur das »leichte Marschgepäck« mit ins Büro des Kunden zu nehmen. Wie zum Beispiel einige Prospekte und der Terminplaner. Es sei denn, es wurde vorab vereinbart, bestimmte Unterlagen schon im Erstgespräch detailliert durchzugehen. Warum nicht mehr? Weil hier weniger mehr ist.

Denn dadurch entsteht der Eindruck beim Kunden, dass es für den Verkäufer wichtig ist, zunächst zu erfahren, worum es ihm geht, bevor ihm etwas verkauft werden soll. Dringt man hingegen mit dem großen Berater- oder Verkaufskoffer, womöglich auch noch auf Rollen, in das Revier des Kunden ein, wird damit das Signal gesendet: Er will mir sofort etwas verkaufen! Außerdem wirkt es wie »typisch Vertreter«. Darüber hinaus ist die Botschaft an das Unterbewusste des Kunden: Könnte ein langwieriges und mühsames Gespräch werden, wenn ich mir das alles ansehen soll! Stellt sich im Gespräch heraus, dass detaillierte Unterlagen benötigt werden, können diese jederzeit aus dem Fahrzeug geholt werden. Und bei dieser Gelegenheit lässt sich auch ein weiterer Pluspunkt für das Vertrauen sammeln: »Ich wollte Sie nicht gleich mit allen Unterlagen überfallen. Sondern zunächst klären, was für Sie wichtig ist, wenn Sie einen Auftrag vergeben. Deshalb habe ich sie im Auto gelassen. Ich bin in einer Minute wieder bei Ihnen.«

Wie Vertrauen gefestigt wird

Wie in Kapitel 1 beschrieben wurde, nimmt die Kundenbindung allgemein ab. Diesem Trend lässt sich im eigenen Wirkungskreis gezielt entgegenwirken. Vor allem durch die zum Kunden hergestellte Kontakttiefe. Sie ist ein wirksames Bindemittel, mit dem in das Kaufgedächtnis des Kunden leicht erinnerbare Spuren gegraben werden. Damit erhöht sich automatisch der lukrative Stammkundenanteil.

Lukrativ, weil diese Kunden nicht mit aufwändigen Werbemaßnahmen gewonnen werden müssen, sondern bereits Vertrauen in das Unternehmen und zum Verkäufer haben. Daher werden sie beim nächsten Kauf wieder an ihn denken. Wodurch gräbt man solche Spuren in das Kaufgedächtnis von Kunden, die bereits einmal oder mehrmals bei einem gekauft haben?

An erster Stelle steht, dass Versprechen und Zusagen kompromisslos ein-

gehalten werden. Ohne Wenn und Aber. Und ohne Hinweis auf das Klein-
gedruckte, welches beim Kauf vom Kunden »halt übersehen« wurde – anstatt ihn vorher aufzuklären, welche Bedeutung es für ihn hat. Weitere Bo-
nuspunkte für die Vertrauensbildung lassen sich sammeln, wenn man als
Verkäufer persönlich dafür sorgt, dass aufgetretene Reklamationen zügig
bearbeitet werden. Oder wenn der Kunde durch den Verkäufer über den
Stand der Dinge auf dem Laufenden gehalten wird, zum Beispiel bei länge-
ren Lieferfristen. Eine Untersuchung in Innsbruck ergab zum Beispiel: An-
waltsklienten bemängeln am meisten, dass sie nicht ausreichend und rechtzeitig informiert werden, worin die nächsten Schritte in einem Verfahren
bestehen. Die höchste Zufriedenheit bei den Klienten findet sich dort, wo
man diesen Punkt als wichtig ansieht und sie entsprechend informiert. Angesichts der Anwaltsschwemme ist in der Zwischenzeit vielen klar: Auch
wir müssen unsere Leistung verkaufen. So wie jeder andere auch.

Die Erfahrungen des Kunden nutzen

Eine gute Möglichkeit, um Vertrauen zu vertiefen, besteht darin, sich nach
den beruflichen Erfahrungen des Kunden zu erkundigen und mit ihm darüber zu sprechen. Darüber hinaus kann das für weitere Geschäftskontakte
sehr nützlich sein. Dabei ist nicht die plumpe Methode gemeint, nach Wei-
terempfehlungskontakten zu fragen. Etwa: »Kennen Sie jemanden, der an
unseren Produkten Interesse haben könnte und wo ich mich auf Sie als Re-
ferenz beziehen kann?« Subtiler und wirksamer ist es zu fragen – insbesondere im B2B-Bereich –, welche Erfahrungen der Kunde mit seinen Kunden
macht. Welche Trends er dabei beobachtet und welche Erkenntnisse er
daraus für seine Tätigkeit ableitet. Das Interesse, welches damit zum Ausdruck gebracht wird, ist nicht nur für die Vertiefung des Vertrauens wichtig. Durch solche Gespräche können sich auch weitere interessante Geschäftsmöglichkeiten ergeben. Entweder mit dem Kunden selbst oder durch
seine Hinweise mit anderen Kunden.

Und falls man als Gebietsverantwortlicher in regelmäßigem Rhythmus
Einzelhändler besucht, zeigt das Interesse an deren Verkaufssituation, dass
intelligent verkauft wird. Dass es nicht darum geht, nach Möglichkeit ihr
Lager mit Produkten vollzustopfen – frei nach dem Motto: Nach mir die
Sintflut! Intelligent verkaufen meint: die Erfahrungen des Händlers nutzen,

um gemeinsam gute Lösungen zu finden, wie möglichst viel von den Produkten verkauft werden kann. Wird bei solchen Besuchen nur über neue Produkte informiert und anschließend die Bestellliste abgehakt, so hinterlässt das im Kaufgedächtnis eine sehr oberflächliche Spur. Sie verblasst spätestens dann, wenn es ein Mitbewerber besser versteht, das Vertrauen des Kunden zu gewinnen.

Was geschieht nach dem Kauf?

Vertrauen aus Erfahrung entsteht nicht nur durch den Kauf an sich und durch eingehaltene Zusagen und Versprechen gegenüber dem Kunden. Auch das, was nach dem Kauf geschieht, ist wichtig. Es festigt das Vertrauen, wenn der Kunde einige Tage nach dem Abschluss angerufen und gefragt wird, ob alles in Ordnung ist. Ob er mit dem Kauf zufrieden ist und ob eventuell noch Fragen aufgetaucht sind, die beantwortet werden können. Nicht aus Routine, sondern aus persönlichem Interesse des Verkäufers. Das gilt natürlich nur dann, wenn es von der Wertigkeit des Produkts her Sinn macht. Im B2C-Bereich beispielsweise bei Fahrzeugen, hochwertigem Schmuck oder einer Wohnungseinrichtung. Oder bei bestimmten Finanzdienstleistungen wie etwa einer privaten Altersvorsorge.

Ein solcher Anruf zeigt dem Kunden: Ich bin dem Verkäufer auch nach dem Kauf wichtig. Und nicht nur vorher, wo das Abschlussinteresse dies ohnehin nahe legt. Viele Kunden sind von einer solchen Vorgehensweise positiv überrascht. Denn sie rechnen nicht damit und erwarten eher, dass sie nur dann angerufen werden, wenn ihnen etwas verkauft werden soll. Was hier nicht gemeint ist, sind die in der Zwischenzeit fast schon in übertriebener Weise durchgeführten Kundenbefragungen durch ein Callcenter. Nein, das muss der Verkäufer selbst erledigen – und nicht irgendjemand –, wenn ihm die Stammkundenbindung ein Anliegen ist: »Ich rufe Sie an, weil ich mich erkundigen möchte, ob es noch Fragen gibt, die vielleicht aufgetaucht sind. Und weil ich sicherstellen möchte, dass alles passt und Sie mit Ihrer Entscheidung wirklich zufrieden sind.«

Solche »uneigennützigen« Kontakte vertiefen das Vertrauen. Und sie führen nicht selten zu weiteren Geschäften: »Danke, dass Sie nachfragen. Es passt alles. Sie haben mich sehr gut beraten. Ich habe gestern meinem Nachbarn davon erzählt. Seine Tochter wird studieren. Er möchte einen bestimmten Betrag gut verzinst für sie ansparen. Kombiniert mit einer Versicherung. Wollen Sie ihn kontaktieren? Er hat mir erzählt, dass er seinen Versicherungsberater wechseln will. Der meldet sich immer nur dann, wenn er ihm was verkaufen will.«

Das Alles-oder-Nichts-Prinzip

Vertrauen ist keine Ware, die aus einem Automaten herausgezogen werden kann, wenn vorher einige Münzen eingeworfen wurden. Wer denkt, dass es sich auf so einfache Weise herstellen ließe, unterliegt dem Irrtum eines mechanistischen Kausalitätsverständnisses. Ein solches gilt in der Physik, nicht aber für Menschen und deren Psyche. Deshalb lässt es sich auch nicht wiegen und messen, sodass man sagen könnte: Dieser Kunde hat 2 Kilogramm Vertrauen in mich und jener 1 Meter. Oder: Wenn man A sagt und B macht, wird der Kunde C tun, weil er einem vertraut.

Vertrauen ist eine psychologische Kategorie, die dem Alles-oder-Nichts-Prinzip folgt: Es ist entweder vorhanden oder es fehlt. Und einer der wichtigsten verkaufspsychologischen Grundsätze lautet: Die Persönlichkeit überzeugt, das Vertrauen verkauft. Beides ist nicht voneinander zu trennen.

Kapitel 9

Einfach und klar überzeugen

>> Was ein Mensch zu denken vermag,
lässt sich auch allemal in klaren, fasslichen und
unzweideutigen Worten ausdrücken.
Die, welche schwierige, dunkle, verflochtene,
zweideutige Reden zusammensetzen,
wissen ganz gewiss nicht recht, was sie
sagen wollen. <<

Arthur Schopenhauer

Wirksame Kommunikation ist gehirngerecht

Die Lieblingsspeise des Gehirns ist das Konkrete, Bildhafte und Anschauliche. 83 Prozent aller Sinneseindrücke, die es verarbeiten muss, stammen vom Auge. Nur 11 Prozent vom Ohr, in dem sich auch wesentlich weniger Sinneszellen befinden als im Auge. Das Gehirn hat eine Aversion gegen alles, was sehr abstrakt ausgedrückt wird und schwer verständlich ist. Denn das bedeutet einen zusätzlichen Energieaufwand, um es zu verstehen und in seiner Bedeutung erfassen zu können. Und Energie frisst es ohnehin schon genug: rund 20 Prozent der täglichen Menge, die der Körper verbraucht. Da es nur circa 2 Prozent vom Gesamtgewicht eines Menschen ausmacht, aber unverhältnismäßig viel Energie verzehrt, wird es als Schmarotzer des Körpers bezeichnet.

Wie reagiert das Kundengehirn, wenn es etwas schwer verstehen kann? Beispielsweise eine technische Erklärung über die Neuerungen eines Gerätes. Oder die finanztechnischen Einzelheiten eines Kapitalprodukts. Es gibt zwei Möglichkeiten, und beide machen den Verkauf schwieriger. Erstens: Das Gehirn ignoriert alles, was ihm schwer verdaulich serviert wird, in der Hoffnung, es würde eine leichter verdauliche Sprachkost folgen. Zweitens: Es reagiert aversiv. Warum kann ich das nicht verstehen, was mir der andere sagt? Bin ich etwa zu blöd dafür? Oder ist er nur zu dumm, um es mir einfacher sagen zu können? Da sich niemand gerne für blöd hält, ist klar, wie das Gehirn entscheidet. Klar ist auch: Es hat mit seiner Entscheidung Recht. Denn es ist die Aufgabe dessen, der andere überzeugen möchte, dafür die richtigen Worte zu finden. Und die müssen klar und einfach sein sowie eindeutig statt mehrdeutig, denn das Mehrdeutige verunsichert ebenso wie das unverbindlich Formulierte, etwa in Form von »an und für sich« und »eigentlich schon«.

Bei allem, was kompliziert ausgedrückt wird, rätselt das Gehirn, während der andere weiterspricht: Was heißt das nun, was er mir vorhin gesagt hat? Die Konzentration driftet dadurch ab, und das, was gesagt wird, kann nur mehr teilweise aufgenommen werden. Das ist der Effekt des kompliziert und mehrdeutig Ausgedrückten in der Kommunikation. Alles, wofür das Gehirn erst einen Dolmetscher bräuchte, um es richtig verstehen zu können, hemmt den Verkauf.

In ähnlicher Weise gilt das auch für inhaltsleere Phrasen und Standardfloskeln sowie für abgedroschene Allgemeinplätze. Das Gehirn behandelt sie als reine Durchläufer. Es registriert sie, beachtet sie aber nicht. Denn die Sprechblasen-Sprachsuppe ist zu dünn und hat zu wenig Substanz. Es gibt nichts, was daran zu verdauen wäre, und das Gehirn kann sich darunter nichts vorstellen. Darin liegt das Hauptproblem. Daher kann damit auch niemand überzeugt werden.

Eine Kommunikation, die überzeugen soll, muss gehirngerecht formuliert sein und folgende Spielregeln beachten:

- Einfach ist gut, denn das Gehirn liebt einfaches Denken.
- Zu einfach wirkt simplifizierend oder unglaubwürdig.
- Kompliziert ist für das Gehirn mühsam und wird ignoriert.

Die Analyse gängiger Verkaufsunterlagen und Homepages zeigt, dass viele von ihnen nicht gehirngerecht formuliert sind. Entweder sind die Aussagen zu kompliziert, oder es handelt sich um phrasenhafte Behauptungen, die keinen konkreten Inhalt transportieren. Zum Beispiel: »Wir bieten Ihnen eine maximale Servicequalität.«, »Profitieren Sie von unserem umfassenden Dienstleistungspaket.«, »Überzeugen Sie sich von unserem optimalen Preis-/Leistungsverhältnis.« Was sollte sich das Gehirn darunter vorstellen können? Solche Aussagen sind Leerfomulierungen. Sie haben beim Kunden keinerlei Wirkung und lösen bei ihm nichts aus. Und nicht selten ist die Sprache, die verkaufen soll, beides: phrasenhaft und kompliziert. Dies gilt insbesondere für technische Produkte. Für das Gehirn hat das die Wirkung eines Brechreizmittels: Es spuckt das Unverständliche rasch wieder aus.

Worte wirken wie Drogen

Wie jeder aus dem eigenen Erleben weiß, lösen Worte völlig unterschiedliche Stimmungen aus. Sie können wie ein Stimulanzmittel belebend und motivierend wirken. Hoffnung, Zuversicht und Mut vermitteln oder Angst und Aggression auslösen. Beruhigend wie Valium sein oder die Wirkung einer Schlaftablette haben, wenn uns ihr Inhalt langweilt.

Worte sind die mächtigste Droge, die die Menschheit besitzt, schrieb der Schriftsteller Rudyard Kipling um 1900. Heute, über 100 Jahre später, wird diese Aussage auch wissenschaftlich bestätigt: Ein Wort kann die gleiche Wirkung entfalten wie ein Psychopharmakon. Nur viel schneller und zuverlässiger. So die sinngemäße Aussage von Professor Ziegelgängsberger am Max-Planck-Institut für Neuropharmakologie in München.[11]

Die Neurowissenschaften können zwar im Detail noch nicht genau sagen, wodurch die drogenähnliche Wirkung von Worten entsteht. Aber es gibt folgende Erklärung: Das Gehirn assoziiert mit den einzelnen Wörtern sämtliche Erfahrungen eines Menschen, die dazu in irgendeiner Weise in Verbindung stehen, auch die emotionalen, die als Begleitkontext mit den Worten gemeinsam codiert werden. Einzelne Wörter oder Sätze können vergangene Erlebnisse im Gehirn aktivieren. Sie laufen dann wie ein Film als Geschichte im Kopf ab. Wenn jemand beispielsweise sauer auf eine Äußerung reagiert, obwohl es dafür keinen erkennbaren Anlass gibt, kann das die Ursache sein. Denn gleichzeitig mit der Erinnerung, die durch eine Äußerung ausgelöst wurde, werden auch die Emotionen aktiviert, die damit abgespeichert wurden.

Das gesprochene oder gedachte Wort ist für das Gehirn niemals neutral und auch für niemanden in seiner Bedeutung völlig gleich. Immer sind damit ganz persönliche Erinnerungen verbunden. Sie werden automatisch wachgerufen, sobald diese Worte gedacht, gelesen oder gehört werden. Der größte Teil davon bleibt unbewusst und wird nur als Stimmung spürbar. Bei jedem Streit lässt sich das sehr gut beobachten. Ein Wort ergibt das andere, und längst Vergessenes wird reanimiert. Solche Situationen zeigen, dass Menschen ein emotionales Elefantengedächtnis haben.

Die Erfahrungen aus der Vergangenheit sind immer der Beipacktext zu den sprachlichen Inhalten der Gegenwart. Waren sie negativ, dann enthält er Warnhinweise auf unangenehme Nebenwirkungen, die einzelne Worte oder Sätze bereits einmal ausgelöst haben. Waren sie positiv, enthält der Beipacktext die Beschreibung über ihre guten Auswirkungen.

Welche gegensätzlichen Stimmungen die Sprache auslösen kann und warum sich sagen lässt, dass Worte wie Drogen wirken, zeigen zwei Äußerungen. Stellen Sie sich vor, ein Kunde begrüßt Sie mit den Worten: »Endlich wieder Sie!« Und ein anderer sagt zu Ihnen: »Schon wieder Sie!«

Die Erkenntnisse über die Auswirkungen der sprachlichen Inhalte im Gehirn bedeuten allerdings nicht, dass im Verkauf jedes Wort auf die Apothekerwaage gelegt werden muss. Sie bestätigen nur, dass andere mit leicht verständlichen und eindeutigen Worten wesentlich schneller zu überzeugen sind. Und dass es einfacher und leichter geht, wenn der sprachliche Inhalt klar, präzise und bildhaft ist. Würde man das Gehirn mit einem Golfplatz vergleichen, so sind die richtigen Worte jene Bälle, die direkt ins Loch treffen.

Die Macht der Frage

Wenn ich zu Beginn eines Seminars die Teilnehmer begrüße, überlege ich kurz: Wer von ihnen zählt zu den besten Verkäufern dieser Gruppe? Eine Stunde später stelle ich mir diese Frage nochmals und korrigiere meine Spontaneinschätzungen. Zwei wichtige Kriterien dabei sind: Welche Fragen stellt ein Teilnehmer? Bringt er seine Antworten und Argumente sprachlich auf den Punkt – so, dass sie den Kern einer Sache treffen und jeder versteht, was gemeint ist? Seine Kommunikation also einleuchtend und überzeugend ist? Diese zwei Kriterien beruhen auf der Erfahrung, dass erfolgreiche Verkäufer den Kunden gute Fragen stellen können, punktgenau argumentieren und die richtigen Antworten für seine Situation finden. Daher sind ihre Worte auch überzeugend. Umgekehrt zeigt die Erfahrung: Wenige Fragen stellen und schwach argumentieren bedingt einander. Denn wer wenig fragt oder die falschen Fragen stellt, wird schwerlich gute Antworten erhalten. Die darauf aufbauende Argumentation wird daher zu allgemein und wenig überzeugend sein.

Im Gespräch mit dem Kunden findet man die richtigen Worte sowie die passenden Argumente ziemlich leicht, wenn zuvor die richtigen Fragen gestellt wurden. Denn dann weiß man, was für ihn wichtig ist, worauf seine Aufmerksamkeit zu lenken ist und wie diese am besten gewonnen und aufrechterhalten wird. Dabei geht es nicht so sehr um ein herausragendes verbales Geschick, wie viele meinen, oder um besondere rhetorische Fähigkeiten und eine hohe Schlagfertigkeitsfrequenz à la Harald Schmidt. Und schon gar nicht um eine Kampfrhetorik, wie manche Anbieter von Kommunikationsseminaren fälschlicherweise suggerieren.

Ein Verkaufsgespräch ist keine Fernsehshow, und es gelten auch andere Spielregeln als im Politzirkus. Wenn man einem politischen Gegner rhetorisch überlegen ist und schlagfertig reagiert – ihn damit auskontert –, gibt es Beifall. Ein Kunde geht, wenn ihm dieses Gefühl vermittelt wird. Es spricht nichts dagegen, im Einzelfall schlagfertig zu reagieren. Nur sollte man sich der unerwünschten Nebenwirkung bewusst sein, dass sich der andere dadurch unterlegen fühlen könnte. Und das mag niemand.

Wichtiger als eine rhetorische Brillanz ist es, mit treffsicheren Fragen das Interesse des Kunden zu gewinnen. Ihn damit zu offenen Antworten zu animieren, in denen das Rohmaterial für jene Argumente enthalten ist, die ihn zu überzeugen vermögen. Da die menschliche Aufmerksamkeitsspanne eng begrenzt ist, sollte das Gespräch bereits von Beginn an einen klaren Fokus haben. Die Aufmerksamkeit ist aufgrund der Erwartungsspannung in den ersten 20 Minuten eines Gesprächs – oder während einer Präsentation – hoch. Dann sinkt sie sukzessive ab. Und sie ist umso höher, je mehr es dabei um Dinge geht, die für den Kunden wichtig sind. Warum ist das so?

Was steuert die Aufmerksamkeit?

Um nicht im Informationschaos zu ertrinken, wird die Wahrnehmung des Menschen selektiv von seinen vorherrschenden Interessen gesteuert. Alles andere bleibt mehr oder weniger ausgeblendet oder wird nur am Rande wahrgenommen. Ein Phänomen, das zwar jeder bei sich selbst beobachten kann, das in der Kommunikation mit dem Kunden jedoch meist zu wenig gezielt genutzt wird.

Stellen Sie sich vor, Sie sitzen mit attraktiver Begleitung im Restaurant. Sie unterhalten sich angeregt, und der Abend verspricht ganz nach Ihrem

Geschmack zu verlaufen. Nur das Dessert fehlt noch. Plötzlich hören Sie, wie am Nebentisch jemand mit gedämpfter Stimme Ihren Namen nennt. Und dann, so, dass sie es gerade noch hören können, sagt der Unbekannte über Sie: »Ich habe nicht gerade das Beste von ihm gehört.«

Was passiert in einer solchen Situation? Bestellen Sie einfach Ihr Dessert und überhören, was am Nebentisch über Sie gesprochen wird? Wohl kaum. Ihre Aufmerksamkeit fokussiert sich auf jedes einzelne Wort, das dort gesprochen wird, und Ihre attraktive Begleitung werden Sie vorübergehend kaum noch beachten. Auch wenn Sie sich anders verhalten wollten, Sie könnten es nicht. Denn das, was über Sie gesagt wird, ist in diesem Moment wichtiger als alles andere. Daher richtet sich der Strahl Ihres Aufmerksamkeitsscheinwerfers auf das Gesprochene am Nebentisch. Alles Übrige wird ausgeblendet. Ihre Wahrnehmung ist selektiv und bei der Aufnahme anderer Informationen eingeschränkt.

Gleiches lässt sich beispielsweise beobachten, wenn jemand ein neues Auto kauft und die Marke wechselt. Für denjenigen hat es plötzlich den Anschein, als ob von diesem Modell besonders viele Autos auf den Straßen zu sehen wären. Eine schwangere Frau nimmt plötzlich wahr, wie viele andere Frauen ebenfalls ein Baby erwarten. Aber weder die Fahrzeuge dieser Marke noch die schwangeren Frauen wurden tatsächlich mehr. Dieser Eindruck wird nur durch die selektive Aufmerksamkeit und die dadurch gesteuerte Wahrnehmung vermittelt.

Die Initiative gewinnen

Die Nutzung der selektiven Aufmerksamkeit für ein Verkaufsgespräch oder eine Präsentation beim Kunden bedeutet: Alles, was für diesen wichtig und von besonderem Interesse ist, erhöht seinen Aufmerksamkeitspegel. Alles Nebensächliche senkt ihn ab. Um zu wissen, was für den Kunden Wichtigkeit besitzt, müssen dessen Bedürfnisse und Motive im Gespräch ausreichend analysiert und richtig erkannt werden, so wie das in Kapitel 4 vorgeschlagen wurde. Erst dann gewinnen die Argumente Gewicht für ihn.

Den richtigen Fragen kommt hier eine sehr große Bedeutung zu. Denn die Qualität der Antworten ist von der Qualität der gestellten Fragen abhängig. Insofern ist jede Antwort auch ein Spiegel für den Fragesteller: War es eine gute Frage, weil mich die Antwort weiterführt? Oder war es eine unpassende, weil die Antwort oberflächlich, nichtssagend oder ausweichend ist? Bei jeder Verhandlung spielen die richtigen Fragen eine enorm große Rolle. Sie steuern die Denkrichtung des Gesprächspartners und bestimmen, welche Inhalte im Vordergrund stehen. Denn das Gehirn reagiert aufgrund des assoziativen Denkens auf Fragen mit einem Reflex: Es sucht automatisch nach einer Antwort. Ein Mechanismus, dem man sich schwer entziehen kann und der sich nur durch eine Abwehr- oder Gegenfrage unterbinden lässt. Oder dadurch, dass man eine Frage als falsch gestellt bezeichnet und anschließend sagt, was man sagen möchte.

Wie wichtig es ist, bei einer Verhandlung die richtigen Fragen zu stellen, weiß wohl niemand besser als die Verhandlungsführer von Antiterroreinheiten. Ihr Verhandlungserfolg bei Geiselnahmen hängt zu einem wesentlichen Teil von der Fähigkeit ab, die richtigen Fragen zu stellen. Das sind jene Fragen, die den Geiselnehmer dazu animieren, mit seinen Antworten auch die Passwörter zu senden, mit denen der Code geknackt werden kann. Also seine Bedürfnisse und Motive preiszugeben, die hinter einer erpresserischen Forderung stehen und die die eigentlichen Auslöser für die Tat sind.

Der bekannte Spruch »Wer fragt, der führt« ist zwar nicht falsch, aber zu ungenau. Präzise gesagt muss es heißen: Wer die richtigen Fragen stellt, gewinnt und behält die Initiative. Denn mit diesen wird nicht nur die Denkrichtung im Gespräch vorgegeben. Auch der Betrachtungsfokus einer Sache kann mit den richtigen Fragen geändert werden – wie es in der Anekdote von Gerhard Reichel in dem Buch *Der Indianer und die Grille* treffend zum Ausdruck kommt: Zwei Manager, beide Raucher, sind zur Meditation in einem Kloster. Der eine holt sich mit der Frage an den Prior »Darf ich rauchen, wenn ich meditiere?« eine Abfuhr. Der zweite Manager stellt die Frage anders: »Darf ich beim Rauchen meditieren?« Er erhält die Erlaubnis.

Gute Fragen erhöhen die Aufmerksamkeit. Ihre Qualität steigert das Interesse an dem, was folgt. Aber was sind gute Fragen? Im Verkauf sind das alle Fragen, die präzise gestellt werden. Solche, die erkennen lassen, warum etwas gefragt wird und worauf man damit hinauswill. Hinter denen also ein angesteuertes Ziel steht. Durch die Art und Weise, wie sie gestellt werden, signalisieren die guten Fragen dem Gesprächspartner klar und deutlich: Das Hauptziel besteht in der besten Lösung für meine Kaufentscheidung.

In die Kategorie der schlechten Fragen sind einzureihen: alle Fragen, die sehr ungenau sind. Die mehr oder weniger ins Blaue hinein gefragt werden und bei denen nicht erkennbar ist, wo sie hinführen sollen und was ihr Ziel ist. Hier wird die Aufmerksamkeit des Gesprächspartners rasch erlahmen. In der Folge auch sein Interesse. Weiterhin gehören in diese Kategorie alle drängenden Suggestivfragen. Solche, mit denen der andere sprachlich überrumpelt werden soll. Aber auch alle Scheinfragen, bei denen die Antwort des Kunden nur als Lizenz zum Reden vom Verkäufer aufgefasst wird – statt daran mit weiteren Fragen anzuknüpfen, um zu klären, was zu klären ist, bevor argumentiert wird. Dagegen setzt sich der Kunde aufgrund des Dominanzprogramms zu Wehr, wie in Kapitel 5 beschrieben wurde. Er wird die vorgebrachten Argumente ignorieren. Sie so lange überhören, bis er gehört wurde.

Fragen und ihr Ziel

Die richtigen Fragen sind der Königsweg, um gute Antworten und überzeugende Argumente zu finden. Sie sind der »Büchsenöffner«, mit dem sich der Kunde öffnen lässt. Üblicherweise werden Fragen in offene W-Fragen und in geschlossene Fragen unterteilt, die als Antwort nur ein Ja oder ein Nein zulassen. Diese Unterteilung und das dabei verwendete Schema – Was? Wann? Warum? Wofür? – ist zu oberflächlich. Verwenden Sie lieber eine Einteilung, die besser differenziert. Dabei werden die Fragen nach ihrem Ziel unterschieden. Diese Unterteilung ist in Tabelle 3 zusammengefasst. Sie beinhaltet auch Beispielsfragen für das Verkaufsgespräch oder eine Verhandlung.

Eine psychologische Feinheit besteht darin, hinzuzufügen, warum man eine Frage stellt, sozusagen eine Gebrauchsanweisung für sie mitzuliefern. Natürlich nicht bei jeder Frage. Sondern insbesondere dann, wenn die Wichtigkeit einer Frage unterstrichen werden soll. Oder wenn Sie in den persönlichen Bereich des Kunden hineingeht. Wie etwa die Klärung der finanziellen Verhältnisse. Durch diese Hinzufügung wird außerdem vermieden, dass die Fragen als Ausfragen empfunden werden und darauf abwehrend reagiert wird.

Einige Beispiele, wie eine Frage ganz anders klingt, wenn hinzugefügt wird, warum sie gestellt wird: »Nach welchen Kriterien treffen Sie Ihre Kaufentscheidung? Ich frage Sie das deshalb, um zu wissen, worauf Sie be-

Tabelle 3: Weiterführende Fragen im Verkauf

Art der Frage	Ziel der Frage
Einstiegsfrage Sind Sie einverstanden, dass wir mit diesem Punkt beginnen? Passt es Ihnen, wenn wir das zuerst besprechen?	Mit einem aktiven Gesprächseinstieg die Initiative übernehmen. Signalisieren, dass man weiß, worauf das Gespräch abzielt.
K-Frage oder Schlüsselfrage Was ist bei diesem Produkt für Sie am wichtigsten? Was steht bei der Nutzung für Sie im Vordergrund?	Die antreibenden Bedürfnisse und das Hauptmotiv für den Kauf herausfinden.
Initialfrage oder emotionale Frage Was empfinden Sie dabei? Wie fühlt sich das für Sie an? Welche Gefühle weckt das bei Ihnen?	Die positiven Gefühle ansprechen, diese »zünden« und verstärken.
Entscheidungsfrage Wonach entscheiden Sie? Was sind Ihre Entscheidungskriterien?	Kriterien der Kaufentscheidung hinterfragen.
Präzisierungsfrage Was genau meinen Sie damit? Was bedeutet das im Einzelnen für Sie?	Unklarheiten auflösen. Weiterführende Informationen gewinnen.
Ziel- oder Ergebnisfrage Was wäre für Sie ein wünschenswertes Ergebnis? Was ist Ihr Hauptziel dabei?	Das Ziel des anderen kennen. Wissen, was für ein Ergebnis er anstrebt.
Alternativfrage Was kommt für Sie noch in die engste Wahl? Gibt es Alternativen, die Sie überlegt haben?	Kaufalternativen herausfiltern.

Erweiterungsfrage Gibt es etwas, das für Sie zusätzlich wichtig wäre? Wäre diese Zusatzfunktion für Sie nützlich?	Latente Kaufbedürfnisse ansprechen und wecken.
Einwandfrage Was müsste sein, damit Sie ein gutes Gefühl haben, wenn Sie kaufen? Was verunsichert Sie?	Herausfinden, was jemanden verunsichert und zu Einwänden führt.
Abwehrfrage Sollten wir uns die Frage nicht anders stellen? Nämlich so … Ich möchte die Frage folgendermaßen (andersherum) formulieren … Wie denken Sie darüber? Den Kern der Sache sehe ich darin … Wie ist Ihre Meinung dazu? Ich glaube, dass wir anders leichter vorankommen. Und zwar so … Was meinen Sie?	Sich durch die Fragen des Verhandlungspartners nicht in die Enge treiben zu lassen.
Outing-Frage oder Provokationsfrage Worum geht es Ihnen im Konkreten?	Den anderen aus der Reserve locken.

sonderen Wert legen.« Oder: »Was müsste sein, damit auch Ihr Gefühl ja zu diesem Kauf sagt? Diese Frage stelle ich deshalb, weil es mir wichtig ist, dass Sie auch nach dem Kauf zu 100 Prozent zufrieden sind.«, »Was wäre für Sie ein gutes Verhandlungsergebnis? Wenn ich das weiß, kann ich mich besser orientieren, welche Argumente für Sie zählen.«, »Welchen Betrag wollen Sie bei dieser Vorsorge monatlich zur Verfügung stellen? Das frage ich, damit ich Ihnen gezielt das passende Produkt vorschlagen kann.«. In solchen Zusätzen lässt sich, wie diese Beispiele zeigen, auch eine Botschaft verpacken, die ein klares Signal an den Kunden ist: Das, was Sie sagen, ist wichtig für mich. Damit erhöht sich seine Bereitschaft, Argumenten zu vertrauen.

Nur die stärksten Argumente zählen

Ein Argument ist von seiner Wortbedeutung her ein Beweismittel. Mit ihm wird begründet, warum getroffene Aussagen richtig und wahr sind. Übertragen auf den Verkauf heißt das: Ein Argument muss dem Kunden gut begründen können, warum er mit dem Kauf die richtige Wahl trifft. Im Folgenden geht es um drei Fragen: Mit welchen Argumenten kann der Kunde am leichtesten überzeugt werden? Wie lassen sich diese sprachlich verstärken? Wie werden sie im Verkaufsgespräch oder bei einer Verhandlung am wirksamsten eingesetzt?

Kauf- statt Verkaufsargumente

Worin besteht der Unterschied zwischen einem Verkaufsargument und einem Kaufargument? Das eine ist aus der Sicht des Verkäufers formuliert, das andere hingegen aus der Sicht des Kunden und seiner Bedürfnisse. Verkaufsargumente beschreiben Produktvorteile, die sich für den Kunden selten von selbst erklären. Oft sind es nur Schlagworte, die wie Werbeaussagen im Prospekt klingen. »Stimmt«, sagen viele Verkäufer. »Deshalb erkläre ich ihm ja, was das alles meint und bedeutet.« Ein Argument wirkt jedoch wesentlich überzeugender, und es ist mit deutlich weniger Einwänden zu rechnen, wenn es bedürfnisbezogen formuliert ist – ohne weitschweifige Erklärungen. Denn der Kunde versteht sofort, worin sein persönlicher Nutzen besteht und wodurch seine Kaufbedürfnisse erfüllt werden.

Zwei Beispiele für jeweils ein Verkaufs- und ein Kaufargument: »Das Multimediacenter dieses Notebooks ist die Innovation im High-End-Sektor.« Auf die Kundenbedürfnisse bezogen könnte das Argument beispielsweise lauten: »In dieses Notebook ist das kleinste und modernste Heimkino der Welt integriert. Filme, Musik und Spiele werden in einer Qualität wiedergegeben, bei der man nicht ans Aufhören denkt, weil es so viel Spaß macht.« Oder: »Dieses Digitalradio ist ein Quantensprung. Man kann damit mehr Sendestationen anpeilen als mit einem herkömmlichen Radio. Das Gerät hat einen exzellenten Sound und ultrasensible Sensoren zur Einstellung der Empfangsbereiche.« Als Kaufargument formuliert: »Mit diesem Digitalradio können Sie 16 Programme zusätzlich empfangen. Glasklar und völlig rauschfrei. Und beim Autofahren natürlich wichtig: auf Knopfdruck, mit automatischem Suchlauf. Der Sound, den Sie mit diesem Radio errei-chen, gibt Ihnen das Gefühl, in einem Tonstudio zu sitzen.«

Die im Verkaufsgespräch verwendeten Argumente sollten sich also direkt auf die Kaufbedürfnisse des Kunden beziehen, denn sie sind der Dreh- und Angelpunkt beim Kauf. Bilden Bedürfnisse und Argumente eine Einheit, wie es in Abbildung 7 dargestellt ist, wird der Kaufabschluss beträchtlich erleichtert. Liegt der Argumentation eine Fehleinschätzung des Kaufmotivs und der Bedürfnisse zugrunde – oder ist sie zu allgemein – wird es wesent-lich schwieriger, den Kunden zu überzeugen. Auch vom Preis, den er dem subjektiven Nutzen und den Vorteilen des Produkts gegenüberstellt. Dieses innere Aufrechnen kommt in den Redewendungen »Das ist es mir wert«, »Das ist es mir (eigentlich) nicht wert« sehr klar zum Ausdruck.

Abbildung 7: Bedürfnisbezogene Kaufargumente

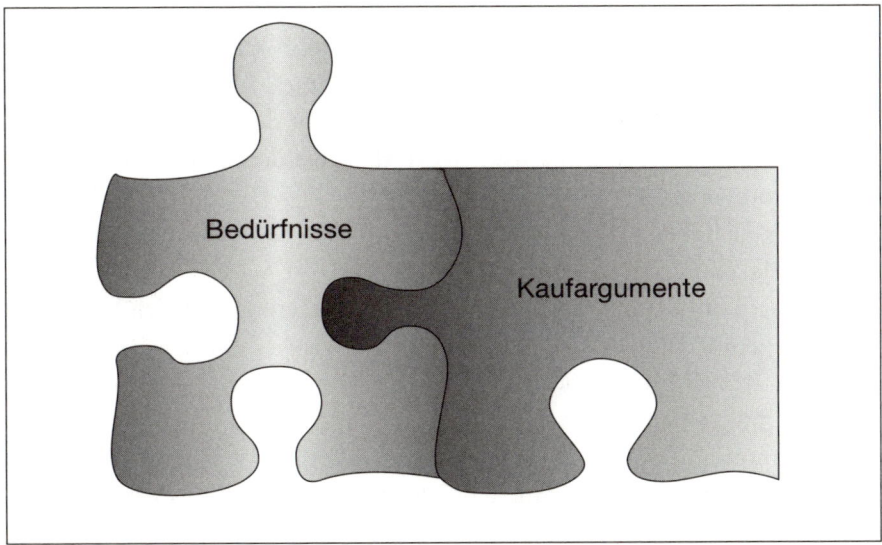

Wie Argumente verstärkt werden

Da das Gehirn Bildhaftes wesentlich leichter verarbeiten kann als Abstrak-tes, lassen sich mit sprachlichen Bildern Aha-Erlebnisse auslösen – und Ar-gumente verstärken. Ersetzt werden können sie damit natürlich nicht. Vielmehr bereiten sie den Boden für die nachfolgende Argumentation auf. Daraus leitet sich für die Kommunikation folgende Spielregel ab: Sage es mir, und ich höre es. Sage es mir bildhaft, und ich verstehe es.

Ein Aha-Erlebnis ist die unmittelbare Einsicht in komplexe Zusammenhänge: Man versteht sofort, worum es geht. Gleichnisse eignen sich hier besonders gut. Wenn sie den Nagel auf den Kopf treffen, lassen sich Kaufimpulse auslösen. »Profitieren Sie vom Cost-Average-Effekt, und nutzen Sie die Schwankungen an den Finanzmärkten«, so die Werbeaussage in den Verkaufsunterlagen einer Bank. Anschließend folgt eine zweiseitige Erklärung, was darunter zu verstehen ist. Vermutlich soll das seriös wirken. Für das Gehirn wirkt es aber anders, nämlich unverdaulich. Und es ist zu befürchten, dass die Berater dieser Bank ähnlich kompliziert argumentieren wie in den Verkaufsunterlagen vorgegeben.

Mit einem sprachlichen Vergleichsbild ließe sich das Ganze in wenigen Sätzen ausdrücken und ein Aha-Erlebnis schaffen. Das wäre verkaufsfördernd! Der Nutzen des Cost-Average-Effektes könnte beispielsweise so verdeutlicht werden: »Bei diesem Fond ist es wie beim Kauf von Vorräten für zu Hause. Sind sie gerade günstig, kauft man mehr davon. Und sind sie kurzfristig teurer, weniger. Im Jahresschnitt ergibt das einen guten Durchschnittspreis. Das ist der Cost-Average-Effekt. Bei diesem Fond profitieren Sie von ihm.«

Analogien haben fast etwas Magisches an sich. Das Gehirn saugt sie gierig ein, da es tagtäglich mit abstrakter und oft schwer verständlicher Sprachkost konfrontiert wird. Mit Vergleichsbildern lassen sich komplexe Inhalte auf das Wesentliche reduzieren. Sie werden dadurch besser verständlich. Relativ abstrakt klingt beispielsweise die Aussage eines Trainingsanbieters auf seiner Homepage: »Ein gutes Verkaufstraining muss sich in erster Linie auf die Stärkung vorhandener Stärken konzentrieren. Und nicht auf die Beseitigung von eventuellen Schwächen.« Anschaulicher wäre folgende Formulierung: »Ein wirksames Verkaufstraining muss fit für die Überholspur machen. Es darf sich nicht am Pannenstreifen aufhalten.«

Verkaufsfördernde Sprachbilder

Einige Beispiele für verkaufsfördernde Sprachbilder: »Diese Kapitalanlage ist wie ein rollender Schneeball. Aus dem anfänglich kleinen Ball wird rasch eine große Kugel.«, »Die neue Bankkarte hat viele nützliche Zusatzfunktionen. Der Unterschied zur alten Bankkarte ist wie Schwarzweiß- und digitales Fernsehen.«, »Dieses Medikament wirkt sehr präzise. Im Kampf gegen diese Erkrankung ist es eine Waffe mit Zielfernrohr. Keine Schrotflinte.«, »Unter den Handys ist das die Rolex. Kostet aber nicht viel mehr als eine Swatch.«, »Diese Datenkarte verwandelt den Informationsfluss Ihres Computers vom Propellerflugzeug in einen Jet.«, »Diese Pensionsvorsorge ist wie ein wachsender Obstbaum. Je älter er wird, umso mehr saftige Früchte trägt er. Und umso größer ist die Ernte für Sie.«, »Dieser Kredit lässt sich mit einem all-Inclusive-Urlaub im Magic-Life-Club vergleichen. Man weiß vorher ganz genau, was alles kostet. Auch bei den Gebühren gilt: all inclusive.«, »In diesem Wintergarten werden Sie sich ähnlich wie bei einem Urlaub auf den Malediven fühlen. Nur tauchen können Sie darin nicht.«, »Die Funktionen dieses Faxgerätes sind so vielfältig wie ein Schweizer Messer. Und auch so nützlich.«, »Mit dieser Absicherungsvariante legen Sie galoppierenden Zinsen die Zügel an. Aus Wildpferden werden so Lipizzaner.«, »Dieses Heizsystem passt sich wie ein Chamäleon an Ihre Temperaturbedürfnisse an. Ist es draußen sehr heiß, haben Sie drinnen eine erfrischende Oase.«, »Diese Schallschutzfenster gewährleisten Ihnen die Ruhe eines tibetanischen Klosters.«, »Unsere neue Sachbuchreihe gibt dem Leser klare Hinweise, wie Verkehrszeichen. Sie sind eine Orientierung im Labyrinth der unzähligen Neuerscheinungen.«

Treffende Vergleiche finden

Wie findet man passende Vergleichsbilder für seine Produkte, um ein kleines Reservoir zu schaffen, aus dem sich im Verkaufsgespräch schöpfen lässt? Dazu ein Beispiel, mit dem die Methodik erläutert wird. Es stammt aus dem Finanzdienstleistungsverkauf.

Schritt 1: Die Hauptvorteile des Produkts und den Kernnutzen aus Kundensicht definieren: guter Ertrag, geringes Risiko und eine kurze Laufzeit. Dabei berücksichtigen, ob mit dem Kauf solcher Produkte üblicherweise auch Nachteile verbunden sind, die das eigene Produkt nicht hat. Wie beispielsweise ein hohes Risiko, was die tatsächlichen Erträge anbelangt, oder eine fixe Laufzeitbindung. Denn auch der Vorteil, der sich aus der Vermeidung solcher Nachteile ergibt, kann mit einer Analogie schnell und klar verdeutlicht werden.

Schritt 2: Zum Produktnutzen Analogien finden, von denen anzunehmen ist, dass sie jeder sofort versteht. Zum Beispiel »Kurzstreckenläufer« als Analogie zur kurzen Laufzeit. Oder zum Thema Risiko »Russisches Roulette«. Dabei erleichtern es die folgenden Triggersätze dem Gehirn, ein sprachliches Vergleichsbild zu triggern: »Der Produktnutzen oder die Anwendung lässt sich vergleichen mit …«, »Der Vorteil, der sich daraus ergibt, hat die Wirkung von …«, »Die Vermeidung des Nachteils ist ähnlich wie …«, »Es verhält sich so, wie …«, »Das ist so, als wenn …«.

Schritt 3: Die Analogie analysieren, falls sie nicht wie beim Russischen Roulette völlig eindeutig und selbsterklärend ist. Beispielsweise mit einer Frage: Was ist die typische Situation eines Kurzstreckenläufers? Er entwickelt seine volle Kraft in kurzer Zeit und ist schnell am Ziel.

Schritt 4: Den Vergleich formulieren: »Dieser Aktienfonds ist wie ein Kurzstreckenläufer. Sie erreichen damit am schnellsten Ihr Ziel.« Im Verkaufsgespräch wird statt »Ihr Ziel« das Kundenziel genannt, welches man von der Analyse seiner Bedürfnisse her kennt. Damit wird die Analogie in ihrer Wirkung verstärkt. Zum Thema Risikominimierung könnte der Vergleich so lauten: »Mit diesem Aktienfonds spielen Sie nicht Russisches Roulette. Denn er enthält nur Aktien der besten Unternehmen – Blue Chips. Es ist daher wie bei einem Kartenspiel, wo Sie bereits zu Beginn des Spiels sichere Trümpfe zugeteilt bekommen. Den Rest erledigen unsere Finanzexperten.«

Schritt 5: Die Analogie kritisch überprüfen. Leuchtet sie sofort ein, und ist sie stimmig? Oder ist es ein erklärungsbedürftiger und hinkender Vergleich? Einer, der nicht glaubwürdig und daher ungeeignet ist? Die Vergleiche brauchen zwar nicht logisch begründbar sein, aber sie dürfen auch nicht an den Haaren herbeigezogen sein. Ansonsten erreicht man das Gegenteil von dem, was beabsichtigt wird. So lässt sich ein x-beliebiges ISO-Zertifikat nicht mit einem Oxford- oder Cambridge-Diplom vergleichen. Die Sicherheit eines Aktienfonds nicht mit der von Fort Knox. Und die einfache Bedienung eines EDV-Programms nicht mit dem Ein- und Ausschalten des Lichts.

Die gewählten Vergleiche sollten im Verkaufsgespräch gut dosiert werden. Zuviel davon würde eher negativ gewertet werden. Denn es könnte für den Kunden klingen, als sollte er »eingeseift« werden. Im Regelfall genügt es, zu Beginn der Argumentation, nachdem der Bedarf analysiert wurde, eine oder zwei dieser Analogien einzusetzen.

Wichtig für die Wirkung einer Analogie ist, dass sie wie beiläufig ins Gespräch eingebracht wird. Sonst könnte sie simplifizierend oder übertrieben wirken. Man sollte sie auch nicht kommentieren, sondern das dem Kunden überlassen. Verstärken Sie die Wirkung, indem Sie circa 10 Sekunden nichts sagen, nachdem Sie das Vergleichsbild genannt haben. Lassen Sie dem Kunden diese Zeit, um die Analogie in ihrer Bedeutung für seine Situation zu verarbeiten. Fragen Sie ihn dann: »Was meinen Sie dazu?«, falls er nicht von selbst die Analogie aufgreift.

Die verstärkende Wirkung einer Pause gilt übrigens auch für die Argumentation. Mit diesem rhetorisch sehr wirksamen Mittel wird die Bedeutung eines Arguments unterstrichen. Da es für viele Menschen schwer auszuhalten ist, wenn in einem Gespräch niemand etwas sagt, hat eine solche Pause einen weiteren Vorteil: Der Kunde wird animiert, sich zu Ihrem Argument zu äußern und so den Faden aufzugreifen, der von Ihnen gesponnen wurde.

Wenn Sie solche Vergleichsbilder einsetzen, wird Ihnen auffallen, dass der Kunde fast reflexhaft auf Ihre Analogie einsteigt und sich in seinen Antworten darauf bezieht. Die Magie des Bildhaften lässt seinem Gehirn kaum eine andere Wahl. Sie werden bemerken, dass es für Sie deutlich leichter wird, ihn anschließend von den Produktvorteilen und vom Kauf zu überzeugen.

Die Argumentation visuell unterstützen

Bilder und Fotos können die Argumentation auf eine sehr wirksame Weise unterstützen, wenn mit diesen die Kundenvorteile besser veranschaulicht werden. Viele Verkaufsunterlagen sind zu textlastig, und die verwendeten Fotos zeigen häufig, dass den mit der Herstellung betrauten Agenturen offenbar das Verständnis dafür fehlt, wie solche Unterlagen auf das Kundenhirn wirken. Denn wie für die Sprache gilt auch für Fotos und Bilder, dass mit Allgemeinplätzen niemand zu überzeugen ist. Die häufig verwendeten Allerweltsabbildungen, mit denen Verkaufsunterlagen aufgepeppt werden sollen, lösen im Kundengehirn nichts aus außer: Schon oft in ähnlicher Form gesehen – langweilig und nichtssagend!

Bilder müssen dem Kunden etwas einleuchtend machen. Er will den Nutzen des Produkts und dessen Vorteile sehen. Lassen Sie die verwendeten

Verkaufsunterlagen überarbeiten oder regen Sie dies an, falls sie diesen wichtigen Kriterien nicht entsprechen. Oder ergänzen Sie diese mit Fotos, die Sie am besten selbst anfertigen. Sie wirken wesentlich überzeugender und glaubwürdiger als ein Hochglanzprospekt, von welchem der Kunde weiß, dass es sich lediglich um Werbung handelt: um den Versuch, möglichst alles in einem guten Licht darzustellen. Dazu ein Beispiel.

Bei einem Hersteller von hochwertigen Holztüren in Norddeutschland kommt von Kunden, die ihre alten Innentüren durch neue ersetzen wollen, häufig die Frage: »Ist meine Wohnung während des Umbaus eine Baustelle? Der ganze Dreck, den das verursacht. Ich bin nicht sicher, ob ich mir das antun soll.« Hier hat sich die folgende Vorgehensweise bestens bewährt: Der Verkäufer fotografiert die Wohnung eines Kunden vor, während und nach dem Austausch der Türen. Potenziellen Neukunden legt er diese drei Fotos im Gespräch vor und kommentiert sie so: »Das ist einer meiner letzten Aufträge. Wie Sie sehen, verursacht der Umbau nicht allzu viel Schmutz. Und auf diesem Foto sehen Sie, dass am Tag der Fertigstellung alles von uns besenrein übergeben wird.« Einwände wegen möglicher Unannehmlichkeiten beim Umbau haben sich damit nahezu auf Null reduziert. Weder Worte allein noch ein gestylter Hochglanzprospekt können denselben Effekt erzielen.

Die Sprache der Gegenwart überzeugt leichter

Das Gehirn schenkt dem, was sich in der Gegenwart abspielt, eine höhere Aufmerksamkeit als dem, was bereits war oder erst sein wird. Zumindest gilt das für die meisten Dinge des täglichen Erlebens. Entwicklungsgeschichtlich ist auch klar, warum: Nur in der Gegenwart lässt sich auf etwas unmittelbar Einfluss nehmen. Für die Kommunikation im Verkauf leitet sich daraus ab, dass alles, was in der Gegenwartsform ausgedrückt wird, ein höheres Interesse erzeugt.

Durch einen kleinen sprachlichen Trick lässt sich bei der Argumentation der Kundenvorteile die Zukunft in die Gegenwart verwandeln. Man stellt dazu den Zeitpunkt, zu dem der Kunde das Produkt bereits nutzt oder die Vorteile daraus schon genossen hat, in die Gegenwart. Und zwar indem zuerst der Zeitpunkt genannt und dann in der Gegenwartsform weitergesprochen wird. Urteilen Sie selbst, was für Sie in den beiden folgenden Beispielen interessanter klingt. Im ersten geht es um den Verkauf eines Fertigteilhauses, im zweiten um den eines Wertpapierfonds mit Kapitalgarantie.

»Wenn Sie erst einmal in diesem Haus wohnen, werden Sie sich schon nach kurzer Zeit so richtig wohl darin fühlen. Und die vielen Details werden Sie dann sicherlich nicht mehr missen wollen.« Variante zwei: »Ich stelle mir gerade Folgendes vor: Sie wohnen seit 14 Tagen in Ihrem neuen Haus und denken: ›Ich fühle mich darin so wohl, wie ich mir das von einem Haus wünsche. Und auf die vielen Details möchte ich nicht mehr verzichten.‹ Schauen wir uns diese Details jetzt an?« Das zweite Beispiel: »In sieben Jahren würden Sie bei diesem Fonds rund 36 000 Euro ausbezahlt bekommen. Eine recht ordentliche Summe, die Ihnen dann zur Verfügung steht. Damit lässt sich natürlich einiges anfangen.« Variante zwei: »Dieser Fonds hat eine relativ kurze Laufzeit. Sieben Jahre sind vergangen und 36 000 Euro sind auf Ihrem Konto – der Ertrag aus diesem Fonds. Darf ich neugierig sein: Wissen Sie bereits, was Sie mit dieser hübschen Summe tun?«

Das gleiche Prinzip lässt sich auch auf die Vergangenheit anwenden, auch wenn es hier weniger wichtig ist als bei Zukünftigem. Zuerst also die Zeitangabe, dann in der Gegenwart weitersprechen. Beispielsweise: »Beim letzten Gespräch vor drei Wochen war für Sie klar: Ich bestelle, sobald die Messeneuheiten lieferbar sind. Jetzt sind sie da. Bleibt es dabei?« Das klingt interessanter als »Vor drei Wochen haben Sie mir gesagt, dass Sie bestellen werden, wenn die Messeneuheiten geliefert werden können. Das wäre jetzt der Fall. Sind Sie noch interessiert?«

Argumente richtig einsetzen

In Verkäuferkreisen herrscht zuweilen noch der Irrglaube, dass Argumente häppchenweise ins Verhandlungsgespräch eingebracht werden müssen. Zuerst die weniger starken und dann die stärkeren, am Schluss die stärksten. Auf diese Weise würde das Interesse des Kunden sukzessive gesteigert werden. Außerdem hätte man so noch einige Trümpfe in der Hinterhand, die ausgespielt werden können, wenn die ersten Einwände kommen. Aber diese Art von Dramaturgie bringt nichts. Im Gegenteil, man schießt sich damit Eigentore.

Ein Verkaufsgespräch ist keine Gerichtsverhandlung. Dort mag diese Vorgehensweise durchaus erfolgversprechend sein, bei einer Verhandlung mit dem Kunden ist sie das nicht. Und zwar aus vier Gründen, die Eigentore bedeuten. Erstens: Schwächere Argumente begünstigen oder provozieren geradezu Einwände. Sie zu entkräften kann mühsam werden. Zweitens: Die Aufmerksamkeit des Kunden sinkt dadurch ab. Drittens: Das Gespräch driftet auf ein Nebengleis ab. Für die Argumentation bedeutet das meistens, dass mit Achterbahneffekten zu rechnen ist, man kommt dabei ins Schleudern. Viertens: Zeit ist für jeden zum Engpass geworden. Welcher Kunde nimmt sich die Zeit, um alle Argumente, die für einen Kauf sprechen, geduldig und der Reihe nach anzuhören? Keiner. Er wird höchstens ungeduldig. Oder er geht.

Aus diesen Gründen ist es besser, alle schwächeren Argumente auszusortieren und nur die besten und überzeugendsten einzusetzen. Jedes Argument sollte von der Wertigkeit her ein Herzass sein, nicht weniger. Denn schwache Argumente einsetzen heißt, an der entscheidenden Kreuzung – kurz vor der Kaufentscheidung – falsch abzubiegen.

Antiterroreinheiten wie die österreichische Cobra qualifizieren bei ihren Einsätzen die ständig eintreffenden Informationen nach zwei Kriterien. Alles, was besonders wichtig ist und eine Zuspitzung der Situation bedeutet oder zu einem Durchbruch bei der Verhandlung mit dem Geiselnehmer führen kann, wird als Red-Level-Information eingestuft. Green-Level-Information ist alles, was keine zentrale Wichtigkeit für die Lagebeurteilung hat. So behält man den Überblick über die Wertigkeit der Informationen. Auch darüber, was sie konkret für den Einsatz bedeuten.

Für das Verkaufsgespräch lässt sich eine entsprechende Unterscheidung treffen. Red Level meint hier Informationen und Argumente, die den Verkaufsabschluss beschleunigen und Kundeneinwände entkräften können. Als Green Level ist alles einzuordnen, was vom Informationsgehalt her einen Nice-to-Know-Charakter hat, aber kein Must-Know bedeutet. Also alles, was auf ein Nebengleis führt, das sich als Sackgasse erweisen könnte, wenn man sich zu ausführlich damit beschäftigt.

Bei Antiterroreinheiten gilt für die Übermittlung von Informationen der Grundsatz: knapp und präzise. Sie steuern direkt den Kern einer Sache an. Auf den Verkauf umgemünzt heißt das: Zwei knackige Argumente, gezielt eingesetzt, überzeugen leichter und schneller als die beliebige Aufzählung von Produktvorteilen im Häppchenstil. Daher ist es wirksamer, nur wenige Argumente einzusetzen, sie prägnant zu formulieren und im Gespräch in variierter Form zu wiederholen. So bleiben sie besser im Gedächtnis haften. Jede gute Werbung arbeitet mit dem psychologischen Prinzip der variierten Wiederholung. Dadurch werden die kommunizierten Vorteile im Gehirn der Konsumenten besser verankert. Warum also nicht auch im Kundengespräch nach diesem Prinzip vorgehen?

Von den Produkten, die man verkauft, sind die Vorteile meist für einen selbst allzu selbstverständlich geworden. Daher ist es mitunter schwierig, den Nutzen und den Wert für den Kunden präzise zu formulieren. Abbildung 8 zeigt die Nutzen-Wert-Matrix. Mit ihr können verwendete Argumente systematisch überarbeitet und für den Gesprächseinsatz »scharf« gemacht werden. Oder neue gefunden werden.

Überlegen Sie dabei, welche Emotionen beim Kauf Ihrer Produkte erfahrungsgemäß eine besondere Rolle spielen und vorhandene Bedürfnisse verstärken. Beziehen Sie diese Überlegung in die Formulierung Ihrer Argumente mit ein. Denn Informationen, die Gefühle auslösen, merkt sich der Kunde besser. Sie wandern in den Langzeitspeicher seines Gedächtnisses. Wie tauglich ein Argument für den Einsatz im Verkaufsgespräch ist, zeigt der Umkehrtest. Nämlich wie gut damit die »Gretchenfrage« beantwortet wird: Welche Nachteile hätte der Kunde, wenn er das Produkt oder die Dienstleistung, die Sie verkaufen, nicht hätte?

Abbildung 8: Die Nutzen-Wert-Matrix. So werden Ihre Argumente verkaufswirksam

Produkt/ Dienst- leistung	Nutzen und Wert für den Kunden	Emotion, die mit dem Kauf verbunden ist (z. B. Sicher- heit)	Bestes Argument für den Kauf	Gleichnis (Vergleichs- bild)
»**Gretchenfrage**«: Welchen Nachteil hätte der Kunde, wenn er Ihr Produkt/Ihre Dienstleistung nicht hätte?				

Der Verkaufsabschluss und seine Tücken

Jedes Verkaufgespräch durchläuft im Wesentlichen drei Phasen: Bedarfsanalyse, Angebotsspezifizierung, Argumentation und Kaufabschluss. Die
letzte Phase wird von vielen Verkäufern auch als die »heiße Phase« bezeichnet. In ihr entscheidet sich, ob der Kunde kauft. Wenn sein Bedarf gut analysiert wurde und Angebot und Argumentation exakt darauf abgestimmt
sind, werden seine Einwände eher gering sein. Abgesehen von den üblichen
Preiseinwänden, die aber taktischer Natur sind, um damit bessere Konditionen zu erzielen. Da Preis- und Rabattfragen eine zentrale Rolle beim Abschluss spielen, beschäftigt sich Kapitel 10 ausführlich mit den psychologischen Feinheiten, die es dabei zu beachten gilt. Im Folgenden geht es um den
richtigen Umgang mit Einwänden, das Herbeiführen des Verkaufsabschlus-
ses und um die Abwehr taktischer Tricks von Einkäufern. Kurzum: Es geht
darum, wie man die Fäden in der Abschlussphase eines Verkaufsgesprächs
oder einer Verhandlung in der Hand behält. Dabei Regie führt, ohne dass
es steuernd oder dirigierend wirkt.

Der überzeugende Umgang mit Einwänden

Im Gespräch mit dem Kunden sind Einwände etwas völlig Natürliches. Sie
zeigen, dass für ihn noch etwas unklar ist und die Argumentation nicht zu
100 Prozent überzeugen konnte. Besser, man erfährt davon und kann sich
damit auseinander setzen, als der Kunde geht und kauft woanders – dort,
wo seine Einwände ernst genommen und überzeugend ausgeräumt werden.
    Einwände ernst zu nehmen bedeutet, sie zu hinterfragen. Sie keinesfalls
zu beschwichtigen oder mit einer der zahlreich empfohlenen Einwandtechniken zu »behandeln«. Denn der Kunde wird spüren, dass sein Einwand
wegdiskutiert werden soll, da er offenbar nicht entkräftet werden kann.
Das funktioniert aber schon längst nicht mehr.
    Wird ein Einwand genannt, lässt sich diesem am besten mit einer Frage
begegnen. So erhält man näheren Aufschluss: woher er stammt, was ihn
ausgelöst hat und wie gewichtig er für den Kunden ist. Durch die Antworten des Kunden bleibt man im Gespräch, und es entsteht kein Disput, den
man nur verlieren kann. Zudem fällt es so auch leichter, überzeugende
Gründe zu finden, die einen Einwand entkräften können. Und zwar so, dass

es für den Kunden einsichtig und akzeptabel ist und er nicht das Gefühl hat, ihm sei bewiesen worden, dass er eindeutig im Unrecht ist. Manchmal kann das zwar erforderlich sein, aber es sollte nicht zu einer grundsätzlichen Haltung werden, mit der Einwänden begegnet wird. Denn es kann besserwisserisch, belehrend und auch arrogant wirken, wenn man dem Kunden etwas beweisen will. Diese Gefahr wird vermieden, wenn Einwänden mit gezielten Fragen begegnet wird. Gezielt bedeutet, dass sie direkt an diese anknüpfen. Dazu einige Beispiele. Dabei wird die Fragemethode der herkömmlichen Art der Einwandsbehandlung gegenübergestellt, um den Unterschied zu verdeutlichen.

Einwand: »Das ist zu kompliziert.« *Herkömmliche Reaktion:* »Das schaut nur auf den ersten Blick vielleicht so aus. Und dann sollten Sie nicht vergessen: Mit den zahlreichen Sonderfunktionen sind Sie technisch auf dem neuesten Stand. Das wollen Sie doch sein, oder?« *Fragemethode:* »Was darf ich Ihnen näher erklären? Damit es einfach für Sie wird.«

Einwand: »Die Abwicklung ist mir zu aufwändig.« *Herkömmliche Reaktion:* »Sie werden sehen, sie ist nicht so aufwändig, wie Sie denken, wenn wir das Ganze noch einmal durchgehen.« *Fragemethode:* »Welcher Punkt erscheint Ihnen aufwändig? Und: Was kann ich tun, damit die Abwicklung leichter für Sie wird?«

Einwand: »Unsere Kunden kaufen das nicht.« *Herkömmliche Reaktion:* »Ich zeige Ihnen unsere Verkaufsstatistik. Die wird Sie überzeugen. Außerdem wird uns da sicherlich noch etwas einfallen. Stichwort: Verkaufsförderung.« *Fragemethode:* »Wie müsste das Produkt beschaffen sein, damit es Ihre Kunden kaufen?«

Einwand: »Ich möchte im Moment noch nicht abschließen, weil ich an keine steigenden Kurse glaube. Das Risiko ist mir zu hoch.« *Herkömmliche Reaktion:* »Ich möchte Ihnen einige Charts und Analysen zeigen. Dann werden Sie einen ganz anderen Eindruck gewinnen!« *Fragemethode:* »An welches Risiko denken Sie bei der Kursentwicklung im Einzelnen? Und wie ist Ihre persönliche Meinung: Wann werden die Kurse wieder steigen?«

Einwand: »Ich möchte noch weitere Vergleiche bei anderen Anbietern anstellen.« *Herkömmliche Reaktion:* »Wenn Sie sich jetzt zum Kauf entschließen, kann ich Ihnen preislich entgegenkommen.« *Fragemethode:* »Was genau möchten Sie vergleichen? Wo sind Sie noch unsicher?«

Einwand: »Das können wir nicht machen. Es passt nicht zu unserer Firmenphilosophie.« *Herkömmliche Reaktion:* »Das verstehe ich nicht ganz.

Aber wenn Sie möchten, erstelle ich Ihnen ein neues Angebot. Dann kommen wir sicherlich zusammen.« *Fragemethode:* »Da dürfte ich wohl etwas Wichtiges übersehen haben. Gibt es eine Chance, das wieder wettzumachen? Worin besteht sie?«

Zum Schluss der Klassiker unter den Einwänden: »Das ist mir zu teuer. Ich kaufe bei der Konkurrenz.« *Herkömmliche Reaktion:* »Sie werden mir sicherlich zustimmen, dass dieses Produkt viele Vorteile hat. Am besten, wir gehen sie noch einmal kurz durch. Sie werden sehen, dass Sie für Ihr Geld sehr viel bekommen.« *Fragemethode:* »Was käme für Sie noch in Betracht, das etwas weniger kostet? Wie viel wollen Sie dafür ausgeben?« Oder in der ganz direkten Variante: »Wo liegt Ihre Schmerzgrenze? Was sind Sie bereit zu investieren?«

Werden mehrere Einwände genannt, sollte man sich auf den Haupteinwand konzentrieren und diesen durch eine Frage herausfiltern: »Was ist der wichtigste Punkt, der Sie noch zögern lässt?« Oder: »Welcher Punkt hindert Sie konkret am Abschluss? Geben Sie mir bitte einen Hinweis, damit wir nicht aneinander vorbeireden.«

Die Fragemethode ist auch sehr gut geeignet, um bei unverbindlichen Antworten am Telefon weiterführende Auskünfte zu erhalten. Oder um bei Abwimmelungsversuchen herauszufinden, worin die Ursache für eine ablehnende Haltung besteht. Möglicherweise kommt man so doch noch ins Geschäft. Vorausgesetzt, die Fragen wirken nicht aufdringlich und sind richtig gestellt. Denn auf unbeholfen wirkende Einstiegsfragen wie »Haben Sie unsere Produktunterlagen bekommen?« kann die Antwort nur ja oder nein sein. Jedenfalls führt sie nicht weiter. Oder der Kunde reagiert ironisch und treibt den Anrufer in die Defensive: »Sind Sie von der Post und wollen Sie wissen, ob alles zugestellt wurde? Oder worum geht es Ihnen?« Ist die Einstiegsfrage anders formuliert, führt sie weiter und schafft Möglichkeiten, in Kontakt zu bleiben. Und es ist schwieriger für den Kunden, einen abzuwimmeln, wenn man direkt und ohne Umschweife fragt: »Ich habe Ihnen vor einer Woche unsere Produktunterlagen zugesandt. Wann hätten Sie Zeit, dass wir darüber sprechen? Telefonisch oder persönlich. Wie Sie möchten.« – »Weder noch!« – »Darf ich fragen, woran das liegt?«

Einige Beispiele, wie man reagieren könnte, wenn der Kunde ausweichend antwortet: »Grundsätzlich interessant. Wir melden uns wieder bei Ihnen.« Eine Outing-Frage schafft Klarheit, ob tatsächlich Interesse vorhanden ist, oder ob man nur abgewimmelt werden soll: »Besteht derzeit kein nachhaltiges Interesse? Darf ich Sie fragen: Womit könnte ich es wecken?« Oder: »Da ich vom Verkauf lebe, hätte ich Sie gerne als Kunden gewonnen. Können Sie mir einen Tipp geben, wie das gelingen könnte?« Ein anderer Kunde meint: »Ich habe Ihre Unterlagen durchgesehen. Ich muss mir das noch überlegen.« Fragemethode: »Welche Punkte sind offen für Sie? Was benötigen Sie noch für Ihre Entscheidung?« Oder ein Einkaufsleiter weist darauf hin: »Das entscheide leider nicht ich, sondern die Geschäftsleitung.« Mit der Frage »Was werden Sie ihr empfehlen?« finden Sie heraus, wie Ihr Gesprächspartner denkt. Fragen Sie hingegen »Wann entscheidet Ihre Geschäftsleitung?«, riskieren Sie eine unverbindliche Antwort.

Die Qualität der Frage ist bei der Behandlung von Einwänden ganz entscheidend, ebenso die Art und Weise, in der sie gestellt wird. Sie darf nicht verkäuferisch drängend oder suggestiv wirken. Ihr Inhalt muss sich unmittelbar auf den Einwand beziehen und darf nicht davon ablenken. Sie sollte also direkt gestellt werden. Ohne sprachliche Schnörkel und ohne den Einwand zu wiederholen, weil ihn das nur verstärken würde. Die konkrete Frage zeigt dem Kunden ohnehin, dass verstanden wurde, worum es ihm geht.

»Wäre es nicht zweckmäßig«, fragen Verkäufer manchmal, »mit der Vorwegnahmetechnik möglichen Einwänden des Kunden zuvorzukommen, um sie dann mit einer kurzen Begründung auszuräumen?« Aus zwei Gründen ist das wenig sinnvoll. Erstens: Möglicherweise wird der Kunde damit auf einen Einwand gebracht, den er selbst gar nicht hatte. Zweitens: Für ihn zählen nur seine Einwände. Nicht die allgemeinen, die es möglicherweise gibt. Sinnvoll ist es allerdings, gängige Kundeneinwände zu sammeln. Und sich für solche, die immer wieder kommen, gute Fragen zu überlegen. Im Bedarfsfall findet sich dann leichter die richtige Frage zu einem Einwand.

Den Verkaufsabschluss herbeiführen

Verkäufern wird bei Seminaren immer wieder eingetrichtert, einen Killerinstinkt zu entwickeln und mit diesem Abschlusssignalen aufzulauern. Angeblich werden diese von der Beute – dem Kunden – ausgesendet. Körpersprachlich und verbal. So die Behauptung. Aber es gibt keine solchen Signale. Zumindest sind sie nicht eindeutig als solche erkennbar. Und die Gefahr von Fehlannahmen ist dabei groß, wie in Kapitel 7 beschrieben wurde. Es bringt also nichts, nach solchen zu fahnden. Oder Orakelspiele zu betreiben und herumzuinterpretieren, wann der Zeitpunkt günstig wäre, um den Abschluss einzuleiten. Denn es gibt keinen günstigen Zeitpunkt, nur den richtigen. Und der ist dann gekommen, wenn sämtliche Fragen geklärt und alle eventuellen Einwände ausgeräumt wurden. Den richtigen Zeitpunkt zu erkennen ist nicht eine Frage eines quasimartialischen Killerinstinktes. Sondern vielmehr eine Frage der Professionalität des Verkäufers in der Abschlussphase.

In vielen Fällen ist es so, dass der Kunde nicht von sich aus sagt: »Jetzt ist alles klar für mich. Bereiten Sie bitte den Kaufvertrag vor.« Er erwartet, dass der Verkäufer den Abschluss aktiv herbeiführt. Das hat damit zu tun, dass der Kunde ein gewisses Machtgefühl darin empfindet, auch nein sagen zu können. Und damit, dass er sich die Option offen halten möchte, kurz vor dem Abschluss ein Preiszugeständnis zu fordern. Falls der Kaufpreis noch nicht endgültig feststeht.

Die Angst vor einem Nein lässt Verkäufer zögern, den Abschluss aktiv einzuleiten. Der Kunde nimmt diese zögerliche Haltung natürlich wahr. Er interpretiert die Abschlusshemmung entweder als Produktunsicherheit und wird seinerseits verunsichert. Oder er zieht daraus den Schluss: »Ich werde mit meiner Rabattforderung ein leichtes Spiel haben.« Daher ist es in der Abschlussphase wichtig, das Ganze nicht zu zerreden, sondern direkt auf den Abschluss zuzusteuern. Und zwar in drei Schritten, von denen jeder mit einer Frage an den Kunden eingeleitet wird.

Schritt 1 – Klärung offener Punkte: »Gibt es Ihrerseits noch Fragen, die geklärt werden müssen?«, »Fühlen Sie sich ausreichend informiert?«, »Ist noch etwas offen?«

Schritt 2 – Entscheidungsfindung: »Was brauchen Sie noch, um sich zu entscheiden?«, »Gibt es noch etwas zu klären, damit die Sache ins Laufen kommt?«, »Ist das Geschäft für Sie jetzt entscheidungsreif?«.

Schritt 3 – Abschluss: »Passt es für Sie, wenn ich den Kaufvertrag vorbereite?«, »Dann stelle ich jetzt alles zusammen. Ist das in Ordnung für Sie?«.

Eine weitere Möglichkeit ist der Probeabschluss. Damit wird ausgelotet, wie weit der Kaufentschluss bereits gereift ist. Er besteht aus einer Frage, die den Kunden nicht festlegt. Sie wird am besten dann gestellt, wenn bereits alles geklärt worden ist, also mit keinen Einwänden mehr zu rechnen ist. »Angenommen, Sie würden sich jetzt für den Kauf entscheiden. Was brauchen Sie noch, um eine endgültige Entscheidung zu treffen?« Oder: »Angenommen, Sie würden den Vertrag jetzt abschließen: Fehlt noch etwas für Sie, um eine gute Entscheidung treffen zu können?« Auf diese Weise erfährt man, woran es liegt, falls sich der Kunde noch nicht für den Kauf entschieden hat. Oder aus seiner Antwort geht klar hervor: Das Geschäft kann nun unter Dach und Fach gebracht werden. Der Kunde ist jetzt abschlussreif.

Taktische Tricks von Einkäufern aushebeln

Viele Einkäufer und Geschäftskunden verhalten sich in Einkaufsverhandlungen durchaus fair. Aber es gibt auch solche, die mit unfairen Tricks und Methoden arbeiten. Ein Beispiel wurde bereits in Kapitel 3 beschrieben: die Methode »Good Cop – Bad Cop«, bei welcher der Kontrasteffekt von manchen Einkäufern geschickt genutzt wird. Sie genießen es offenbar, ihre Einkaufsmacht gegenüber Verkäufern auszuspielen. Und es gefällt ihnen, wenn sich der andere zum Verkaufspinocchio umfunktionieren lässt. Gegen sie gilt es sich zu wappnen, um nicht auf ihre taktischen Tricks hereinzufallen.

Die folgenden Beispiele zeigen, wie man solchen Einkäufern in ihre taktische Suppe spucken kann. Wie man ihre Selbstherrlichkeit durch psychologische Cleverness ein Stück weit aufzubrechen vermag. Und damit Waffengleichheit herstellt. Hier die drei wichtigsten Spielregeln, die jeden unfairen Taktierer irritieren und anhand seiner Reaktion entlarven:

Spielregel 1: Paradox reagieren. Nicht so, wie es vermutlich erwartet wird.
Spielregel 2: Keine Enttäuschung zeigen, sondern cool bleiben.
Spielregel 3: Keine voreiligen Zusagen machen und sich nicht in die Enge treiben lassen.

Taktik 1: Den Verbündeten spielen

Diese Taktik, die sich auch als »überraschende Wendung« bezeichnen lässt, ist eine Variante der Methode »Good Cop – Bad Cop«. Sie funktioniert nach dem Prinzip der bösen Überraschung: Der Einkäufer ruft den Verkäufer kurz vor Vertragsabschluss an. Er gibt sich als sein Verbündeter aus und informiert ihn über eine überraschende Wendung – angeblich vertraulich:

»Eigentlich dürfte ich Ihnen das gar nicht sagen. Aber da unsere Gespräche bisher so gut verlaufen sind, täte es mir leid, wenn Ihre Bemühungen letztlich umsonst waren.« »Das hört sich ja nicht gut an«, entgegnet der Verkäufer sichtlich enttäuscht. Damit tappt er bereits in die taktische Falle. Er signalisiert durch seine Reaktion, dass die psychische Destabilisierung, die beabsichtigt ist, greift. Der Einkäufer fährt fort und lässt die Katze aus dem Sack: »Mein Chef hat mich angewiesen, die Verhandlung mit einem Ihrer Mitbewerber weiterzuführen. Er meint, Sie wären mehr oder weniger aus dem Rennen. Sie ahnen sicherlich, warum. Wegen der Konditionen. Vielleicht kann ich ihn umstimmen, falls Ihnen da noch etwas einfällt.«

Wie geht das Spiel weiter? Hektik beim Lieferanten und Einberufung einer Krisensitzung. Harte Worte fallen: »Wie konnte Ihnen das nur passieren, so kurz vor dem Abschluss?« Falls das taktische Kalkül aufgeht, bewegen sich die Konditionen talwärts, und die andere Seite lacht sich ins Fäustchen. Der Einkäufer erhält einen Bonus und von seinem Chef ein anerkennendes Schulterklopfen: »Gut gemacht, Karlheinz. Ich hoffe, du hast mich nicht als den großen Bösewicht hingestellt. Schließlich hat uns dein Verkäufer zum Abendessen eingeladen, und ich möchte nicht, dass er mich so sieht. Du weißt: Wir brauchen ihn noch.«

Wie wehrt man diese Taktik ab? Erstens: keine Enttäuschung zeigen, um dem anderen das Spiel nicht zu erleichtern. Zweitens: keine sofortigen Zusagen machen. Auch keine Andeutungen in diese Richtung. Drittens: sich nicht unter Stress setzen und in die Enge treiben lassen, sondern um Bedenkzeit ersuchen. Viertens: paradox reagieren. Also anders, als vermutlich erwartet wird. Zum Beispiel: »Danke, dass Sie mich darüber informieren. Ich habe damit gerechnet, dass kurz vor Vertragsabschluss die Konditionenfrage noch einmal auftaucht. Welche Erwartungen hat denn Ihr Chef? Oder steht für ihn ohnehin bereits fest, dass wir endgültig aus dem Rennen sind?«

Taktik 2: Das Beschäftigungsprogramm

Diese Vorgehensweise könnte man auch als die Verwirrtaktik bezeichnen. Sie funktioniert so: Anforderungen werden ständig verändert, Angebote müssen neu spezifiziert werden, neue Beispiele sind zu rechnen. Verschiedene Stellen fordern permanent irgendwelche Unterlagen an. Wofür, wird nicht erläutert. Zuständige sind kaum erreichbar, sofern überhaupt klar ist, wer zuständig ist.

Natürlich gibt es Unternehmen, wo dies keine Taktik ist, sondern der Ausdruck gravierender Führungsmängel. Oder die Folge einer undurchschaubaren Matrixorganisation. Im Endeffekt läuft es aber auf das Gleiche hinaus: Als Verkäufer legt man viele Leerkilometer zurück, und das Sekretariat ist aufgrund des Anfertigens unzähliger Unterlagen im Dauerstress. Wenn es als Taktik angewendet wird, werden in die Verhandlungsgespräche bewusst Bremsklötze eingebaut, vor allem auf der Zielgeraden. Dahinter steht das Kalkül, den anderen so sehr wie möglich zu beschäftigen. Denn wenn es dann um die Konditionen geht, wird er sich bewusst sein, welchen Aufwand er bereits hatte – und leichter zu Zugeständnissen bereit sein.

Was kann man dagegen tun? Erstens: hinterfragen, warum sich eine Anforderung verändert hat und wofür die neuen Unterlagen benötigt werden. Diese nicht einfach produzieren, ohne genau zu wissen wofür. Vor allem dann, wenn die Erstellung zeitaufwändig ist. Zweitens: klar signalisieren, dass man sich nicht bedingungslos beschäftigen lässt. Dabei einen Testballon starten: »Ich stelle Ihnen eine Kurzfassung zusammen. Zur ersten Orientierung. Denn ich nehme an, dass die Sache noch nicht so schnell entscheidungsreif sein wird.« – »Schicken Sie mir bitte die ausführliche Version.« – »Heißt das, in Kürze wird entschieden?« Drittens: auch den anderen beschäftigen und es ihm nicht zu leicht machen: »Das lässt sich am Telefon nicht restlos klären. Bevor ich Ihnen Unterlagen zusende, in denen etwas fehlt, sollten wir besser ein persönliches Gespräch führen. Dann ist sichergestellt, dass Sie genau das erhalten, was Sie benötigen. Und wir legen beide keine Leerkilometer zurück. Wann haben Sie Zeit?«

Taktik 3: Die Zermürbung

Diese Taktik funktioniert nach dem Prinzip der langen Leine. Man könnte sie auch als Karottentaktik bezeichnen: dem anderen immer wieder den Abschluss als Karotte vor die Nase halten und sie ihm dann kurzfristig wegziehen. Diese Vorgehensweise enthält einzelne Elemente der Taktiken 1 und 2: die böse Überraschung und das Hinhalten des anderen. Bezweckt wird mit ihr das Gleiche wie mit diesen. Wird sie angewendet, zeigt sich das beispielsweise so: Ein wichtiger Termin ist anberaumt. Kurz davor ruft der Einkäufer den Verkäufer an: »Tut mir leid, dass wir diesen Termin schon wieder verschieben müssen. Ich weiß, Sie warten auf eine Entscheidung.«

Um zu sehen, ob die Zermürbung greift, fügt er hinzu: »Ist das recht ärgerlich für Sie?«

In solchen Fällen sind zwei Dinge wichtig. Erstens: den anderen auf keinen Fall spüren lassen, dass die Nachricht unangenehm ist. Nicht antworten: »Schade, ich hätte alles vorbereitet gehabt.« Sondern, und das ist der zweite Punkt, den anderen mit der eigenen Reaktion irritieren und Selbstbewusstsein signalisieren: »Da fällt mir aber ein Stein vom Herzen. Ich wollte Sie soeben anrufen und um eine Terminverschiebung ersuchen. Jetzt sind Sie mir damit zuvorgekommen. Welchen neuen Termin fassen wir ins Auge?«

Bei Verhandlungen wird die Zermürbungstaktik durch permanentes Aufschieben von Entscheidungen und ständiges Vertagen sichtbar. Je gelassener man dabei bleibt, umso nervöser wird die andere Seite. Denn sie sieht, dass das Spiel nicht mitgespielt wird. Im persönlichen Gespräch äußert sich diese Taktik durch polemische Aussagen und provozierende Fragen, die den Gesprächspartner in die Enge treiben sollen. Die ihn unter Stress setzen, damit er leichter zu Zugeständnissen bereit ist.

In solchen Fällen versalzt man dem anderen seine taktische Suppe, wenn man sich nicht provozieren lässt. Sich auf seine Reizfragen nicht einlässt, sondern der Polemik mit einer unerwarteten Antwort begegnet. Zum Beispiel mit einer Abwehrfrage: »Ich denke, wir kommen dem gemeinsamen Ziel näher, wenn wir uns fragen: Worin besteht der nächste Schritt?« Oder man formuliert die provozierende Frage um und ändert so die Denkrichtung des Verhandlungspartners. »Was tun Sie als Lieferant für Ihre Kunden, was andere nicht tun? Heute müssen wir diese Frage in aller Deutlichkeit stellen, da wir kurz vor der Entscheidung stehen. Also überzeugen Sie uns mal. Aber bitte nicht mit den üblichen Aktionen.« In diesem Beispiel könnte die Abwehrfrage lauten: »Ich stelle mir folgende Frage: Was könnte Sie überhaupt überzeugen? Wie denken Sie über diesen Punkt?«

Für diese drei Taktiken gilt: Sie funktionieren nur so gut, wie der andere zulässt, dass mit ihm taktiert wird. Je weniger jemandem klar ist, welche Spielchen getrieben werden, umso leichter geht er ihnen auf den Leim. Da sich Einkäufer im harten Wettbewerb immer besser durch Spezialtrainings für Verhandlungen rüsten, sollte man als Verkäufer gut gewappnet sein. Weniger durch die Teilnahme an herkömmlichen Verkaufstrainings, deren Inhalte für solche Fälle viel zu allgemein gehalten sind. Sondern durch ein internes Spezialtraining, das auf einer fundierten Analyse der jeweiligen

Verhandlungssituation und der Verhandlungspartner beruht. Oder durch ein Coaching, das neue Sichtweisen für den richtigen Umgang mit schwierigen oder unfair agierenden Verhandlungspartnern eröffnet. Ähnliches gilt für Kundenpräsentationen, von denen viel abhängt: Die richtige Dramaturgie reduziert kritische Einwände, und eine souveräne Reaktion auf taktische Fragen ist entscheidend.

Kapitel 10

Wege aus der Rabattfalle

Die Rabattitis ist eine grassierende Seuche, durch die ein Betrieb ausbluten kann, wenn er sich nicht dagegen wappnet. Insbesondere im Mittelstand. In diesem Kapitel werden ihre Ursachen analysiert und Lösungen vorgeschlagen, um der Rabattfalle nicht zum Opfer zu fallen.

Es überrascht immer wieder, für wie naiv Kunden gehalten werden, wenn behauptet wird, man könne mit Einwandtechniken im Preisgespräch Nachlassforderungen reduzieren oder sie aus der Welt schaffen. Denn die Frage, wie hoch der Rabatt ist, der zugebilligt wird – oder zugestanden werden muss –, ist keine Frage des verbalen Geschicks des Verkäufers. Sie hängt von ganz anderen Dingen ab. Von diesen ist im Folgenden die Rede.

Das Thema Rabatt spielt sich vor allem im Kopf ab. In dem des Kunden und in dem des Verkäufers. Dort entscheidet sich, ob daraus eine Rabattitis wird oder nicht. Ist im Verkäuferkopf eingebrannt »Um jeden Preis verkaufen!«, schnappt die Rabattfalle leichter zu, meist sogar gnadenlos.

Der eine fordert, und der andere gibt nach. Warum eigentlich? Lässt sich der Rolle eines Verkaufspinocchios nicht entgehen? Ist Kundenfang mit der Rabattschleuder der einzige Weg, um noch Aufträge zu bekommen?

Die Rabattitis hat mehrere Väter. Und natürlich gibt es nicht nur eine Ursache für ruinöses Preisschleudern. Der eigentliche Knackpunkt liegt jedoch in der Psychologie der Beziehung zwischen Kunde und Verkäufer. Und genau darum geht es in diesem Kapitel.

Nicht um jeden Preis verkaufen

Ist das Standing gegenüber Rabattforderungen nicht besonders hoch, ist das wie ein Freibrief für den Kunden, seine Forderungen in die Höhe zu schrauben. Er wird geradezu dazu animiert, wenn ihm Nachlässe bereitwillig gewährt werden. Und warum werden sie das? Weil dem Verkäufer nicht bewusst ist, welche Mechanismen Rabattforderungen begünstigen und wodurch diesen entgegengewirkt werden kann. In solchen Fällen droht die Rabattfalle. Wenn man sich nichts vormacht, wird man sich eingestehen, dass auch die Angst, ein Geschäft zu verlieren, den Rabatt in die Höhe treibt. »Angst essen Seele auf.« bedeutet hier: »Angst frisst den Gewinn.«

Jede Angst hat einen Auslöser. Einen Kern, der nachvollziehbar macht, warum sie entstanden ist. Sie erfüllt auch eine Warnfunktion, damit wir uns vor Gefahren besser schützen können. Aber sie hat auch einen irrationalen Anteil. Er lässt uns die Dinge in einem verzerrten Licht wahrnehmen. Hier ist der Verstand gefordert. Seine Aufgabe ist es, die Situation zu analysieren, um damit den irrationalen Teil der Angst aufzulösen. Dann ist man Herr der Lage.

Bei Rabattforderungen gibt es dazu drei Möglichkeiten:

1. Der Kunde hat ein besseres Angebot für ein und dasselbe Produkt. Auch die damit verbundenen Leistungen sind identisch. Wie etwa Service oder zusätzliche Garantien. In solchen Fällen wäre es naiv anzunehmen, die Preisdifferenz einfach wegdiskutieren zu können. Niemand gibt aufgrund schöner Worte mehr Geld aus als notwendig. Die einzige Frage, die sich hier stellt, ist: Will ich zu diesem Preis verkaufen? Und manchmal lautet sie auch: Will ich um jeden Preis verkaufen? Die Psychologie zwischen dem Verkäufer und dem Kunden spielt hier nur dann eine Rolle, wenn die Preisdifferenz eher gering ist, und wenn das Vertrauen zum Verkäufer größer ist als zum Mitbewerber.
2. Der Kunde hat ein preislich besseres Angebot für ein ähnliches Produkt. Aber er vergleicht Äpfel mit Birnen. Oder es handelt sich um ein völlig identisches Produkt, bei dem die damit verbundenen Zusatzleistungen jedoch unterschiedlich sind. In beiden Fällen kann das nur der detaillierte Vergleich zeigen. Er sollte daher unbedingt durchgeführt werden, bevor auf die Nachlassforderungen eingegangen wird. Wie schwierig solche Vergleiche sein können, ist bekannt. Denn auf einer rationalen Ebene ist nicht jede Zusatz- oder Sonderleistung in ihrem Wert direkt mit einer anderen vergleichbar. Die Psychologie spielt dabei eine wichtige Rolle. Von ihr hängt es ab, wie der Kunde die Angebote emotional bewertet und bei welchem er letztlich das bessere Gefühl hat.

3. Der Kunde blufft nur mit einem besseren Angebot. Darin kann man beinahe so etwas wie einen Volkssport sehen. Sein Hauptsponsor sind preisaggressive Anbieter mit markigen Werbesprüchen. Die, wie sich noch zeigen wird, längst nicht immer einhalten, was Kunden suggeriert wird. Der Verdacht, dass Kunden mit einem besseren Angebot bluffen, drängt sich dann auf, wenn sie nicht bereit sind, über die Details zu sprechen. Die pauschale Behauptung »Das bekomme ich woanders doch günstiger« oder »Beim Nachbarhändler kostet es weniger« ist ein sicheres Signal dafür. Die Psychologie zwischen dem Verkäufer und dem Kunden spielt hier eine ganz wesentliche Rolle. Denn von ihr hängt es ab, ob ein solcher Bluff versucht wird. Und vor allem: ob er aufgeht.

Mit der richtigen Psychologie lassen sich Rabattforderungen eindämmen. Auf null reduziert werden können sie damit natürlich nicht. Eine solche Sichtweise wäre naiv. Die Höhe der eingeräumten Nachlässe oder der Wert von Naturalrabatten und Zugaben kann damit aber sehr wohl verringert werden. Auf ein Jahr gerechnet kann das sehr viel sein – und jene Summe ergeben oder sie sogar übersteigen, die dem Unternehmen für sein weiteres Wachstum fehlt.

Hier die beiden wichtigsten Grundsätze für Preisverhandlungen:

Grundsatz der Glaubwürdigkeit: Je höher der Kunde die Glaubwürdigkeit des Verkäufers einschätzt, desto weniger zweifelt er am Preis. Denn er vertraut ihm. Umgekehrt gilt: Je niedriger er sie einschätzt, umso mehr wird er versuchen, seinen »wahren Preis« herauszufinden und Nachlassforderungen stellen.

Grundsatz der Verhaltenssicherheit: Je sicherer und kompetenter das Verhalten des Verkäufers auf den Kunden wirkt, umso höher ist seine Hemmschwelle, überzogene Nachlässe zu fordern. Umgekehrt gilt: Je unsicherer der Verkäufer wirkt, desto mehr wird der Kunde animiert, überhöhte oder aggressive Nachlassforderungen zu stellen.

Genauso wichtig wie die richtige Psychologie im Umgang mit Rabattforderungen ist die Beantwortung der Grundsatzfrage, um die kein Weg herumführt: Will ich um jeden Preis verkaufen, oder möchte ich nur solche Geschäfte abschließen, bei denen ein Gewinn übrig bleibt? Die Antwort kann sich nur jeder selbst geben. Die Psychologie spielt auch hier eine wichtige Rolle, insbesondere der Angstfaktor. Was ist damit gemeint?

Nehmen wir ein Beispiel. Eines, das leider keine Ausnahme beschreibt. Ein größeres Unternehmen verhandelt mit verschiedenen Zulieferern über den Preis, der sich von Verhandlung zu Verhandlung immer weiter talwärts bewegt. Aber immerhin, man verdient noch, wenn man den Auftrag erhält. Grund für einen vorsichtigen Optimismus also. Allerdings nur, weil man die Strategie des Unternehmens nicht durchschaut: Die Auftragskarotte möglichst hoch vor die Nase der Lieferanten hängen und sie untereinander ausspielen. Gezielt mit der Angst arbeiten und die Peitsche zeigen. Aber auch zwischendurch Zuckerbrot geben, denn ansonsten verlassen einige zu früh die Pokerrunde. Doch die Karten sind gezinkt, was leider zu spät erkannt wird. Kurz bevor man glaubt, das Spiel gewonnen zu haben, muss der Preis noch mal gesenkt werden. Dann erfolgt der Zuschlag.

Jetzt folgt die Phase der Ernüchterung und dann die des Selbstbetrugs: Der Auftrag wird angenommen, obwohl kein Gewinn übrig bleibt. Zumindest keiner, der die ganze Sache lohnt. Aber es ist ein Referenzkunde. Also wurden seine Argumente – oder waren es Drohungen? – schließlich akzeptiert. »Sie müssen mich verstehen«, sagt der Auftraggeber, »auch mir sind die Hände gebunden. Wir müssen von den Kosten runter. Beim Personal geht nichts mehr. Wegen der Gewerkschaften. Sie sind ein mittelständischer Betrieb. Vielleicht haben Sie beim Personalstand noch Möglichkeiten, die Kosten zu reduzieren. Und bei Ihnen wirbelt es nicht so viel Staub in der Öffentlichkeit auf wie bei uns.« Dann verabschiedet er sich. Um den nächsten Lieferanten nicht zu lange warten zu lassen.

Keine Verhandlungstechnik der Welt könnte in solchen Fällen verhindern, dass die Verdienstspanne gegen null tendiert. Denn das Problem liegt nicht in der Verhandlungsführung und nicht beim Kunden. Der ist nur unfair. Das Problem liegt ganz woanders: im Kopf des Lieferanten und in der Angst, die sich darin ausbreitet, wenn er daran denkt, den Auftrag zu verlieren. Diese Angst, die die Gegenseite in den »partnerschaftlichen« Verhandlungen ausnutzt, bleibt natürlich nicht verborgen. Mit dieser Angst lässt sich natürlich spielen. Sofern der andere mitspielt, also mit sich spielen lässt. Daher gilt bei Preisverhandlungen, die auf Erpressung und ein Preisdiktat hinauslaufen, ein dritter Grundsatz:

> **Grundsatz der Angst:** Je deutlicher der Verhandlungspartner die Angst des anderen spürt, umso härter wird seine Preisforderung ausfallen. Umgekehrt gilt: Je weniger Angst jemand hat, ein Geschäft zu verlieren, desto weniger erpressbar erscheint er für den anderen.

Dieser Grundsatz gilt natürlich nicht nur für die großen Aufträge, sondern für alle Geschäfte, bei denen der Kunde die Preisrute unverhohlen ins Fenster stellt. Und wollte man einen weiteren Grundsatz für solche Fälle aufstellen, der kein psychologischer, sondern einer der Vernunft ist, so wäre es dieser: Mitbewerber nicht durch die Methode des Auspreisens ans Messer des Kunden liefern. Denn das nächste Opfer dieser Praxis könnte man selbst sein. Wie funktioniert diese Methode? Lieferant A bietet zu einem bestimmten Preis an. Der Kunde lässt sich von Lieferant B ein Gegenangebot machen. Dieser weiß, dass er aus verschiedenen Gründen von diesem Kunden ohnehin nie einen Auftrag erhalten wird. Um dem Mitbewerber eins auszuwischen, bietet er einen deutlich geringeren Preis an als dieser – er preist ihn aus. Lieferant A wird mit dem Harakiri-Angebot von Lieferant B konfrontiert und aufgefordert, beim Preis mitzuziehen, wenn er den Auftrag bekommen möchte.

Kein Verkaufspinocchio sein

Wie in Kapitel 2 analysiert wurde, begünstigt jeder Götzendienst steigende Erwartungshaltungen und überhöhte Rabattforderungen. Überspitzt ausgedrückt löst jeder Götzendiener folgende Gedanken beim Kunden aus: »So penetrant, wie mir dieser Sales-Roboter hinterherläuft, zeigt mir das: Er ist auftragsgeil. Diesen Auftrag will er unbedingt kriegen. Ohne dass ich danach gefragt habe, wirft er den Preisköder aus. ›Wir können beim Preis schon noch was machen‹, war seine erste Reaktion am Telefon, als ich ihm gesagt habe, ich müsse mir meine Entscheidung noch überlegen. Den habe ich in der Hand. Und beim Preis im Griff. Ich lasse ihn noch ein wenig zappeln. Dann gibt es mehr Prozente. Denn er wird das Geschäft nicht verlieren wollen. Außerdem werde ich mit einem Mitbewerbsangebot bluffen und ihm damit Angst einjagen. Dann heißt es, beim Preis die Hosen herunterlassen.«

Vielleicht wirken solche Gedanken, die Kunden haben können, wenn man dem Geschäft zu sehr hinterherläuft und sich übermüht zeigt, ein wenig übertrieben. Natürlich wird nicht jeder Kunde so denken. Aber naiv ist auch keiner von ihnen.

Ich bin doch nicht blöd

Nahezu jeder schaut beim Kauf auf das Geld. Dazu treibt schon der natürliche Egoismus an, mit dem bei jedem Menschen gerechnet werden darf. Hinzu kommt ein gewisses Misstrauen bei vielen, was den angeblich besten Preis anbelangt. Schließlich hört und liest man immer wieder, wie Kunden von Verkäufern über den Tisch gezogen wurden. Vielleicht nur Ausnahmen. Aber wer weiß?

Verstärkt wird dieses Misstrauen durch markige Werbesprüche wie »Ich bin doch nicht blöd«. Preisaggressive Anbieter suggerieren mit Sprüchen dieser Art auf psychologisch raffinierte Weise Schnäppchenpreise. Obwohl es sich erwiesenermaßen nicht immer um solche handelt.[12] Sie konditionieren den Kunden damit zu einer Art »Rabatthure«, die ihre Freier beliebig auswechselt. Nur wer am tiefsten in die Tasche greift, sprich wer den höchsten Rabatt gewährt, kommt zum Zug. Bis seine Taschen leer sind.

Weiterhin ist daran zu denken, dass die meisten Menschen aufgrund ihres Spieltriebs gerne beim Preis handeln, um sich ein Erfolgserlebnis zu verschaffen. Ganz abgesehen von der Bazarmentalität des Orients, wo Feilschen als Ritual und Fun-Element dazugehört. Viele lassen sich davon im Urlaub inspirieren: Warum das nicht auch zu Hause probieren?

Und dann gibt es noch die guten Freunde und Bekannten. Die Einflüsterer des Kunden, die gerne übertreiben, was ihr Geschick anbelangt, Verkäufer beim Preis in die Knie zu zwingen: »Ich habe für das fast gleiche Produkt nicht mehr bezahlt als 2800 Euro. Lass dir doch nichts vormachen, die verdienen noch genug an dir. Du musst nur richtig hart verhandeln mit denen. Sei kein Dummkopf!«

Ist die Lage also aussichtslos? Bleibt wirklich nichts anderes übrig, als die Rolle eines Verkaufspinocchios zu spielen, an dessen Fäden Kunden beliebig ziehen können? Und zwar so lange, bis sie die Marionette mit den hilflos wirkenden Gesichtszügen krachend zu Boden fallen lassen: »Sorry, der Preis ist immer noch zu hoch! Ich kaufe doch lieber woanders.«

Viele Verkäufer tappen in einer solchen Situation in die Rabattfalle: Um das Geschäft nicht zu verlieren, reduzieren sie den Preis ein weiteres Mal. Auch wenn damit kaum noch etwas verdient werden kann. Sie nähren damit beim Kunden den Verdacht, der Preis sei deutlich überhöht gewesen und es wäre noch mehr für ihn drin. Wenn der Verkäufer in diese Falle tappt, wird sie unweigerlich zuschnappen, und der Preis ist endgültig im Keller.

Falls man das Geschäft dann mit magerem Gewinn abschließt, führt das zu einer Weiterempfehlung der besonderen Art. Sie ist die einzige Form der Empfehlung, die sich kein Unternehmen wünschen kann, obwohl sie viele Kunden bringt: »Einen so hohen Nachlass wie dort bekommt man nirgendwo sonst!«

Geiz ist nicht für alle geil

Beim Thema Preis, das beim Abschluss natürlich im Mittelpunkt steht, spielt auch die allgemeine Gesamtsituation eine Rolle. Denn sie wirkt sich auf die Preiserwartung des Kunden aus. Allerdings nicht auf jeden gleich. In Kapitel 1 wurde bereits auf die steigende Preissensibilität eingegangen. Um nicht in jedem Kunden einen potenziellen Preishai zu sehen und sich dadurch falsch zu verhalten, kurz einige Zahlen. Sie wurden vom renommierten Institut für Demoskopie Allensbach im Jahr 2004 repräsentativ erhoben.[13]

Daraus geht hervor, dass 72 Prozent der Kunden beim Einkauf stärker als bisher die Preise vergleichen. Geiz ist dabei bei 39 Prozent »in« und bei 35 Prozent »out«. Der Charme des Schnäppchens, wie das in den Umfrageergebnissen bezeichnet wird, zieht sich durch alle Schichten. Diese Zahlen sprechen dafür, dass man von Kunden immer häufiger mit Preisvergleichen konfrontiert wird. Entweder differenziert oder pauschal mit der Aussage »Das bekomme ich woanders doch billiger«. Andererseits ist, wie diese Zahlen zeigen, Geiz nicht für jeden geil. Und schon gar nicht für alle. Pauschaler Argwohn gegenüber Kunden ist daher nicht gerechtfertigt.

Rabattforderungen reduzieren

Sollte man als Verkäufer, wenn es um den Preis geht, ein versteinertes Pokerface aufsetzen? Einfach cool bleiben und so tun, als ob einem das Geschäft nicht sonderlich wichtig wäre? Dem Kunden vielleicht erklären: »Tut mir leid für Sie, das war mein erstes und letztes Angebot.« Das sind immerhin Möglichkeiten. Wenn auch keine besonders aussichtsreichen.

Was sollte man daher tun, wenn man nicht den Rückzug antreten will? Wie lässt sich vermeiden, dass mit Rabatt-Harakiri Totengräberdienste für das Unternehmen geleistet werden? Gibt es Auswege aus der Rabattfalle, oder ist man ohnmächtig dazu verurteilt, überzogene Nachlassforderungen zu akzeptieren? Hat man diese möglicherweise sogar selbst mit verursacht? Seine bestehenden Kunden dazu erzogen, stückchenweise Preisnachbesserungen nach der Salamitechnik zu fordern? »Funktioniert es einmal«, denkt der Kunde, »wird es auch beim nächsten und übernächsten Mal funktionieren.« Würde er anders denken, wäre er naiv. So werden Kunden beim Rabatt vom Gelegenheitstäter zum Wiederholungstäter. Und der Verkäufer sitzt als freiwillige Geisel hinter Gittern. Bereit, mit ein paar Prozent mehr Nachlass das Lösegeld zu bezahlen – sich damit freizukaufen.

Der Verkäufer als Rabattverstärker

Ein teurer Irrtum besteht in der Annahme, dass erhebliche Preiszugeständnisse beim Erstauftrag sich bei den Folgeaufträgen schon irgendwie ausgleichen lassen werden. Leider trifft jedoch das Gegenteil zu. Denn das Verhalten des Kunden – mehr Nachlass zu fordern, als ihm zunächst freiwillig angeboten wurde – war erfolgreich. Genau dadurch wird er zum Wiederholungstäter.

Das psychologische Verstärkerprinzip erklärt, warum: Jedes Verhalten, das zum gewünschten Erfolg führt, wird durch ihn belohnt und damit verstärkt. Das heißt, es wird in Zukunft wieder auftreten. Der Verkäufer erweist sich also, auf ungewollte Weise, als Verhaltensverstärker beim Kunden. Er verursacht dessen zukünftige – und meist steigende – Rabattforderungen. Abbildung 9 zeigt diesen Mechanismus.

Abbildung 9: Der Verkäufer als Rabattverstärker

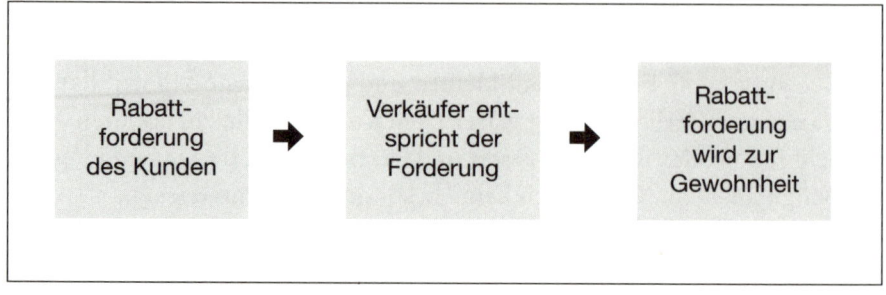

Führungskräfte, allen voran Verkaufsleiter, klagen oft: »Die Seuche Rabattitis grassiert in unserer Branche am schlimmsten. Haben Sie eine Ahnung, was sich da abspielt?« Was dabei gern übersehen wird, ist der auslösende Virus: die mangelhafte Professionalität der eigenen Verkäufer. Und nicht selten auch die Rolle, die man als Chef dabei spielt – oder spielen könnte. Daher gelingt es Kunden auch leichter, diesen Verkäufern bei Preisverhandlungen die Hosen auszuziehen. Deshalb sind die Verkäufer nicht Opfer, sondern die eigentlichen Täter.

In solchen Fällen gedeiht der Wunderglaube: Wenn wir unsere Mannschaft durch den Verkaufs-TÜV schicken, dann werden sie die Kundeneinwände durch die richtige Technik entkräften und beim Preisgespräch die Nase vorn haben. Hinterher werden sie triumphierend ausrufen: »Rabat ist die Hauptstadt von Marokko! Eine andere Bedeutung von Rabatt kenne ich nicht mehr!«

Eines der unzähligen, aber durchaus typischen Beispiele für den einfältigen Wunderglauben dieser Art ist die Empfehlung, den Preis mit der »Aufteilungsmethode« folgendermaßen zu begründen: »Dieses Modell kostet 410 Euro. Der Staubsauger ist so gut, dass Sie ihn mehr als zehn Jahre benutzen können. Auch wenn wir nur fünf Jahre zugrunde legen, zahlen Sie im Jahr 82 Euro und im Monat circa 6,85 Euro, also knapp 23 Cent pro Tag. 23 Cent pro Tag sind doch wohl keine große Ausgabe bei der Arbeit und Zeit, die Sie mit dieser verdoppelten Saugfähigkeit sparen.«[14]

Der Glaube an solche Techniken hat eine fatale Konsequenz. Je mehr damit versucht wird, am Kunden herumzuschrauben, um ihn beim Preis zu justieren, umso eher wird der Mechanismus Kundenrache ausgelöst. Der Grundvorgang dabei ist folgender: Spürt der Kunde, dass ihn der Verkäufer zum manipulierbaren Umsatzbringer funktionalisiert – ihn auf diese

Rolle reduziert –, so reduziert er den Verkäufer aus »Rache« auf den Preis. Eine direkte Folge ist die Erbtantenreaktion, die den Kunden insgesamt schwieriger werden lässt, wie in Kapitel 1 beschrieben wurde.

Vier Einflussebenen auf Rabattforderungen

Eine höhere Professionalisierung im Umgang mit Preis- und Rabattfragen ist also keine Frage der richtigen Technik. Denn die gibt es nicht. Wichtig ist vielmehr zu wissen, was die Höhe der Rabattforderung beeinflusst und welche psychologischen Zusammenhänge dabei eine Rolle spielen. Erst dann lässt sich überlegen, worauf und in welcher Form man einwirken kann. Abbildung 10 zeigt die vier wichtigsten Einflussebenen auf Rabattforderungen. Zwei können durch den Verkäufer direkt beeinflusst werden: die psychologische Ebene zwischen ihm und dem Kunden sowie die Ebene der Verhandlungsführung. Bei dieser kommt es vor allem darauf an, den Verhandlungspartner richtig einzuschätzen. Seine Motive zu erkennen und zu wissen, welche Rolle seine Emotionen beim Kauf spielen. Und natürlich auch, welche Argumente ihn überzeugen können. So, wie das bereits in den vorangegangenen Kapiteln vorgeschlagen wurde. Die Spielregeln, die im Weiteren beschrieben werden, stellen den psychologisch richtigen Umgang mit Rabattforderungen in den Mittelpunkt.

Abbildung 10: Die vier Einflussebenen auf Rabattforderungen

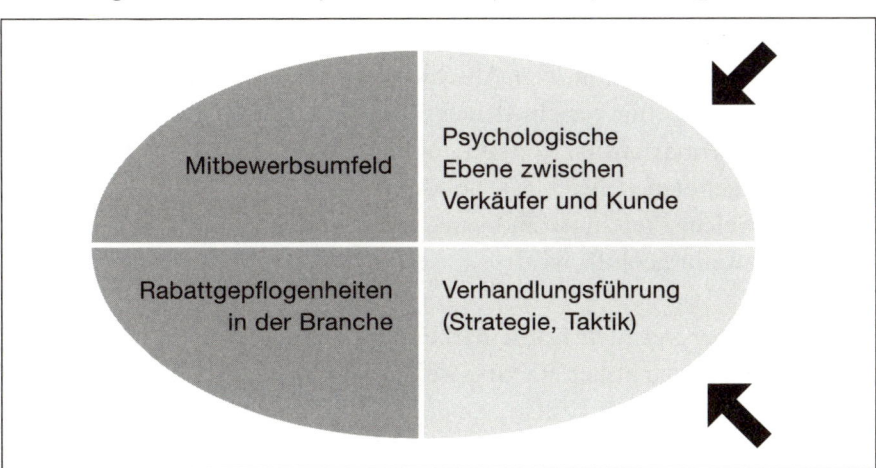

Die Tücken der Entscheidungsphase

Die subjektive Preiserwartung des Kunden ergibt sich aus den Einflussebenen »Mitbewerbsumfeld« und »Rabattgepflogenheiten in der Branche«. Wie entsteht diese Erwartung überhaupt?

Ausgangspunkt ist immer die Vorstellung des Kunden, was das jeweilige Produkt oder die Dienstleistung kosten darf. Als nächster Schritt folgt in der Regel ein Vergleich der Kosten für ein identisches Produkt bei verschiedenen Anbietern. Ein durchaus üblicher Vorgang, sieht man von Spontankäufen ab und von Menschen, für die Geld keinerlei Rolle spielt. Stammkunden, die ein hohes Vertrauen zum Verkäufer haben, vergleichen, das zeigt die Erfahrung, weniger intensiv.

In einer weiteren Phase werden oftmals zusätzliche Produkte zum Vergleich herangezogen. Solche, die einen ähnlichen Nutzen und Wert für den Kunden haben wie jene, die er bereits verglichen hat. Dann entscheidet er: »Dieses Produkt will ich kaufen und dafür maximal den Betrag X ausgeben.« Anschließend folgt die Überlegung: »Was ist mein bester Preis? Kann ich vielleicht einen Rabatt bekommen? Mal sehen.«

Für den Verkäufer ist es wichtig zu wissen, in welcher Entscheidungsphase sich der Kunde befindet. Vergleicht er nur die Produkte und ihre jeweiligen Preise, um eine Entscheidung treffen zu können? Oder hat er sich schon für ein bestimmtes Produkt entschieden? Weiß man das nicht, können zwei gravierende Fehler begangen werden.

Fehler Nummer eins: Der Kunde ist in der Vergleichsphase und will noch keine endgültige Kaufentscheidung treffen. Ihm wird ein Preisnachlass angeboten in der Hoffnung, den Abschluss zu tätigen. Trotzdem kauft der Kunde nicht, da er nur verschiedene Produkte und deren Preise vergleichen wollte. Und beim nächsten Kontakt, falls er wieder kommt, möchte er nicht nur den angebotenen Nachlass, sondern meist einige Prozent mehr. Je nachdem, welche Preiszugeständnisse ihm woanders gemacht wurden. Wobei damit oft nur geblufft wird.

Fehler Nummer zwei: Die Kaufentscheidung steht bereits fest, und der Verkäufer gibt einen zu hohen Rabatt. Weil er annimmt, der Kunde würde anderenfalls nicht bei ihm kaufen, sondern sich für eine gleichwertige Alternative entscheiden, die ihm von einem Mitbewerber angeblich günstiger angeboten wurde. In solchen Fällen ist es zwecklos, den Preis mit dem Wert des Produkts und seinem Nutzen für den Kunden zu begründen, denn beides ist ihm bereits bekannt. Hätte er sich sonst für den Kauf entschieden? Der Verkäufer hat sich also bluffen lassen.

Fehler im Rabattgespräch vermeiden

Wie geht man angesichts dieser beiden Fehlermöglichkeiten richtig vor? Zunächst gilt es, bereits im Anfangsstadium des Gespräches herauszufinden, in welcher Entscheidungsphase sich der Kunde befindet. Beispielsweise durch die Frage: »Haben Sie sich schon entschieden, dieses Produkt zu kaufen? Oder möchten Sie dazu Alternativen vergleichen? Welche?« Aus den Antworten erfährt man nicht nur, wie weit eine Entscheidung bereits gereift ist. Sondern auch, an welche Alternativen der Kunde denkt.

Befindet er sich noch in der Vergleichsphase, sollte der Versuchung widerstanden werden, einen Preisnachlass ins Gespräch zu bringen, um ihn damit zu ködern, ihn damit zum sofortigen Kauf zu bewegen. Es wird nicht funktionieren. Und falls doch, dann wird der angebotene Nachlass nicht reichen. Denn der Kunde hat nun Blut geleckt.

Spricht er das Thema Rabatt von sich aus an, lässt sich darauf beispielsweise antworten, falls ein Nachlass akzeptabel ist: »Wenn Sie sich für den Kauf entschieden haben, können wir darüber gerne sprechen.« Manche Kunden antworten gewitzt: »Und wenn ich mich bereits entschieden hätte, wie hoch wäre dann der Rabatt?« Verkäufer, die in diese Fangfrage tappen, entgegnen: »Dann bekommen Sie soundsoviel Prozent.« Natürlich antwortet der Kunde: »Das ist mir aber zu wenig!«

Daher ist es besser, auf eine solche Fangfrage nicht zu antworten, sondern den Kunden aus der Reserve zu locken: »Wann wollen Sie sich endgültig entscheiden? Dann werden wir sicher eine gute Lösung finden, mit der beide Seiten zufrieden sind.« Lassen Sie also die Rabattkatze nicht zu früh aus dem Sack. Falls es überhaupt eine für Sie gibt.

Anders sieht es aus, wenn die Kaufentscheidung bereits feststeht. Dann lässt sich davon ausgehen, dass bereits Produkt- und Preisvergleiche durchgeführt wurden. Der Kunde wird sie wahrscheinlich ins Spiel bringen, um einen besseren Preis herauszuholen. Fest steht jedoch: Er hat sich für den Kauf eines Produkts entschieden und wird seine Entscheidung nicht wieder umstoßen. Denn er weiß bereits, was er will. Dass er in solchen Situationen trotzdem den Eindruck vermitteln will, er könnte sich auch anders entscheiden – für etwas, das weniger kostet –, ist klar. Denn ein Verkäufer, der dadurch verunsichert werden kann, gibt mehr Prozente. Daher ist es wichtig, näher auf das einzugehen, was der Kunde als Vergleich für seine Nachlassforderung heranzieht.

Sich nicht bluffen lassen

Die Angst, hier genauer nachzufragen, weil der Kunde vielleicht verärgert reagieren könnte, ist völlig unbegründet. Denn hätte er bereits das ultimative Angebot, so stellt sich die Frage: Warum hat er es nicht angenommen? Wahrscheinlich blieben Mitbewerber standhaft, und er versucht nun woanders, einen besseren Preis zu bekommen – bei Ihnen. Oder er blufft nur. Jede Pauschalaussage lässt diesen Verdacht aufkommen: »Das bekomme ich bei einem anderen Anbieter um 3 Prozent günstiger.«, »Das kostet woanders nicht so viel.«, »Woanders zahle ich für das gleiche 400 Euro weniger.«. Falls der Kunde ein Angebot in der Tasche hat, welches preislich mit Ihrem gleich liegt, ist zu bedenken: Es würde für ihn einen Gesichtsverlust bedeuten, dorthin zurückzukehren, von wo er das Angebot hat. Und wo man standhaft blieb. Denn dies wäre wie ein Eingeständnis: »Okay, ich akzeptiere den Preis. Ich hatte mit der Rabattforderung woanders nicht mehr Glück als bei Ihnen!« Dass dieser Fall eintritt, ist eher unwahrscheinlich.

Bleiben Sie daher standhaft und treffen Sie sich auch nicht in der berühmten Mitte. Denn auch die Mitte kostet Sie Geld. Wichtig ist, dass der Kunde sein Gesicht wahren kann und Ihre Standhaftigkeit nicht als Sturheit interpretiert wird. Was nicht der Fall sein wird, wenn Sie beispielsweise sagen: »Sie haben bereits ein sehr gutes Angebot. Danke, dass Sie zu mir gekommen sind. Diesen Preis möchte ich Ihnen auch bieten, um Sie als Kunden zu gewinnen. Lassen Sie uns sehen, was für Sie noch wichtig ist, abgesehen vom Preis. Wahrscheinlich finden wir den einen oder anderen Punkt, wo ich noch etwas mehr für Sie tun kann.«

Bringt der Kunde bereits zu Gesprächsbeginn Mitbewerber ins Spiel, um die Standfestigkeit des Verkäufers beim Preis auszuloten, ist es nur legitim in Erfahrung zu bringen, was miteinander verglichen wird. Denn man muss die Anforderungen des Kunden genau kennen, um ein konkretes Angebot erstellen zu können. Abgesehen von der Produktspezifikation gibt es meist weitere Punkte, die dabei wichtig sind. Zusatzleistungen, die erbracht werden, eine verbindliche Lieferfrist, spezielle Garantien und Ähnliches mehr. Kurzum: Was ist in den Konditionen, die der Kunde vergleicht, alles enthalten? Das ist die entscheidende Frage. Anderenfalls besteht die Gefahr, dass sozusagen Äpfel mit Birnen verglichen werden.

Wie reagiert man in solchen Fällen richtig?

Ersuchen Sie den Kunden, mit Ihnen über das Angebot, welches ihm angeblich vorliegt, detailliert zu sprechen. Natürlich nicht mit einer Aufforderung, die unterstellt, er hätte keines: »Dann zeigen Sie mir das Angebot.« Sondern: »Könnten Sie mir bitte die Details Ihrer Anforderungen nennen, damit ich genau weiß, was ich in mein Angebot aufnehmen muss. Dann vergleichen wir die einzelnen Preispositionen. Nur damit Sie sicher sein können, dass darin alles enthalten ist, was Sie wollen. Und nicht weniger.«

Was tun, wenn der Kunde auf den detaillierten Vergleich nicht einsteigt? Wie reagieren, falls er beispielsweise erklärt, er habe das Angebot leider nicht mitgebracht? Auch in diesem Fall gilt, ihn das Gesicht wahren zu lassen. Das bedeutet zweierlei. Erstens: nicht weiter auf das angeblich bessere Angebot eingehen. Sonst entsteht ein Disput über etwas, das man nicht kennt. Zweitens: Interesse am Geschäft signalisieren, aber nicht um jeden Preis. Etwa so: »Ich würde gerne das Geschäft mit Ihnen machen und stelle jetzt das Angebot für Sie zusammen. Dann gehen wir jede Position durch, damit Sie eine gute Entscheidungsgrundlage haben.«

Erfolgt keine Einigung, so steht man vor der Wahl. Entweder standhaft bleiben und auf ein Geschäft verzichten, bei dem kaum etwas zu verdienen ist. Oder doch beim Preis nachgeben, damit in die Rabattfalle rutschen und zur Rabattjagd blasen, bei der man selbst zum Gejagten wird. Denn eine Weiterempfehlung durch solche Kunden zieht eine Kaufklientel an, die sich niemand heranzüchten will: Preishaie und Rabatttouristen.

Um einen Bluff des Kunden erkennen zu können, ist es auch wichtig, dass man die Rahmenbedingungen in der Branche gut kennt. Also weiß, welche Nachlässe bei welchen Produkten üblicherweise gewährt und wovon sie abhängig gemacht werden. Beispielsweise von der Höhe des Auftragsvolumens oder der Zahlungskondition. Auch wenn sich die Mitbewerber dabei nicht in die Karten schauen lassen, sollte man doch ein Gespür dafür besitzen, was möglich ist und was auf keinen Fall.

Nachlassforderungen nicht begünstigen

Im Folgenden geht es um die Frage, wodurch Rabattforderungen auf der Verkaufsseite begünstigt werden. Worauf zu achten ist, um sie nicht ungewollt selbst in die Höhe zu treiben.

Der Verkaufsleiter als Preisfeuerwehrmann

Vor allem im Firmenkundengeschäft kommt es immer wieder vor, dass die Rabattdisziplin der Außendienstmitarbeiter vom eigenen Chef unterlaufen wird. Zögert sich der Abschluss hinaus, tritt er in Aktion, um, wie er glaubt, das Geschäft zu retten. Er versteht sich in solchen Fällen als Preisfeuerwehrmann und fährt zum Kunden. Im Zuge des Gespräches bietet er ihm einen höheren Rabatt an als sein Mitarbeiter, dem er damit auf kompromittierende Weise in den Rücken fällt. Nicht nur, dass der Verkäufer dadurch beim Kunden sein Gesicht verliert, er büßt auch das Vertrauen und seine Glaubwürdigkeit ein.

Auch wenn solche Preisfeuerwehrmänner stolz behaupten: »Ich habe das Geschäft für uns gerettet!«, bleibt bei ihren Aktionen verbrannte Erde zurück. Denn bei zukünftigen Geschäften mit diesem Kunden wird das Preisniveau weiter nach unten rutschen. Die Ursache dieses Übels ist der Preisfeuerwehrmann. Von Rettung also keine Spur.

Ein kompetenter Verkaufsleiter versteht sich daher als Rabattfeuerwehrmann. Gut abgestimmt mit seinen Mitarbeitern, unterstützt er sie dabei, überzogene Nachlassforderungen einzudämmen. Statt mit fragwürdigen Rettungsaktionen Öl ins Feuer zukünftiger Rabattwünsche zu gießen.

Wurde der Preis allerdings von Beginn eines Geschäftes an zur Chefsache erklärt, ist es wichtig, den Kunden aufzuklären, warum das so ist. Der Verkäufer darf sich in solchen Situationen auf keinen Fall vorzeitig Preisaussagen herauslocken lassen. Sondern erst dann, wenn der Zeitpunkt dafür gekommen ist, gemeinsam mit dem Chef und dem Kunden das Preisthema zu behandeln.

»Und wenn ich mich mit meinem Chef beim Preis abspreche«, fragen manche Verkäufer, »und er ganz bewusst in der Rolle des Preisfeuerwehrmannes beim Kunden auftritt? Ich nenne dem Kunden zunächst einen höheren Preis, auf den ich einen bestimmten Rabatt gebe. Wenn der nicht akzeptiert wird, schaltet sich mein Verkaufsleiter ein. Er spielt den Retter in der Not und reduziert den Preis nochmals mit einem Chefrabatt. Wäre das nicht eine gute Strategie?«

Ganz abgesehen davon, dass es sich dabei um keine gute, sondern um eine schlitzohrige Strategie handelt, wird sie nicht funktionieren. Sondern zum Bumerang werden. Denn ein professioneller Einkäufer wird schnell durchschauen, welches Spiel hier gespielt werden soll. Er wird es gerne mitspielen, aber die Spielregeln bestimmen: Beim nächsten Geschäft ist der reduzierte Preis vom letzten Abschluss die Ausgangsbasis für das Gespräch mit dem Verkäufer. Und dessen Chef darf wieder den Preisfeuerwehrmann spielen.

Solche Spielchen laufen genau so lange, bis kein Verhandlungsspielraum mehr bleibt, weil die Spanne bereits gegen null tendiert. Die Schlauheit der Füchse beruht vor allem auf der Dummheit der Hühner, sagt man. Manche Verkaufsleiter, die solche Spiele spielen, halten sich offenbar für die Füchse. Im Endeffekt ist es sicher klüger, wenn man andere nicht für Hühner hält und sich selbst nicht für den Fuchs. Denn allzu leicht erkennen die Kunden, welche Rolle ihnen zugewiesen werden soll. Dann vertauschen sich die Rollen meist schneller als man denkt, und ohne dass man es bemerken würde.

Verhaltensunsicherheit vermeiden

Bei Rabattverhandlungen ist es auf der psychologischen Ebene wichtig, dass die Aussagen des Verkäufers nicht nur plausibel begründet werden, sondern auch glaubwürdig wirken. Der tatsächliche Kaufpreis ist für beide Seiten ein sensibles Thema. Auf Kundenseite bedeutet das: Die Antennen zur Registrierung von Unsicherheiten beim Verkäufer sind weit ausgefahren. Werden solche bemerkt, wird sein sechster Sinn in Alarmbereitschaft versetzt.

Der sechste Sinn ist ein emotionales Frühwarnsystem, das vor Irrtümern und Gefahren schützt. Sein Sitz wurde vor kurzem von amerikanischen Wissenschaftlern der Washington University von St. Louis in der menschlichen Hirnrinde nachgewiesen. Schlägt dieses System beim Kunden Alarm, weil der Verkäufer bei der Rabattfrage unsicher wirkt, wird folgende Kettenreaktion ausgelöst.

1. Der Kunde wird wegen der Unsicherheit des Verkäufers misstrauisch und hört seinen Argumenten nicht mehr genau zu.
2. Der Verkäufer spürt das, interpretiert es aber falsch und denkt, es würde an den Argumenten liegen. Daher bringt er weitere ein.

3. Der Kunde wertet das als Überredungsversuch. Er besteht auf seiner Nachlassforderung und droht mit der Konkurrenz.
4. Der Verkäufer wird noch unsicherer.
5. Diese Unsicherheit ist für den Kunden ein Zeichen: Bald habe ich ihn dort, wo ich ihn haben will! Er bleibt daher unnachgiebig.
6. Der Verkäufer gibt den Forderungen schließlich nach.

Oder er zieht die Notbremse: »Ich darf leider nicht mehr Rabatt geben.« Wie wird der Kunde reagieren? Er will sein Gesicht nicht verlieren und kauft woanders. Obwohl er das ursprünglich gar nicht vorhatte. Er wollte nur geschickt verhandeln, um einen besseren Preis zu erhalten. Wahrscheinlich hätte er bei diesem Verkäufer gekauft, ohne einen Höchstrabatt zu fordern. Wenn dieser sicherer und überzeugender auf ihn gewirkt hätte. Verhaltensunsicherheit wird im Verkaufsgespräch meist als Schwäche interpretiert und zum eigenen Vorteil genutzt.

Wie verhält es sich bei Kunden, die von vornherein preisaggressiv auftreten, den so genannten Preishaien? Obwohl sie nicht die Mehrheit sind, werden sie von psychologisch ungeschickten Verkäufern gerne als Ausrede verwendet: »Was soll ich denn machen? Kunden spielen doch immer ihre Macht aus. Rabatthöhe rauf, Preis runter – oder ich kaufe woanders.« Diese Ansicht ist in ihrer Verallgemeinerung falsch.

Richtig ist: Der Kunde spielt seine Entscheidungsmacht dann aus, wenn er annehmen kann, dass seinen Forderungen damit erfolgreich Nachdruck verliehen wird. Ob er nur geschickt blufft oder nicht, spielt in diesem Zusammenhang keine Rolle. Wichtig ist vielmehr, wovon seine instinktive Einschätzung abhängt, damit Erfolg zu haben. Und die hängt davon ab, wie sicher der Verkäufer auf ihn wirkt. Als wie widerstandsfähig er daher gegenüber Nachlassforderungen eingeschätzt wird. Der Kunde spürt durch das Verhalten des Verkäufers, wie weit er mit dem Preis nach unten gehen kann, wann die Schmerzgrenze erreicht ist. So, wie jeder von uns spürt, wie weit er mit seinen Forderungen bei jemandem gehen kann. Das hat man schließlich schon in der Schule bei seinen Lehrern gelernt.

Natürlich wird allein durch ein sicheres Verhalten aus einem Preishai kein Rabattlamm. Allerdings wird damit ein klares Signal übermittelt: »Bei mir könntest du dir die Zähne ausbeißen! Versuch es lieber nicht.« Das Schlimmste, was in solchen Fällen passieren könnte, ist, dass der Preishai woanders kauft, weil er abgeblitzt ist. Aber es ist nicht das Schlimmste, sondern das Beste, was passieren kann. Denn ein Preishai nagt an der Substanz des eigenen Unternehmens.

Das Experiment mit den Pokerspielern

Wie sehr sich die Sicherheit oder Unsicherheit im Verhalten auf andere auswirkt, zeigt ein Experiment aus der Psychologie. Dabei wurden zwei Versuchsgruppen gebildet, die gegen einen Unbekannten eine Runde Poker spielen sollten. Der Unbekannte war ein Schauspieler, und die Teilnehmer wussten nicht, was bei diesem Experiment beobachtet werden sollte. Ihre Annahme war, es ginge um die Untersuchung der Strategien, die sie bei diesem Spiel einsetzen würden. Der Schauspieler war instruiert, bei der ersten Gruppe wie ein Profipokerspieler aufzutreten und bei jedem Spieler den Eindruck zu hinterlassen: Einen Amateur wie dich nehme ich mit links. Das Resultat: Obwohl es nicht um echtes Geld ging, wurden die Spieler nervös und setzten nur geringe Beträge. Der Schauspieler hatte sie in der Hand.

Ganz anders bei der zweiten Gruppe: Der Schauspieler mimte hier den Anfänger, der unsicher ist und bei seinen Einsätzen zögert. Die Teilnehmer dieser Gruppe verhielten sich so wie jemand, dem bewusst ist: Mir dir habe ich ein leichtes Spiel. Sie trafen ihre Spielentscheidungen wesentlich rascher als die der ersten Gruppe, und die eingesetzten Beträge waren deutlich höher. Sie fühlten, dass sie die Oberhand hatten. Daher behielten sie diese auch.

Wie Kunden Verkäufer konditionieren

Je unsicherer ein Verkäufer wirkt, umso größer ist die Verlockung beim Kunden, die Schmerzgrenze beim Preis tief unten anzusiedeln. Und dabei das Verhalten des Verkäufers mit dem taktischen Mittel »Locken und Drohen« im gewünschten Sinn zu konditionieren.

Verhalten konditionieren bedeutet in der Psychologie, dass man es durch Lob und Bestrafung verändern kann. Wie funktioniert das im Verkauf? Locken heißt: in Aussicht zu stellen, dass man kaufen wird und daran keine besonderen Bedingungen knüpft. Wird der Lockruf für bare Münze genommen, weil die Taktik nicht erkannt wurde, wähnt sich der Verkäufer sicher. Gute Gefühle kommen hoch, denn die Belohnung ist in greifbarer Nähe:

»Endlich wieder ein Kunde, der keinen Nachlass will. Das wirkt sich günstig auf meine Provision aus.« Doch kurz vor der Unterschrift wird mit Bestrafung gedroht: »10 Prozent Nachlass müssen schon drin sein. Sonst kaufe ich woanders!« Weg sind die guten Gefühle. Und bevor die schlechten die Oberhand gewinnen, wird die Forderung lieber akzeptiert. Reagiert der Verkäufer so, hat die Konditionierung funktioniert.

Natürlich soll nicht unterstellt werden, dass sich Verkäufer auf so einfache Weise konditionieren lassen. Allerdings ist die Gefahr groß, dass dieser Mechanismus in Gang gesetzt wird, wenn der Verkäufer insgesamt unsicher wirkt und wenig Kompetenz und Gespür im Umgang mit Menschen zeigt.

Argumentieren, nicht rechtfertigen

In manchen Branchen, wie etwa im Bankenbereich, gibt es keine Verkäufer. Dort fühlt man sich als Berater, wie es dezent auf der Visitenkarte heißt. So, als ob Verkaufen etwas Unanständiges wäre. Freilich ist Beraten immer einfacher und klingt unverbindlicher als Verkaufen. Zum Verkauf gehört nicht nur, die Vorteile des Produkts zu kennen und sie erklären zu können, sondern auch argumentieren zu können, warum der Preis für das Produkt sein bester Preis ist. Und das ist natürlich schwieriger, als nur zu beraten. Aber dafür mit einem Erfolgserlebnis verbunden, das dem »Nur-Berater« vorenthalten bleibt: dem Abschluss des Geschäftes.

Das Preisthema zählt für viele Verkäufer zu den ganz heiklen Themen. Oft herrscht Unsicherheit, wie man damit richtig umgeht. Argumentiert der Kunde mit offenkundigen Schleuderpreisen, mit denen Mitbewerber das Rabatthalali blasen, oder beruft er sich auf einen branchenüblichen Rabatt, so ist Folgendes wichtig: Argumentieren Sie niemals gegen einen Preis, der für Sie inakzeptabel ist. Schon gar nicht, wenn es nach Erpressung klingt. Bezweifeln Sie seine Angaben nicht. Denn das würde als Versuch gewertet, ihn umzustimmen. Daraus würde der Kunde die Hoffnung schöpfen, dass er seine Forderung durchsetzen kann.

Argumentieren Sie deshalb in eine andere Richtung, und begründen Sie mit klaren Worten, warum Sie nicht mit Preisen schleudern und weshalb Sie keine angeblich branchenüblichen Nachlässe geben. Die Argumente sollten aus Kundensicht stichhaltig und nachvollziehbar sein.

Aussagen wie »Wir betreuen Sie besser« oder »Unser Service bietet mehr« sind zu allgemein und für den Kunden nichtssagend. Sie bringen das Gespräch auf ein falsches Gleis. Denn er wird nachfragen: »Und was habe ich davon?« Oder behaupten, das würde ihm woanders auch geboten. Damit gerät man in die Defensive. Denn nun muss erklärt werden, was mit den allgemeinen Aussagen genau gemeint ist. Das mag zwar als Begründung gedacht sein, aber es wirkt wie eine Rechtfertigung oder ein Überredungsversuch.

Falsch wäre es auch, sich beim Kunden für den Preis zu entschuldigen: »Tut mir leid, dass ich Ihnen keinen so hohen Nachlass geben kann. Aber vielleicht können wir uns doch noch einigen.«, »Ich bitte um Verständnis, aber ich kann mir das nicht leisten. Aber wir kommen sicher irgendwie zusammen.«. Diese Nummern ziehen nicht. Denn der Kunde denkt in erster Linie an sich. Macht man sich das bewusst, fällt es einem leicht, klipp und klar zu sagen, warum man beim Preis nicht die Hosen herunterlassen will. Beispielsweise: weil seriös(er) kalkuliert wird. Weil es keine versteckten Zusatzkosten gibt. Weil Liefertermine exakt eingehalten werden. Da der Kunde selbst weiß, dass solche Leistungsmerkmale etwas kosten, braucht er nicht darauf hingewiesen zu werden. »Sie verstehen, das ist ja auch etwas wert und nicht umsonst zu haben.« Eine solche Äußerung klingt nach Rechtfertigung oder wirkt belehrend. Oder sogar beides. Fragen Sie daher nach einer kurzen Begründung, warum kein oder kein so hoher Rabatt gegeben wird, den Kunden, ob er das beim Preisvergleich berücksichtigt hat. Aber nicht in Form einer Suggestivfrage, die Widerstände weckt: »Das haben Sie wahrscheinlich so noch gar nicht gesehen – oder?«

Fragen Sie stattdessen, wie wichtig die besonderen Leistungsmerkmale Ihres Angebotes für ihn sind. Und was es für den Kunden bedeuten würde, wenn sie fehlten. Locken Sie ihn damit aus der Reserve, ohne ihn zu einer Kaufentscheidung zu drängen. Denn er muss selbst wissen, ob ihm Ihr Angebot insgesamt mehr Wert bietet als das, was ihm woanders angeboten wurde. Und ob es daher für ihn akzeptabel ist, weniger Rabatt zu bekommen. Waren die Begründungen schlüssig, warum weniger Prozente nachgelassen werden, wird er in den meisten Fällen zu dieser Einsicht gelangen.

Bei solchen Gesprächen sollte man sich nicht verunsichern lassen, sondern bedenken: Wäre im Vergleichsangebot all das enthalten, was Sie anbieten, hätte sich der Kunde vermutlich schon für den Kauf beim Mitbewerber entschieden. Vorausgesetzt, man wäre dort auf seine Rabattforderungen eingegangen. Gehen Sie auf seine Forderungen ein, so ist keinesfalls sicher, dass er bei Ihnen kauft. Es besteht durchaus die Gefahr, dass er Ihr Preiszugeständnis nur benutzt, um jemand anderen unter Druck zu setzen. Geht die Taktik woanders auf, wird er kaufen. Aber er kauft auch dann, wenn sie nicht aufgeht, und denkt: »Was soll's, noch mehr ist eben nicht drin.« Oder Sie sehen ihn ein weiteres Mal, und er setzt Sie mit einem angeblich noch besseren Angebot wieder unter Druck. Die Konsequenzen aus dem Preiszugeständnis bestehen also in der Wahl zwischen Pest und Cholera. Daher ist es gesünder, keines zu machen.

Sollten Sie in einer Branche arbeiten, in der eine hohe Überproduktion dazu führt, dass sogar bei wertvollen Produkten Einzelne mit dem Preis schleudern, heißt die Empfehlung: Geben Sie dem Kunden einen indirekten Hinweis, was es letztlich für ihn bedeutet, bei »Oberschleuderern« zu kaufen. Ein Paradebeispiel ist der Automobilhandel. Hier könnte der Hinweis so lauten: »Wir verdienen unser Geld durch den Verkauf des Autos und den Service. Andere nur durch den Service. Unterm Strich muss aber trotzdem immer das Gleiche übrig bleiben. Daher möchte ich Sie ersuchen, wenn Sie Ihr Auto woanders kaufen, zum Service zu uns zu kommen. Wahrscheinlich können wir Sie hier mit dem besseren Angebot überzeugen.« Dem Kunden wird damit klar: »Woanders bekomme ich zwar etwas mehr Nachlass, aber dafür werden mir beim Service ›die Haare geschnitten‹«. Was leider manchmal die Praxis ist, wie aus Werkstättentests der Hersteller hervorgeht, die meist unter Verschluss bleiben.

Wirksame Mittel gegen Rabattitis

Was lässt sich von Seiten des Unternehmens tun, um Rabatte einzuschränken? In vielen Fällen liegt es ja nicht nur am Verkäufer allein, welcher Nachlass zugestanden wird. Sondern auch am Unternehmen, das ihn unterstützen muss, bei Rabattforderungen standfest zu sein. Oder standfester zu werden.

Verkäufern Verhaltenssicherheit geben

1. Das Unternehmen muss eine klare Strategie haben: Wie gehen wir mit Nachlassforderungen grundsätzlich um? Es müssen eindeutige Regeln

vorhanden sein, bis zu welcher Höhe ein Rabatt eingeräumt werden kann und unter welchen Voraussetzungen. Solche Regeln bieten jedem Verkäufer Verhaltenssicherheit im Umgang mit diesen Fragen. Es wirkt peinlich, wenn man jedem Kunden, der nach weiteren Nachlassprozenten fragt, sagen muss: »Warten Sie bitte einen Moment, ich muss den Verkaufsleiter fragen, ob ich Ihnen einen Rabatt in dieser Höhe geben kann.« Zudem untergräbt es die Kompetenz des Verkäufers.

2. Jeder, der in irgendeiner Weise mit dem Verkauf zu tun hat, sollte wissen, wie sich die Nachlasshöhe auf die betriebswirtschaftliche Situation des Unternehmens auswirkt. Nicht nur im Einzelfall, sondern innerhalb eines Jahres. Bezogen auf eine durchschnittliche Anzahl von Abschlüssen mit einer gewissen Rabatthöhe. Und jeder Verkaufsaktive sollte verstehen, wie katastrophal sich die Summe der Nachlässe auf den erwirtschafteten Deckungsbeitrag auswirkt, wenn man zu großzügig damit umgeht. Grundkenntnisse sind auf diesem Gebiet völlig ausreichend, um die Standfestigkeit zu erhöhen. Es genügt, wenn jeder weiß: Ab diesem Prozentsatz Rabatt säge ich am Ast, auf dem ich sitze.

3. Alle Verkäufer müssen im Umgang mit Rabattfragen richtig geschult sein. Richtig heißt: in Workshops typische Beispiele aus dem eigenen Verkaufsalltag aufgreifen und nach passenden Antworten suchen. Sich wirksam darauf vorbereiten, wie man am besten damit umgeht: Was sage ich dem Kunden, wenn er mich mit dem Rabatt erpressen will? Wie reagiere ich, wenn er hartnäckig bleibt? Wie lasse ich ihn sein Gesicht wahren und gebe seiner Forderung trotzdem nicht nach? Fragen wie diese müssen dabei im Vordergrund stehen. In diesem Kapitel wurden einige Beispiele als Ansatzpunkte dafür genannt.

Verzichten Sie auf Trainings, die wie ein Durchlauferhitzer wirken und bei denen Externe den Rabattpapst spielen, obwohl sie die individuelle Situation des Unternehmens nicht kennen. Im Seminarraum schnell erwärmt, in der Praxis rasch wieder abgekühlt, das gilt für die meisten dieser Trainings.

Auf die Frage, wie Provisionen geregelt werden könnten, um die Nachlassbereitschaft zu reduzieren, wird hier nicht eingegangen, obwohl sie immer wieder gern gestellt wird. Denn es ist fraglich, damit Verkäufer zu einem disziplinierten Rabattverhalten erziehen zu können. Auf der psychologischen Ebene gibt es wesentlich wirksamere Mittel, die grassierende Rabattitis einzudämmen. So, wie es bereits beschrieben wurde und im Folgenden durch vier Grundsätze zusammengefasst wird. Als Spielregeln, um die Rabatthöhe auf ein unvermeidbares Minimum zu begrenzen. Sehen Sie in deren Anwendung eine Stärkung des verkäuferischen Immunsystems gegenüber dem Virus der Rabattitis.

Vier Grundsätze als Rabattblocker

Machen Sie sich bitte beim Lesen dieser Grundsätze bewusst: Wie wirkt jemand auf Sie, der Ihnen etwas verkaufen möchte, und der sich gegenteilig dazu verhält? Wie hoch schätzen Sie Ihre Chancen ein, einen möglichst hohen Rabatt durchsetzen zu können?

Und sollten Sie Führungskraft sein, so könnte das, was Sie aus diesen Grundsätzen für Ihre Praxis ableiten, die Grundlage für einen Rabattelchtest sein. Damit lässt sich überprüfen, wie stabil Ihre Mitarbeiter bei Preisgesprächen sind, wovor sie dabei eventuell ausweichen und wodurch sie umkippen.

Keinem Geschäft hinterherlaufen

Betreiben Sie kein Overselling, sondern dosieren Sie das Interesse, das man an einem Geschäft zeigt, gut. Denn wie bei vielen anderen Dingen entscheidet auch hier die richtige Dosis über den Erfolg. Nicht zu wenig natürlich, aber auch nicht zu viel. Das wird für den einen oder anderen Leser vielleicht provokant klingen. Vor allem dann, wenn sein Chef ihn ständig unter Druck setzt, mehr zu verkaufen. Ihn immer wieder auffordert, Gas zu geben, statt beim Preis überlegt zu handeln. Der Kunde schlussfolgert aus der Forcierung des Tempos: Das Geschäft ist ihm sehr wichtig, also wird er beim Nachlass weitere Zugeständnisse machen. Verkaufen Sie daher im Zweifelsfall lieber etwas weniger, machen dafür aber die besseren Geschäfte als umgekehrt. Überlassen Sie schlechte Geschäfte, bei denen nichts oder kaum etwas übrig bleibt, anderen. Nicht aus Bosheit, sondern aus Klugheit.

Demutsgebärden unterlassen

Untertanenmentalität im Verkauf und geistige Kniefälle erhöhen nur den Rabatt, aber nicht die Verkaufschancen. Denn der Kunde spürt unbewusst durch den gesamten Auftritt des Verkäufers, ob er das alleinige Sagen haben wird. Dienender Blick, gesenkte Stimme, süßlicher und einschmeichelnder Tonfall, unterwürfige Gestik und andere Demutsgebärden sowie ein dezentes Räuspern, bevor auf schülerhafte Weise die Fragen beantwortet werden, zeigen eine Art von Freundlichkeit, die als das wirkt, was sie ist: übertrieben, aufgesetzt und unecht.

Diese Demutsgebärden signalisieren: Es wird leicht fallen, die Rabattvorstellung durchzusetzen. Ist es verwunderlich, wenn Kunden da auf die Idee kommen, ein paar Prozent mehr zu verlangen, als sie es ursprünglich vorhatten? Oder sollte man annehmen, sie würden aus Mitleid mit dem Verkäufer, der sich so untertänig um sie bemüht, auf die Rabattforderung verzichten?

Eine zweite Interpretationsvariante durch den Kunden wäre die, dass ein Verkäufer, der sich ihm gegenüber so unterwürfig verhält, unbedingt etwas loswerden möchte. Nämlich das, was er ihm verkaufen will. So entsteht entweder Misstrauen und Skepsis, oder es wächst der Wunsch nach einem zusätzlichen Sonderrabatt. Gemäß der Regel, dass das Verlangen nach der Braut sinkt, wenn sie sich andient, verkauft man mit dieser Haltung nicht leichter. Man erschwert sich im Gegenteil selbst den Abschluss.

Sprechen Sie daher mit dem Kunden auf gleicher Augenhöhe – wie Menschen das tun, wenn sie sich als gleichwertig empfinden. Das signalisiert auf einer unbewussten Ebene zweierlei: erstens, dass man vom Wert seiner Produkte oder Dienstleistungen überzeugt ist. Und damit von dem, was man sagt. Zweitens, dass sich ein überhöhter Nachlass nicht durchsetzen lassen wird.

Keinen vorauseilenden Gehorsam betreiben

Nachlassprozente zu nennen, obwohl noch nicht feststeht, ob der Kunde tatsächlich kaufen wird, bedeutet, vorauseilenden Gehorsam zu praktizieren. »Falls es Ihre Entscheidung erleichtert, kommen wir Ihnen beim Preis schon entgegen.« Solche Äußerungen sind wie ein »Sesam-öffne-dich« für die Tür, hinter der sich die Rabattfalle verbirgt. Durch deren Mechanismus – wie weiter oben beschrieben wurde – rutscht der Preis in den Keller. Aber diese Tür öffnet sich nie von selbst. Vielmehr wird sie bereitwillig von jenen geöffnet, die Angst haben, ein Geschäft zu verlieren. Nur weil der Kunde sich nicht schnell genug entscheidet. Oder die Verzögerung seiner Entscheidung gezielt einsetzt, wegen des Rabattes.

Vielfach steckt hinter diesem vorauseilenden Gehorsam ein Vorgesetzter. Einer, der mit seiner Verkaufsparanoia die Mitarbeiter anpeitscht, Kunden zum Abschluss zu drängen, koste es, was es wolle. Ohne sich bewusst zu sein, dass das gut für die Verkaufsstatistik, aber schlecht für die Bilanz ist.

Vorauseilender Gehorsam ist es auch, wenn am Telefon bereitwillig Nachlassprozente genannt werden. Obwohl man den Anrufer nicht kennt und damit den Rabatt-Tourismus fördert, der vom Handel immer wieder beklagt wird. Preisauskünfte geben, Preisnachlässe aber nicht nennen, das muss bei telefonischen Anfragen die Regel sein.

Die Macht des Kunden niemals einseitig sehen

Macht zu besitzen heißt per definitionem, dass man den eigenen Willen durchsetzen kann. Dazu braucht es aber mindestens einen Zweiten, gegenüber dem man etwas durchsetzt. Oder durchsetzen kann, weil der andere das zulässt. Und genau darin liegt der Punkt: Wenn man die Entscheidungsmacht des Kunden, dort zu kaufen, wo er es für richtig hält, einseitig sieht, wird man sich gegenüber dieser Macht ohnmächtig fühlen. In ihr eine Einbahnstraße sehen und sich defensiv verhalten. Ähnlich einem Hasen, der gebannt vor der Schlange verharrt. Statt sich immer wieder bewusst zu machen, was man für den Kunden tatsächlich leistet. Was ihm für sein Geld an Gegenleistungen geboten wird.

Fühlt man sich gegenüber Kunden ohnmächtig, wird man sich Preisdiktaten bereitwillig beugen. Anstatt zu überdenken, welche Alternativen man hat, um der Rabattfalle zu entgehen. »Keine«, lautet die Antwort jener, die die Rolle des Hasen übernommen haben und deren Denken aus Angst vor der Kundenmacht paralysiert wurde. Andere wiederum sehen hier klarer. Ihnen ist bewusst, dass der Kunde den Verkäufer genauso braucht wie umgekehrt. Denn er kann nicht darauf verzichten, im persönlichen Gespräch zu klären und zu entscheiden: Was ist beim Kauf für mich die beste Wahl?

Verkäufer, die so denken, sind wesentlich seltener, eigentlich kaum, mit Kunden konfrontiert, die ihre Entscheidungsmacht auszuspielen versuchen. Mit solchen, die in ihnen den Verkaufspinocchio sehen. Warum das so ist? Weil es sich durch die Anwendung der geheimen Spielregeln im Verkauf so ergibt. Und weil solche Verkäufer wissen: Es ist wichtig, den Zug des Kunden niemals aus den Augen zu verlieren. Ohne den Anspruch zu haben, dabei immer perfekt sein zu müssen.

Anmerkungen

1 Beim Abschlusswettbewerb der 9. Combat Team Conference (CTC), einer internationalen Vergleichsübung für Antiterroreinhciten auf Einladung der deutschen GSG 9, belegte die österreichische Cobra am 6. Juni 2003 Platz eins. An diesem Wettbewerb, einer Art Olympiade für Sondereinheiten der Exekutive, die alle vier Jahre stattfindet, nahmen 45 Mannschaften teil. Der damalige österreichische Kommandant war Brigadier Wolfgang Bachler.

2 Das Wechselbedürfnis vieler Kunden unterstreicht auch Prof. Dr. Renate Köcher vom Institut für Demoskopie in Allensbach bei einem Vortrag mit dem Titel »Der neue Kunde« vom 7. Mai 2004 auf Schloss Schwetzingen. Dabei weist sie auf das Faktum einer wachsenden »Erosion der Markenbindung« hin. Die Detailergebnisse sind unter www.ifd-allensbach.de kostenlos erhältlich.

3 Der Kundenmonitor Deutschland, mit dem die Globalzufriedenheit der Kunden in den 23 wichtigsten Branchen erhoben wird, beruht auf knapp 22 000 repräsentativen Telefoninterviews. Diese Benchmarkingstudie wird von der ServiceBarometer AG in München seit 1992 jährlich durchgeführt. Details findet man unter www.servicebaromter.com.

4 Eine detaillierte Beschreibung des Profils des damals noch unbekannten Täters Franz Fuchs findet sich bei Grassl-Kosa.

5 Axel Bänsch, S. 19.

6 Hans-Georg Häusel, S. 35 ff.

7 Hilmar Kopper, TV-Sendung *Zur Person: Hilmar Kopper* vom 1.3.2003, gesendet auf ORB 3.

8 Aus: *test*, Zeitschrift der Stiftung Warentest, Jg. 16 (1981) H. 4, S. 13. Zitiert nach Axel Bänsch, S. 4.

9 In seinem Werk *Warum ich fühle, was du fühlst* beschreibt Professor Bauer ausführlich die Funktion der Spiegelneurone.

10 Hans Eicher, S. 129 ff.

11 Zitiert nach Besser-Siegmund.

12 In einer Meldung der Nachrichtenagentur ddp Berlin vom 28. Juni 2005 wird über eine Untersuchung der Verbraucherzentrale Nordrhein-Westfalen in Düssel-

dorf berichtet. Darin heißt es unter anderem: »Elektronikmärkte täuschen Verbraucher einer Untersuchung zufolge oftmals bei den Preisauszeichnungen. Vermeintliche Schnäppchenpreise seien oft nur vorgegaukelt, da die zum Vergleich angegebenen unverbindlichen Preisempfehlungen des Herstellers (UVP) oft deutlich angehoben würden.«.

13 Institut für Demoskopie Allensbach. IfD-Umfrage 7047.

14 Diese Methode empfiehlt der als Altmeister des Verkaufstrainings bezeichnete Heinz M. Goldmann auf Seite 89 seines Buches *Wie man Kunden gewinnt*.

Literatur

Bachler, Wolfgang, *Das Cobra-Prinzip*, Salzburg 2004

Bänsch, Axel, *Verkaufspsychologie und Verkaufstechnik*, 7. überarbeitete Auflage, München 1998

Bauer, Joachim, *Warum ich fühle, was du fühlst*, Hamburg 2005

Besser-Siegmund, Cora, *Magic Words*, Paderborn 2001

Eicher, Hans, *Der Verkaufs-Alchimist*, 2. Auflage, Salzburg 2004

Goldmann, Heinz M., *Wie man Kunden gewinnt*, 13. Auflage, Berlin 2002

Grassl-Kosa, Michael und Steiner, Hans, *Der Briefbomber ist unter uns*, 2. Auflage, Wien 1996

Häcker, Hartmut und Stapf, Kurt H. (Hrsg.), *Dorsch Psychologisches Wörterbuch*, 13. Auflage, Bern 1998

Häusel, Hans-Georg, *Think Limbic!*, Planegg 2000

Reichel, Gerhard, *Der Indianer und die Grille*, 4. Auflage, Forchheim 2002

Roth, Gerhard, *Fühlen, Denken, Handeln*, Frankfurt am Main 2003

Watzlawick, Paul (Hrsg.), *Die erfundene Wirklichkeit*, 17. Auflage, München 2004

Register